U0278125

本书出版得到国家自然科学基金青年项目
"'双碳'目标下我国城市低碳建设福利绩效研究：测度与优化"（No.72304252）的资助。

杜小云

——

著

我国城市低碳建设水平
时空演化规律
及提升策略研究

RESEARCH ON SPATIO-TEMPORAL EVOLUTION
AND PROMOTION STRATEGY OF
LOW CARBON CITY PRACTICE IN CHINA

社会科学文献出版社
SOCIAL SCIENCES ACADEMIC PRESS (CHINA)

前　言

　　快速城镇化引起的碳排放增长为人类社会的可持续发展带来了严峻挑战，低碳城市建设①是实现减排目标的主要途径。如何既保证城镇化的有序进行，又保证碳减排承诺得以实现，持续高效地开展低碳城市建设是我国政府亟待解决的关键问题。本书旨在认清我国城市碳减排压力，探究我国低碳城市建设水平的时空演化规律，并提出因地制宜的低碳城市建设水平提升策略，从而推动城市可持续建设。基于这一研究目标，本书形成了四个主要研究问题：①我国为什么要开展低碳城市建设？②我国城市低碳建设的内涵是什么？③如何准确测度我国城市低碳建设水平？④如何有效提升我国城市低碳建设水平？本书遵循"提出问题→分析问题→解决问题"的研究思路，基于"压力-状态-影响"（P-S-R）的环境研究分析框架，以"为什么→是

----

① 　低碳城市建设和城市低碳建设在概念上是相似的，指通过一系列政策、技术和行为的改变，减少城市活动产生的温室气体特别是二氧化碳排放，以实现城市可持续发展的一种城市建设和发展模式。但"低碳城市建设"更侧重于整体规划和宏观层面的转型，而"城市低碳建设"更侧重于具体的建设实践和操作层面的实施，而在实际应用中，这两个概念往往是交叉和互补的，本书为了强调无论是宏观的城市规划还是具体的建设实践，低碳理念都应贯穿于城市发展的每一个层面和环节，低碳城市建设的宏观策略和城市低碳建设的具体行动是相辅相成的，它们共同构成了推动城市可持续发展的完整框架。因此，在本书中没有严格区分"低碳城市建设"和"城市低碳建设"，而是将它们视为同一理念下的不同实施层面。

什么→怎么样→怎么做"为主线展开研究。本书的篇章安排及具体内容如下。

第一章和第二章为绪论和研究理论基础。第一章分析我国碳排放现状及脱钩压力,讨论我国开展城市低碳建设的迫切性,基于低碳城市建设总体研究现状、城市碳排放研究、低碳城市建设水平测度、低碳城市建设效率测度和低碳城市建设水平提升策略五个方面对现有文献进行系统梳理,从而找出现有研究的空白点,明确研究目标。第二章从理论概述和理论具体应用出发,对本书涉及的城市可持续发展理论、低碳经济理论、脱钩理论、目标管理理论、经验挖掘理论以及政策工具理论进行了梳理,为后续研究提供理论支撑。

第三章从城市碳排放和城市经济增长与碳排放脱钩两个视角分析了我国城市碳减排压力,分析为什么要开展低碳城市建设的问题。本章将 Tapio 脱钩模型和 Python 编程相结合,建立我国城市经济增长与碳排放脱钩分析的方法,基于中国碳核算数据库(CEADs)和《科学数据》(*Scientific data*)数据库,收集了我国 289 个地级市在 1997~2017 年的碳排放和夜间灯光数据,从而刻画我国碳排放的时空演化规律,分析我国城市碳减排压力。从而得出结论:①我国城市经济增长与碳排放的整体脱钩压力在研究期间内有所减小,但我国城市碳排放处于强脱钩状态的城市数量不多,碳减排压力很大。②我国东部地区城市的脱钩压力小于西部地区城市,这种东西部地区城市间的差异可能是技术水平不同造成的。

第四章识别了低碳城市建设的内涵,回答"我国城市低碳建设的内涵是什么"的问题。本章采取文献研究法和内容分析法,收集 132 份政策文件,识别 1108 个政策分析单元,从而识别了我国低碳城市建设的内涵,即以"在控制城市碳排放量的同时保持经济增长"为总体目标,以"优化产业结构、调整能源结构、提高能源效率、提高碳汇水平和完善管理机制"为维度目标的城市建设活动。

第五章阐释了我国低碳城市建设状态水平测度原理，并刻画了低碳城市建设状态水平的时空演化规律。本章根据目标管理理论构建了低碳城市建设状态水平测度指标体系，基于熵权法和 TOPSIS 法构建了低碳城市建设状态水平测度模型，收集了我国 35 个重点城市在2006~2019 年的数据，采用四分位法和波士顿矩阵法对我国低碳城市建设状态水平进行时空演化分析。主要结论如下：①我国低碳城市建设总体状态水平有所提高，低碳城市建设取得了一定成效，2013 年是拐点年份；表现较好的有北京、天津等，表现较差的有太原、呼和浩特、大连、长春等。②优化产业结构、提高能源效率和完善管理机制维度的低碳建设状态水平在研究期内有所改善，调整能源结构和提高碳汇水平维度的低碳建设状态水平未显著改善。③优化产业结构维度表现较好的城市多位于我国的东部沿海地区，表现较差的城市多位于我国东北和中西部地区。调整能源结构维度表现较差的城市多为北方城市。提高能源效率维度表现较好的多为经济较为发达的一线城市，表现较差的城市多位于我国中西部地区。提高碳汇水平维度表现较好的城市多为我国南方城市。完善管理机制维度表现较好的城市均为我国第一批和第二批低碳试点城市。

第六章阐释了我国低碳城市建设效率的测度原理，并刻画了我国低碳城市建设效率的时空演化规律。本章依据环境效率、碳排放效率和能源效率等概念，提出了城市低碳建设效率概念，应用Super-SBM 模型测度了我国 256 个样本城市在 2006~2019 年的城市低碳建设效率，并分析了我国低碳城市建设效率的时空演化规律。主要结论如下：①随着低碳城市建设投入的大幅度增加，我国城市低碳建设的产出必然有所增加，但是城市低碳建设的期望产出增速低于投入增速。②我国西部地区和东部地区城市的低碳城市建设效率较高，而中部和东北地区城市的低碳城市建设效率表现较差。③我国城市的低碳城市建设效率与城市规模呈 U 形关系，超大城市和小城市的低碳城市建设效率平均值较高，大城市的低碳城市建设效率平均值最低。

第七章提出了我国城市低碳建设水平的提升策略。本章基于政策工具分析对比国内外低碳城市建设政策文件，发现我国低碳城市建设的整体性问题，提出我国低碳城市建设水平的整体性提升策略；根据实证研究的结果提出样本城市的低碳城市建设水平提升策略，基于实证研究结果找出各个维度表现较好的城市和表现较差的城市，基于主题词分析模型对各维度表现较好城市的经验进行总结，为表现较差的问题城市提出建议，从而形成我国低碳城市建设维度性提升策略。本章得出以下结论：①我国低碳城市建设存在强制性工具力度不足、高度依赖混合性政策工具的整体性问题，具体表现为规制工具、直接供给工具、个人家庭与社区工具、市场工具不足，信息与倡导工具重复且低效。根据以上问题提出我国低碳城市建设水平整体性提升策略，完善低碳法律和法规、提高低碳相关基础设施建设水平、充分发挥"社区—家庭—个人"的作用、建立碳交易市场、建立"政府—学校—公众"多元渠道的低碳宣传机制等。②基于实证研究结果可知，我国城市在各维度的低碳城市建设水平存在显著差异。本书收集实证研究结果中各维度表现较好城市的经验，对各维度的短板城市提出加大落后产业淘汰力度、因地制宜地开发适用于本地发展的新能源类型、提高碳排放核算精度等提升策略。

第八章总结了本书主要结论，并指出未来的研究方向。本书从理论角度构建了低碳城市建设水平测度的方法体系，丰富了低碳城市建设的学科内涵和发展；本书基于我国低碳城市建设实践刻画了我国低碳城市建设水平的时空演化规律，揭示了我国低碳城市建设的短板，为提升我国低碳城市建设水平指明了方向，为城市管理者提供了切实可行的策略方案。未来可从以下三个方面对相关研究进行深化：①基于夜间灯光数据，从较小的尺度（如县域、街区等）分析经济增长与碳排放之间的脱钩关系。②增加我国样本城市的数量，甚至将实证对象扩展到国外城市，探究更加广泛而深入的时空演化规律。③进一步扩展案例库，国内外城市的政府加强交流合作，同时基于情景分析等方法进行经验深入分享。

目　录

第一章 绪 论

第一节 研究背景与问题提出

一 研究背景

（一）碳排放快速增长为人类社会的可持续发展带来了严峻挑战

全球变暖引起了一系列问题，如海平面上升、极端天气事件、干旱和农业破坏、地面沉降、土壤盐渍化、沿海风暴潮等（Dong 等，2018；Dong 等，2019）。这些灾害严重威胁着粮食供应、生态安全等与人类生存息息相关的要素，制约了全球可持续发展目标的实现（Lu 等，2016；Sun 等，2020）。二氧化碳等温室气体是引起全球变暖的主要因素。Huang 等（2017）在 *Nature Climate Change* 杂志发表的一项研究表明，如果全球碳排放继续增加，世界上将有超过一半的土地在 2100 年成为旱地。IPCC 第五次报告（2018）则指出如果不控制碳排放增长速度，全球气温在 21 世纪将上升 $1.1 \sim 6.4$℃，海平面将上升 $16.5 \sim 53.8$ 厘米。特别是随着发展中国家人口的不断增加，未来全球碳排放将更多，气候变暖现象将加剧，干旱将更加严重。因此，控制碳排放已成为世界各国的首要议程（Shen 等，2018a）。

为了控制碳排放，世界范围内开展了大量的低碳建设。1992 年，世界各国签署了第一个为控制温室气体排放而制定的国际公约《联合国气候变化框架公约》。此后，低碳建设的重要性在全球范围内达成了共识，世界各国多次举办国际峰会，以讨论怎样控制碳排放和缓解气候变化，例如，2009 年的哥本哈根气候变化大会，2012 年的多哈气候变化大会，2015 年的巴黎气候变化大会和 2017 年的波恩气候变化大会等（Shuai 等，2018；吴雅，2019）。这些气候变化大会就如何应对气候变化的热点问题进行深入讨论。由此可见，碳减排成为全球范围内一个非常重要的议程，引起了世界各国的广泛关注。

（二）快速城镇化给我国带来了巨大的碳减排压力

近年来，我国经历了前所未有的城镇化，图 1-1 展示了我国的城镇化进程。快速城镇化给我国的碳减排带来了巨大压力。一方面，我国城市的碳减排难度较大，快速城镇化使我国形成了高排放的能源结构和产业结构，这一情况在短时间内难以扭转。中电传媒能源情报研究中心（2020）发布的《中国能源大数据报告（2020）》显示，煤炭消费占中国能源消费总量的 57.7%，远高于全球 27.2% 的水平。世界银行（2018）也指出在快速城镇化和工业化进程中消耗了大量化石能源，这使得我国碳排放飞速增加。另一方面，持续城镇化使得我国城市碳减排的挑战将长期存在。截至 2019 年，我国的城镇化率只有 60.6%。我国将持续推动完成雄心勃勃的城镇化使命，碳减排将是我国城镇化过程中持续存在的压力（Chen 等，2019；Zhang 等，2019）。

事实上，我国碳排放量在 2007 年已经超过美国，成为世界上最大的碳排放国（Shen 等，2021a；Liu 和 Zhang，2021；Wu 等，2019a）。2018 年，我国碳排放量为 1129987.8 万吨，占全球碳排放总量的 29.7%。

（三）低碳城市建设是实现我国城市碳减排目标的主要途径

现有研究表明我国碳排放的 80% 来自城市（Dhakal，2009；曾德衡，2017）。随着城镇化的不断推进，城市碳排放占比将进一步提升。因此，低碳城市建设是兑现我国减排承诺的主要战略（Lou 等，

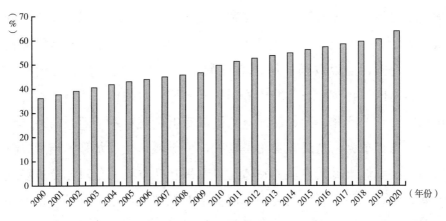

图 1-1 我国城镇化率

资料来源：国家统计局，2021。

2019）。我国城市的碳减排可以为全球减排目标的实现做出重大贡献（Chen 等，2020；Wu 等，2019b）。

为了减少城市层面的碳排放，我国积极开展低碳城市建设。国家发改委先后实施了三批低碳试点项目，具体为 2010 年的 8 个城市、2012 年的 28 个城市和 2017 年的 45 个城市（Song 等，2020），共有 81 个城市入选了我国的低碳试点项目。这些低碳试点城市旨在发展低碳产业和倡导低碳生活方式，以促进我国温室气体排放控制目标的实现（Cheng 等，2019）。

2020 年，我国政府设置了 2030 年前实现碳达峰、2060 年前实现碳中和的"双碳"目标，碳减排工作成为政府、学界和企业共同关注的重要议题。低碳城市建设是实现"双碳"目标的必经之路，做好低碳城市建设将稳步推进"双碳"目标的实现。

（四）认清我国低碳城市建设水平时空演化规律，是制定提升策略的基础

为了减少城市碳排放，我国城市从 2007 年起开展了大量低碳实践并付出了一定努力。Li 等（2018）的研究指出，我国政府对低碳

试点项目投入了大量资源，低碳试点城市在 2012 年推出的 68 个低碳项目累计获得投资 36.15 亿元。我国城市低碳建设水平在时间维度是否有所提升、建设效果如何是值得关注的问题。此外，我国地域辽阔，各地区的经济社会背景、能源资源不同，这使得不同城市在低碳建设时面临的问题不同，因此对我国城市低碳建设水平的空间差异进行研究意义重大。从时间视角考察我国低碳城市建设水平的演变，可以揭示我国城市低碳建设的整体建设水平；从空间视角对比分析各城市低碳建设水平，可以测度出不同城市的低碳建设水平差异，帮助决策者借鉴并分享表现好的城市经验，同时对表现不好的城市的错误引以为戒（Shen 等，2018a）。因此，本书从时空演化的视角对我国城市低碳建设水平进行分析，全面"把脉"我国低碳城市建设情况，制定有效的提升建议。

因此，什么才是真正的低碳城市、我国城市低碳建设水平如何、面对我国城市特征各异的挑战应如何保障低碳城市的全面建设成为学界和政府普遍关注的问题。为解决这些问题，我国亟须建立一套符合国情的低碳城市建设水平测度体系，以测度我国城市低碳建设的现状和水平，系统地掌控低碳城市建设的成效和不足，描绘"因城而异"的低碳建设路线图，进而促进低碳城市建设的全面、顺利开展。

二　问题提出

基于上述研究背景，在快速城镇化的背景下准确测度我国城市低碳建设水平并提出我国城市低碳建设水平提升策略是本书的总体研究目标，在此基础上形成了以下四个研究问题。

（一）我国为什么要开展低碳城市建设？

我国城市经济增长与碳排放的脱钩压力分析旨在回答"我国为什么要开展低碳城市建设"这一问题。本书通过分析我国城市碳排放的现状和经济增长与碳排放脱钩压力，揭示我国城市的碳减排压力，从而反映我国开展低碳城市建设的重要性和迫切性。

（二）我国城市低碳建设的内涵是什么？

城市低碳建设的内涵研究旨在回答"什么是低碳城市建设"这一问题。准确界定内涵是科学评价的前提，因此需要对于其内涵有清晰的认识，才能够很好地测度城市低碳建设水平。城市低碳建设是一个复杂的过程，涵盖了城市可持续发展的各个方面，我国的城市管理又极具自身特点，因此如何紧扣中国特色梳理出我国城市低碳建设的内涵是本书的第二个研究问题。

（三）如何准确测度我国城市低碳建设水平？

测度城市低碳建设水平时空演化主要回答"我国城市低碳建设水平怎么样"的问题。科学的城市低碳建设水平测度原理是认识低碳城市建设现状的重要工具，本书将基于内涵梳理的结果，探索我国城市低碳建设水平测度原理，准确测度城市低碳建设水平，从而为准确制定低碳城市建设水平提升策略奠定基础。基于阐释的测度原理对我国重点城市低碳建设水平进行实证分析，以全面展示我国城市低碳建设效果。

（四）如何有效提升我国城市低碳建设水平？

城市低碳建设水平提升策略主要解决"我国城市低碳建设怎么做"的问题。只有有效制定我国城市低碳建设水平的提升策略，避免"千城一律"的建设措施，才能保证低碳城市建设效果。本书将基于我国城市低碳建设水平的测度结果，提出提升我国城市低碳建设水平的最佳策略。

第二节　相关研究现状

本节将从低碳城市建设总体研究现状、城市碳排放研究、城市低碳建设水平测度、城市低碳建设效率测度和低碳城市建设水平提升策略五个方面对现有文献进行系统梳理，通过厘清研究脉络，认识现有研究的不足，从而找出现有研究的空白点。

一 低碳城市建设总体研究现状

本节首先基于 CiteSpace 文献计量软件，对低碳城市建设相关文献进行检索、梳理和统计分析，从而把握低碳城市建设研究的总体现状，探讨低碳城市建设研究的起源与发展，为具体文献综述奠定基础。

（一）数据来源

本书同时选取中文期刊和英文期刊对相关研究的现状进行分析。其中，中文文献来自中国知网（CNKI）数据库，英文文献来源于 Web of Science（WOS）核心数据库。中文文献的检索主题词设置为"低碳城市""低碳建设"，检索期刊设置为核心期刊、CSSCI 和 CSCD，共检索到 1098 篇中文文献；通过对检索结果进行去重和整理，剔除一些生物和化学背景下的文献，最终获得了有效中文文献 1039 篇。本书在 WOS 数据库中将检索主题词设置为"Low carbon city""Low carbon development"，去除关键词为"Aerosol""Black carbon"等的化学类文献，将文献类型限定为 Article，共检索到 2969 篇英文文献；通过对检索到的论文的题目和摘要快速阅读后，剔除一些与低碳城市建设关联度不高的文献，最后筛选出英文文献 2274 篇。

由于低碳城市建设相关文献数量庞大，使用传统的文献综述法很难准确分析其研究现状，本书采用文献计量分析的方法来梳理低碳城市建设研究现状，通过文献数量和关键词两个方面梳理低碳城市建设国内外研究现状。

（二）基于 CNKI 数据库的低碳城市建设相关文献计量分析

1. 文献数量分析

本书从 CNKI 数据库检索得到了 1039 篇有效中文文献，这些文献的发表时间统计结果如图 1-2 所示。从图 1-2 可以看出，CNKI 数据库中低碳城市建设相关文献数量在 2003～2020 年的总体变化趋势为先增长后下降，呈现倒"U"形曲线。其中 2003～2008 年文献数量均为个位数；2008～2011 年发表的文献数量急剧增长，从 2008 年的 9 篇增至 2011 年 181 篇的历史峰值；2011 年后文献数量又逐渐下降，在 2020 年达到 34 篇。这一研究结果表明国内学者对于低碳城市建设相关研究的关注度在 2008～2011 年是持续上升的，2011 年以后逐步下降。

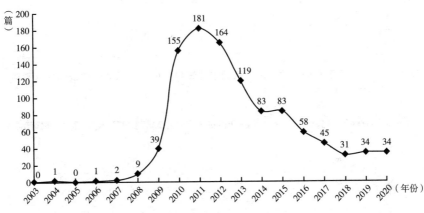

图 1-2 2003～2020 年 CNKI 数据库中低碳城市建设相关文献数量分布

2. 关键词分析

关键词是文献核心内容的体现，通过对关键词的分析可以把握我国城市低碳建设的研究现状。因此，本书应用 CiteSpace 软件对 CNKI 数据库检索文献的关键词进行可视化分析，生成了 CNKI 数据库低碳城市建设相关中文文献高频关键词共现图谱和高频关键词共现时区图，结果分别见图 1-3（a）和图 1-3（b）。

图 1-3（a）是 CNKI 数据库低碳城市建设相关中文文献的高频关键词（出现频率大于 10 次的关键词）共现图谱。由图 1-3（a）、图 1-3（b）可知一些高频关键词反映了指导低碳城市建设的理念，如"新型城镇化"、"生态文明"和"碳减排"，表明了低碳城市建设相关研

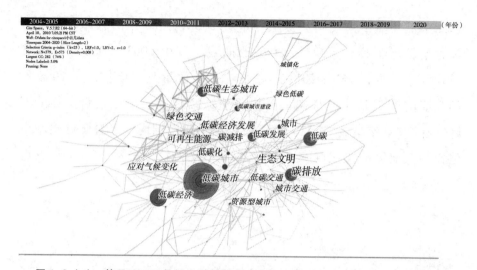

图 1-3（a）　基于 CNKI 数据库低碳城市建设相关中文文献高频关键词共现图谱

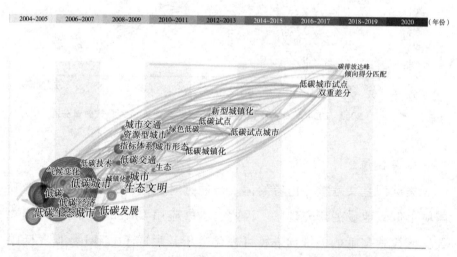

图 1-3（b）　基于 CNKI 数据库低碳城市建设相关中文文献高频关键词共现时区

究与我国现行政策紧密结合，特别是与近些年"碳达峰"和"碳中和"的观念密切结合。一些高频关键词反映了低碳城市建设的手段，如"低碳交通"、"低碳经济"、"城市交通"、"绿色交通"和"可再生能源"，表明不同维度的低碳城市建设是中文文献的研究热点，其中与交通相关的低碳城市建设研究在高频关键词中出现次数最多。一些高频关键词反映了城市低碳建设水平的测度方式，如"碳排放"和"指标体系"，表明城市低碳建设水平测度受到了学者的广泛关注。

图1-3（b）是CNKI数据库低碳城市建设相关中文文献高频关键词共现时区，可以看出高频关键词出现的先后顺序。2004~2007年是低碳城市建设相关研究的初期，高频关键词主要是"低碳生态城市""低碳""气候变化""低碳城市""低碳经济"等，这一阶段是我国低碳城市理念引入、完善并逐步确定的时期。2008~2011年，低碳城市建设相关研究发展迅猛，"城市交通""指标体系""城市形态""资源型城市"等成为这一阶段的高频关键词，可见在这一阶段学者高度重视低碳城市建设内涵的研究，从城市规划和城市交通等视角探讨低碳城市建设路径，并重视基于指标体系的低碳城市建设水平测度。2012年以后，"低碳试点城市""低碳城市试点""双重差分""倾向得分匹配""碳排放达峰"等成为高频关键词，"双重差分"和"倾向得分匹配"是验证政策实施后效果的方法，可见低碳试点城市的效果评估是这一阶段的研究热点。"碳排放达峰"在2018年以后成为高频关键词则表明学者在该阶段较为重视城市层面的"碳达峰"相关研究。

（三）基于WOS数据库的低碳城市建设相关文献计量分析

1. 文献数量分析

本书从WOS数据库检索得到了2274篇有效英文文献，这些文献的发表时间统计结果如图1-4所示。从图1-4可以看出，WOS数据库中低碳城市建设相关英文文献数量在2003~2020年的总体呈增长趋势，其中2003~2009年低碳城市建设相关英文文献数量均在个位数；2010~2015年英文文献数量波动增长，从2010年的25篇增至2015年的145篇；2015年以后，英文文献数量急剧增长，从2015年的145篇增至2019年的355篇；2020年降至335篇。低碳城市建设相关英文文献数量变化表明低碳城市建设相关研究的关注度总体是持续上升的，特别是 2015 年以后呈现较为迅猛的上升态势，可见 2015 年以后国际学者高度重视低碳城市建设相关研究。

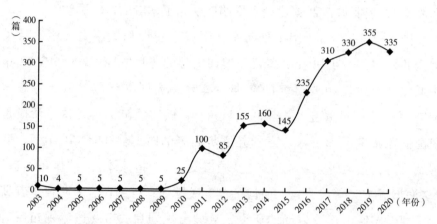

图 1-4 2003~2020 年 WOS 数据库中低碳城市建设相关英文文献数量分布

2. 关键词分析

本书应用 CiteSpace 软件对 WOS 数据库检索文献的关键词进行可视化分析，得到了 WOS 数据库低碳城市建设相关英文文献高频关键词聚类共现谱图和高频关键词共现时区图，结果分别见图 1-5（a）和图 1-5（b）。

图 1-5（a）是 WOS 数据库低碳城市建设相关英文文献高频关键词共现图谱，英文文献中出现频率大于 10 次的关键词有 City、China、"CO_2 emission"、"Climate change"、"Energy consumption"、"Urbanization"、"Policy"、"Impact" 和 Governance 等，可见低碳城市建设相关英文文献主要关注碳排放、气候变化和能源消耗等相关话题，中国也是低碳城市建设相关英文文献的主要研究对象。

图 1-5（b）是 WOS 数据库低碳城市建设相关英文文献高频关键词共现时区，可以看出低碳城市建设相关英文文献的高频关键词也是动态变化的。研究初期（2003~2010 年），低碳城市建设相关研究英文文献的

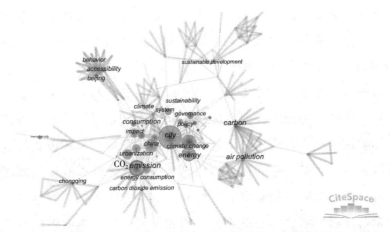

图 1-5 （a） 基于 WOS 数据库低碳城市建设相关英文文献高频关键词共现图谱

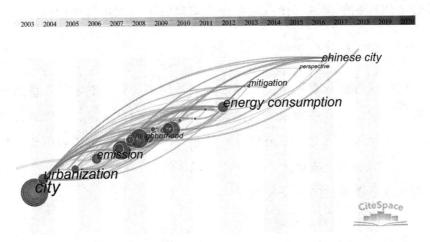

图 1-5 （b） 基于 WOS 数据库低碳城市建设相关英文文献高频关键词共现时区

注：图中单词未采用首字母大写。

高频关键词为"City"、"Urbanization"、"Emission"和"Neighborhood"等，这一时期内低碳城市建设相关英文文献比较重视基于城镇化背景、碳排放和社区等视角的低碳城市建设研究。2011~2016年，低碳城市建设相关英文文献的高频关键词有"Energy consumption""Mitigation""Perspective"等，说明这一时期的研究主要聚焦能源消费和减排等话题。2016 年以后，"Chinese city" 成为低碳城市建设相关英文文献的高频关键词，表明近年来中国城市低碳建设相关研究在国际期刊产生了举足轻重的影响。

根据低碳城市建设相关研究的文献计量分析结果，本书做出以下总结：低碳城市建设相关研究经历了从定性到定量、从概念模糊到内涵具体的演变过程，其研究话题包括基于碳排放测算等方式的城市碳减排压力分析、基于指标体系、DPSIR 等模式的低碳建设绩效测度探究、基于低碳交通、低碳生活、低碳规划等方式的低碳城市建设水平提升策略分析。结合本书的研究目的和研究内容，本书将从城市碳排放研究现状、城市碳排放研究、城市低碳建设水平测度、城市低碳建设效率测度和低碳城市建设水平提升策略五个方面进行文献综述。

二 城市碳排放研究

城市碳排放量测算是认清城市碳减排压力、科学制定城市碳减排政策的基础。只有准确编制碳排放清单和测度碳排放量，才能掌握城市碳排放现状。因此，城市碳排放的相关研究在全球范围内引起了广泛关注。本书将从碳排放测算方法、经济增长与碳排放脱钩两个视角来阐述城市碳排放的研究现状。

（一）城市碳排放测算方法

碳排放测算方法是多种多样的，目前主流的方法有 IPCC（Intergovernmental Panel on Climate Change）系数法、生命周期评价法、实测法和模型因素分解法等（刘明达等，2014）。IPCC 系数法是一种自下而上的测算方法，由于操作简单和计算便捷，在全球范围内得到了广泛认可。而考虑到我国数据的可达性，IPCC 系数法是我国学者进行碳排放测算的主流方法，具体使用情况如下。

1. 直接使用城市层面数据测算城市碳排放

一些研究直接基于 IPCC 系数法和城市层面相关数据测算单个城

市的碳排放，对其碳排放的时空演化进行刻画。如，齐妙青（2013）使用该方法从能源消耗、工业生产和农业生产等方面测算了乌鲁木齐的碳排放量。王海鲲等（2011）使用该方法将温室气体来源分为6个方面，构建了城市温室气体测算方法，并测算了无锡市2004~2008年的碳排放量，发现无锡市的能源消费单元占比较高，工业过程单元占比次之，废物单元占比较低。杨秀等（2015）根据煤、石油、天然气等不同种类能源的使用量和排放因子直接测算了北京市的城市碳排放。Shen等（2018a）采用IPCC系数法计算了北京市1995~2014年的碳排放量，发现北京市的人均碳排放量和碳排放强度达到峰值，而碳排放总量还没有达到峰值。

一些研究基于IPCC系数法和城市层面相关数据测算一定数量的城市在不同年份的碳排放量，并对样本城市在研究期内的碳排放表现展开分析。比如，黄金碧和黄贤金（2012）从土地扩张、废水化学耗氧量等7个方面测算了江苏省各个城市的碳排放量。郑海涛等（2016）基于《城市温室气体核算国际标准》提供的方法，从各项能源消耗、工业产品生产、城市生活垃圾焚烧和绿地碳汇4个方面测算了中国100个城市2002~2012年的直接碳排放总量，并根据城市的人均碳排放曲线将它们分成了高碳、中碳、低碳三类城市。

一些研究基于IPCC系数法和城市层面相关数据测算某时间截面上我国所有城市的碳排放，从而刻画了我国城市碳排放的空间特征。例如，蔡博峰等（2017）通过使用高清分辨率网格数据，采用统一的数据源进行数据的标准化处理，从而自下而上地建立了中国城市二氧化碳排放数据集，分析了我国所有地级市在2012年的碳排放分布特征。在此测算方法的基础上，该研究团队先后公布了我国2005年、2012年和2016年城市碳排放数据集，为我国城市层面碳排放相关的研究奠定了基础。比如，冯相昭等（2017）使用蔡博峰研究团队的数据集对我国126个资源型城市在2012年的二氧化碳排放特征进行分析，使用 DPSIR 模型分析了样本城市在能源结构和产业结构中存在的问题，并使用情景分析法预测了样本城市的碳排放趋势。

一些研究基于 IPCC 系数法和城市层面相关数据测算我国所有城市在多个年份的碳排放量，从而刻画了我国城市碳排放的整体特征。如路超君（2016）基于城市能源消费数据和 IPCC 系数法测算了我国城市 2003~2014 年的碳排放量，而该研究使用的能源消费数据由市辖区的用电量、煤气和电煤气和石油的消费数据估算得出。

2. 使用省级碳排放数据反演城市碳排放

基于 IPCC 系数法和城市层面相关数据进行碳排放估算的数据来自各个城市的统计年鉴，能源消费数据多为规模以上工业的能源消费。然而，现有研究发现不同城市对规模以上工业能源消费的统计口径不同，有些城市的统计年鉴中规模以上工业企业是产值 100 万元以上的工业企业，而有些城市是产值 1000 万元以上的工业企业，可见基于各个城市统计年鉴数据测算出的碳排放量可比性不强，为各个城市碳排放的对比分析带来了极大困扰。基于此，学者提出了使用省级碳排放数据反演城市层面碳排放的思路，通过建立社会经济活动和碳排放的回归模型，用省级碳排放数据反演城市层面的碳排放。其中，利用夜间灯光数据建立经济社会活动和碳排放的回归模型，测算城市层面碳排放是现有广泛认可的一种研究方法（Shan 等，2018）。

夜间灯光数据主要用来反映人类经济社会的各项活动，而碳排放正是人类经济社会活动结果的体现，因此基于夜间灯光数据来估算碳排放是合理的（张慧琳，2019）。这一方法被国际研究多次应用，例如，Doll 等（2000）基于全球 46 个国家的夜间灯光数据 DN 值与碳排放数据，首次发现两者具有较强的线性回归关系。Zhao 等（2015）的研究结果则表明夜间灯光数据 DN 值与碳排放数据具有线性和指数关系。Raupach 等（2010）则通过建立不同行政区域夜间灯光与碳排放的关系，测算全球能源消费碳排放。

基于国际经验，我国学者也探究了我国城市夜间灯光数据与碳排放之间的关系，使用省份碳排放数据拟合城市碳排放数据。一些学者拟合出了我国部分地级市的碳排放数据，如，陈志建等（2018）使用夜间灯光数据模拟长江经济带的 GDP，同时测算了研究区内的碳排放量。郭忻怡等（2016）基于 DMSP/OLS 夜间灯光数据和 NDVI 模拟了江苏省各行政区的碳排放量。一些学者基于夜间灯光数据拟合出了我国所有地级市的碳排放量，如苏泳娴等（2013）基于 DMSP/OLS 夜间灯光数据估算出了 1992~2010 年我国地级市碳排放量；吴健生等（2016）使用夜间灯光数据拟合出了 1995~2009 年我国地级市的碳排放空间格局；张慧琳（2019）基于 1997~2012 年的夜间灯光数据完成了我国省域、市域和县域 3 个层面碳排放数据的拟合工作，并对其进行了时空演化分析。

但是现有基于夜间灯光数据估算的城市碳排放数据多为 2013 年之前的数据，这是由于美国国家海洋和大气管理局（NOAA）提供的夜间灯光数据可以分为 1998~2013 年的年度数据，这以及 2012~2017 年的月度数据，这两套数据口径不一致导致在使用前需要对数据进行校准。由于两套数据的校准难度较大，很多使用夜间灯光数据估算城市碳排放数据的研究仅估算了 2013 年之前或者 2013 年以后的碳排放数据。中国碳核算数据库（CEADs）研究团队通过校准两套夜间灯光数据，在 *Nature* 推出的数据杂志开源期刊 *Scientific Data* 上发表了 1997~2015 年中国城市层面的碳排放数据（Shan 等，2018）。2020 年，CEADs 研究团队再次基于夜间灯光数据反演出 1997~2017 年中国 2735 个县的碳排放量，并再次发表在 *Scientific Data* 上（Chen 等，2020）。CEADs 的碳排放数据得到了学者的一致认可，许多学者开始使用 CEADs 的碳排放数据进行中国县级和城市层面碳排放的研究。例如，Shan 等（2021）使用 CEADs 的城市碳排放数据分析了我国 294 个地级市在 2005~2010 年和 2010~2015 年经济增长与碳排放的脱钩情况。赵玉焕等（2018）指出 CEADs 公布的碳排放数据与国

家温室气体排放清单及以往研究结果相符。张哲等（2020）基于
CEADs 的城市碳排放数据，采用 STIRPAT 模型分析了上海市碳排放
的影响因素。郭芳等（2021）基于 CEADs 的县级碳排放数据整理得
出 2005~2017 年我国城市碳排放数据，采用蒙特卡洛方法与 K 均值
聚类算法，拟合了 286 个地级市的碳排放趋势，并对其进行分析。

（二）经济增长与城市碳排放脱钩

实现经济增长与碳排放的脱钩是低碳城市建设的核心目标之一
（陈飞和褚大建，2009b），不少学者对经济增长与城市碳排放的脱钩
情况进行分析，从而反映城市的碳排放压力。魏营和杨高升（2018）
构建了脱钩因素分解模型，将 Tapio 脱钩模型和 LMDI 模型相结合，
分析了镇江市六大重点行业的脱钩表现，研究结果显示该市在研究期
内的工业碳排放表现为弱—强—弱—强的变化趋势。一些学者刻画了
我国低碳试点城市的经济增长与碳排放总量的脱钩表现。如，刘骏和
何轶（2015）通过 Vehmas 模型构建了"碳解耦指数"的测算模型，
并对 36 个低碳试点城市 2006~2013 年的解耦程度进行了研判。刘骏
（2016）基于 Tapio 脱钩模型构建了"能源解耦指数"测度模型，结
合 LMDI 方法对其进行影响因素分解，并对 36 个试点城市 2006~
2013 年的碳排放表现进行分析。禹湘等（2020）采用 Tapio 脱钩模型
对我国低碳试点城市的经济增长与碳排放之间的关系进行了分析，并
根据脱钩弹性系数的大小将城市分为低碳成熟型、低碳成长型和低碳
后发型，发现我国低碳发展在东部、中部、西部地区呈现显著的梯度
差异。一些学者研究了我国所有地级市经济增长与碳排放总量之间的
脱钩表现，从而描述了我国城市的整体低碳表现。例如，路超君
（2016）分析了我国 289 个地级市 2003~2014 年 GDP 与碳排放的脱
钩情况，结果表明，我国绝对脱钩城市占比从 2003~2004 年的 14%
上升至 2013~2014 年的 34%；同期，弱脱钩城市占比从 29% 上升至
36%；扩张性负脱钩城市占比从 35% 下降至 21%；扩张性耦合城市占

比从 22% 下降至 11%。Shan 等（2021）研究了我国 294 个地级市 GDP 与碳排放总量之间的脱钩情况，结果表明 2005~2015 年我国有 11% 的城市处于强脱钩状态，65.6% 的城市实现了弱脱钩。

三　城市低碳建设水平测度

准确测度城市低碳建设水平是找出低碳城市建设薄弱环节和提出针对性提升策略的基础。根据本书的分析结果可知，低碳城市评价一直是现有研究的热点话题，但现有文献并未强调低碳城市建设水平。根据对相关文献的梳理，本书主要基于可持续发展理念、碳源和碳汇、DPSIR 模型、因素分析 4 个视角进行低碳城市评价研究现状综述。

（一）基于可持续发展理念的低碳城市评价

可持续发展是低碳城市建设的核心指导思想，为了建立一套系统的评价指标体系，在最初的低碳城市建设评价研究中，大多基于可持续发展理念构建指标体系，从社会、经济、环境 3 个方面测度低碳城市的表现。如，付允等（2010）提出，应基于可持续发展理念构建低碳城市评价指标体系，建立包括社会、经济和环境 3 个方面的评价指标体系。华坚和任俊（2012）从经济发展、社会文明和资源环境 3 个总体层面建立低碳城市测度指标体系，基于 ANP 建立测度模型对江苏省 13 个地级市在 2013 年的低碳建设表现进行实证分析，结果表明 13 个地级市的低碳建设水平相差不大，排名前 3 位的是宿迁市、淮安市和无锡市，排名倒数后 3 位的是徐州市、镇江市和连云港市。杨德志（2011）基于可持续发展理念建立了包含经济发展、低碳技术、低碳环境以及低碳社会 4 个方面的低碳城市发展水平测度指标体系，基于 AHP 法对上海市 2000~2009 年的低碳城市发展水平进行了实证分析，结果表明实证对象在研究期内的低碳城市发展水平快速提高。王赢政等（2011）基于可持续发展理念构建了包括低碳能源、低碳环境、低碳政策和低碳社会在内的测度指标体系，采用 AHP 法建立了测度模型，并对杭州市的低碳建设表现进行了实证研究。中国社会科学院为促进我国经济和社会的可持续发展，提出了包含经济转型、社会转型、设施低碳、资源低碳和环境低碳5个维度共计10个指标的中国低碳城市评价指标体系，将德尔菲法与层次分析法相结合设置了指标权重，并对我国110个地级市在2009年的低碳建设表现进行了评估（朱守先和梁本凡，2012）。孙菲等（2013）基于可持续发展理念构建了主要包含经济发展、社会进步、生态环境和低碳发展等7个方面的低碳城市建设评价指标体系；孙菲等（2014）又基于该指标体系使用层次分析法和加权指数法构建了低碳城市建设水平测度模型，对大庆市2007~2010年的低碳城市建设情况进行实证分析。吴健生等（2016）基于城市可持续发展理念从低碳开发、经济环境、城市规模和能源消耗等方面构建了低碳城市建设水平的测度指标体系，使用因子分析法作为测度模型对我国284个地级市在2006年和2010年的低碳城市建设表现进行了时空演化分析。李云燕等（2017）基于可持续发展理念构建了包括社会、经济、环境和科技4个子系统的低碳城市发展评价指标体系，使用层次分析法、熵权法和加权求和法建立测度模型，对我国四大直辖市2008~2013年的低碳表现进行了测度和分析。王磊等（2017）从经济发展、社会进步、环境优化和能源转型4个维度构建低碳城市测度指标体系，采用熵权法设置权重，采用Topsis法计算得分，使用障碍度模型测算各个维度的障碍度，对天津市2008~2015年的低碳表现进行了实证分析。Tan等（2017）基于可持续发展理念开发了一套包括城市经济、能源模式、社会与生活、碳与环境、城市流动性、废弃物和水7个维度的低碳城市指标框架，基于熵权法和线性加权法构建计算模型，对全球10个城市的低碳表现进行了实证研究。Wang等（2020）基于城市可持续发展理念构建了包括经济、社会、城市规划、能源利用和环境等视角的低碳城市评价指标体系，使用熵权法和Topsis法构建了计算模型，对我国259个城市2015~2017年的低碳发展水平进行实证评价。

（二）基于碳源和碳汇的低碳城市评价

低碳城市建设的前提是具备"可量化的减排史"，识别与测量碳源和碳汇是其关键环节。因此，学者从不同角度识别了城市的碳源和碳汇，构建了测度指标体系，刻画了城市的低碳表现。例如，路立等（2011）从减碳和固碳两个方面出发，构建了一套包括城市空间、产业发展、交通出行、基础设施、能源利用和生态环境等在内的评价指标体系，使用 AHP 法和专家咨询法设置权重，使用加权求和法测算综合得分，对天津市在 2009 年和 2010 年的低碳表现进行了实证研究。楚春礼等（2011）从碳源、碳流和碳汇 3 个视角出发，构建了包括能源、产业、交通、建筑和绿色空间等 23 个指标在内的评价指标体系。张良等（2011）从城市碳源和碳汇的角度出发，构建了包括工业、交通、建筑和土地碳汇 4 个二级指标的低碳城市建设水平测度指标体系，根据城市的能源消费结构设置权重，使用加权求和法测算得分。牛凤瑞（2010）基于碳源和碳汇的理念，从低碳产业、低碳建筑、低碳交通、低碳生活和低碳社会 5 个方面设置了 10 个指标，构建低碳发展综合指数评价城市低碳发展水平。杨艳芳（2012）围绕减碳和固碳两大目标，从生产、消费、环境和城市规划 4 个方面构建了评价指标体系，并使用层次分析法和加权求和法构建了测度模型，对北京市 2004~2010 年的低碳发展水平进行实证分析。刘骏等（2015b）从生产、交通、建筑与居民生活 4 个方面识别碳源，从森林和绿地 2 个方面识别碳汇，构建了包含 15 个指标的低碳城市建设水平测度指标体系，并使用熵权法和加权求和法构建了测度模型，评价了我国 36 个低碳试点城市在 2012 年的低碳表现。

（三）基于 DPSIR 模型的低碳城市评价

通过"驱动力—压力—状态—影响—响应"（DPSIR）模型可识别影响低碳城市表现的因素，一些学者基于此构建了低碳城市评价指标体系。DPSIR 模型发源于欧洲，最早用于环境管理和政策的评估，这一模型包括经济、社会、环境和政策四大要素，深入刻画人类活动与环境之间的相互影响以及反馈机制，被学者用于低碳城市评价指标体系的构建中。例如，王宗军和潘文砚（2012）基于 DPSIR 模型建立包括社会发展、经济发展、资源环境、低碳消费和科技政策等 8 个方面的评价指标体系，并使用核主成分分析法对于中国 30 个省（区、市）在 2012 年的低碳表现进行了实证分析。邵超峰和鞠美庭（2010）基于 DPSIR 模型构建了包括社会经济发展、城市建设规模、能源消费强度等 15 个因素在内的低碳城市评价指标体系。朱婧等（2012）基于 DPSIR 模型，选取人均碳排放、单位 GDP 碳排放等 28 个指标构建低碳城市评价指标体系，并采取均方差法计算权重，得出济源市 2006~2010 年低碳城市建设的情况。连玉明（2012）基于 DPSIR 模型构建了包括经济发展、社会进步、资源承载、环境保护和生活质量 5 个方面在内的低碳城市测度指标体系，基于 AHP 法和加权求和法构建模型，对我国 35 个重点城市在 2005 年和 2009 年的低碳表现进行了实证研究。Zhou 等（2015a）采用 DPSIR 模型构建了低碳城市表现指标框架，并利用该 DPSIR 框架对全球 36 个城市由于温室气体排放而产生的效应进行了实证分析。刘骏等（2015c）以 DPSIR 模型为概念模型，构建了包括生产驱动力、温室气体排放压力和环境状态等 10 个方面要素的评价指标体系，并采取熵权法和加权求和法构建了计算模型，对贵阳市 2008~2012 年的低碳表现进行了实证分析。张丽君等（2019）基于 DPSIR 模型构建了包括社会经济、空间形态、区位能源消费、碳排放、大气质量、水质量和气候变化等要素的评价指标体系，并采取熵权法和模糊德尔菲层次分析法设置权重，对我国 288 个地级市 2013~2016 年的低碳表现进行了实证分析。

（四）基于因素分析的低碳城市评价

随着研究的不断深入，学者开始意识到对低碳城市的内涵及其建设的影响因素进行分析是非常重要的，基于影响因素分析的低碳城市建设评价成为低碳城市评价的主要方式（娄营利，2019）。

　　一些研究者通过低碳城市的内涵识别出了影响低碳城市表现的因素，为评价指标体系的构建奠定了基础。例如，辛玲（2011）界定了低碳城市的内涵和特点，基于此构建了包括经济基础设施、生活方式、低碳技术、低碳政策和生态环境等6个方面的测度指标体系。在以上测度指标体系的基础上，辛玲（2015）使用专家打分法设置权重，使用灰色关联法计算得分，对我国10个样本城市的低碳表现进行了实证分析。连玉明和王波（2012）识别了低碳城市建设中的关键要素，构建了包括经济发展、社会进步、资源承载、环境保护和生活质量五大维度的评价指标体系，并使用专家打分法设置权重。刘竹等（2011）通过分析影响城市低碳建设的因素，建立了包括经济增长、碳排放、污染物排放和经济发展等8个指标的低碳城市评价指标体系，同时对沈阳市2001~2008年的低碳表现进行了实证分析。谈琦（2011）基于对低碳城市内涵的界定，建立了包括技术经济、空气环保和城市建设在内的低碳城市评价指标体系，并使用因子分析法测度了南京市和上海市2000~2009年的低碳表现。宋伟轩（2012）基于低碳城市内涵构建了低碳城市评价指标体系，使用时空路径分析了长江沿岸28个城市2004~2008年的低碳表现，并对其进行聚类分析和评价。王爱兰（2011）讨论了影响低碳城市建设的因素，提出了包括经济和社会发展水平、产业结构、能源结构、能源效率、交通运输、碳汇和制度环境在内的评价指标体系，并使用德尔菲法设置权重。庄贵阳等（2014）基于低碳经济理论界定了低碳城市的内涵，提出了包括低碳产出、低碳消费、低碳资源和低碳政策4个维度的低碳城市建设水平测度指标体系，并对100个地级市在2010年的低碳表现进行了空间差异分析。刘俊池（2016）通过收集国内外的低碳实践，总结了低碳城市经验和影响因素，进而构建了低碳城市发展指标体系，测算了湖南省13个地级市的低碳发展水平。石龙宇和孙静（2018）基于低碳城市的内涵构建了包括碳排放、经济发展、社会进步、交通、人居环境和自然环境在内的评价指标体系，采用变异系数法和综合评价法构建了测度模型，并对35个城市2010~2015年的低碳表现进行了时空演化分析。陈楠和庄贵阳（2018）通过梳理低碳城市的内涵，从宏观领域、能源产业、低碳生活、资源环境和政策创新5个方面构建了低碳城市评价指标体系，使用专家打分法设置权重，对我国低碳试点城市2010~2015年的表现进行了实证研究。

一些学者基于碳排放的影响因素构建评价指标体系。Pamlin（2009）根据影响城市碳排放的因素，建立了一套包括政策制定、排放和投资3个方面的低碳城市表现指数体系。劳伦斯伯克利国家实验室开发了一套低碳生态城市评价工具（ELITE），从能源与气候、水、空气、流动性、土地利用、废弃物、经济和社会健康等8个维度对低碳城市表现进行评价（Zhou等，2015b）。Baeumler等（2012）结合中国城市的碳排放及影响因素，从碳排放、能源、绿色建筑、可持续交通、智慧城市五大方面提出了一套低碳城市评价指标体系。Price等（2013）认为工业、交通和建筑是产生城市碳排放的主要方面，通过调查工业、住宅、交通等部门的碳排放情况，构建了包含宏观经济指标和最终用途部门指标以及工业、居民、商业、交通、电力5个维度的评价指标体系。Khanna等（2014）基于中国首批8个低碳试点城市的碳排放等目标的实施情况构建了一套自下而上和自上而下相结合的城市低碳发展水平评价新框架，并对我国12个城市的低碳发展水平进行了比较。Lin等（2014）对国家减排强度目标进行逐级分解，构建了一套包含森林、农业、垃圾处理等六大方面共16个指标的低碳城市评价指标体系，并对西安市的低碳表现进行了实证研究。

四　城市低碳建设效率测度

现有研究虽然没有直接定义城市低碳建设效率，然而环境效率评估一直是环境研究中的重要课题，可为本书提供丰富镜鉴。本部分将从国家、行业和城市 3 个层面对环境效率研究现状进行探讨。

（一）国家层面的环境效率测度

一些学者还研究了不同国家的环境效率。例如，Bai 等（2019）采用参数化 Malmquist 指数法，探索了 1975～2013 年 88 个经济体的全要素碳生产率，结果表明高绩效经济体往往具有较高的碳生产效率，而高能耗型经济体碳生产效率较低。Song 等（2013）使用 Super-SBM 模型首次计算了金砖五国的能源效率，并发现这些国家的能源效率虽然低但呈快速增长趋势。Cui 和 Li（2015）开发了一种虚拟前沿数据包络分析（DEA）方法来探索碳排放效率，并利用 2003～2010 年 15 个国家的数据验证了该方法的适用性。Du 等（2021）通过实证研究探讨了"一带一路"倡议下交通领域碳排放效率，并发现收入水平较高的国家具有更好的表现。还有一些学者关注中国各省（区、市）整体环境效率的问题。例如，Bian 等（2013）提出非径向数据包络分析方法并将其应用于 2010 年中国 31 个省（区、市）的环境效率评估，对提出的研究方法进行实证验证。Wang 等（2013）使用超效率 DEA 方法研究中国地区能源效率问题。Meng 等（2016）使用 DEA 模型分别评估了中国 30 个省（区、市）2005～2015 年的能源效率和碳排放效率。Wang 等（2019）应用方向距离函数方法研究了中国 30 个省（区、市）2005～2016 年的环境效率。Song 等（2013）、Tao 等（2016）、Yang 等（2018）以及 Meng 等（2016）选择了投入产出指标，并使用 SBM 模型评估了中国各省（区、市）的环境效率。Teng 等（2021）依据造林的区域差异改进了动态 SBM 模型，并计算了中国 30 个省（区、市）在 2010～2017 年的能源效率和碳排放效率。

（二）行业层面的环境效率测度

一些学者关注了中国不同行业如交通部门和工业部门的省级碳排放效率。Xie 等（2018）使用随机前沿分析（SFA）方法研究了中国 30 个省（区、市）2007～2016 年的能源效率；Zhang 等（2020）提出了一种创新的 DEA 模型来评估中国交通部门调整后提高的能源排放效率，并发现中国 30 个省（区、市）的整体能源排放效率提高了 7.98%，其中东部地区改善最大。还有一些其他学者，如 Zhang 和 Wei（2015）、Feng 和 Wang（2018）以及 Song 等（2016）使用 DEA 方法研究了过去 10 年中中国 30 个省（区、市）交通部门的碳效率。此外，还有几项研究关注中国各省（区、市）工业部门的碳效率，例如，Cheng 等（2018）通过非径向距离开发了一个新的全要素碳效率模型来分析中国 30 个省（区、市）工业部门的碳效率表现，结果显示改进后的模型可以更清晰地反映碳效率和技术水平；Liao 和 Yong（2018）分析了 2005~2011 年我国工业细分行业的能源效率，并使用面板回归模型总结不同绩效行业的特点；Emrouznejad 和 Yang（2016）利用 DEA 方法和 GML 方法分析了 2004~2012 年我国制造业的碳效率。

（三）城市层面的环境效率测度

也有一些研究关注城市层面的环境效率。在城市碳排放效率研究中，单因素分析更常见，衡量碳排放效率常用的指标是单位国内生产总值的碳排放量。例如，Ferreira 等（2018）使用人均碳排放量来衡量碳强度和能源强度；宋祺佼和吕斌（2017）在研究城镇化与碳效率之间的脱钩关系时使用单位国内生产总值的碳排放量来反映城市的碳效率；Shen 等（2018）也将单位国内生产总值的碳排放量作为一个识别影响北京市低碳建设实践的因素的重要指标。然而，仅凭一个指标可能无法全面反映碳排放效率，从而导致对低碳建设绩效评估不准确，有必要构建基于全要素生产理论的碳效率评价模型，因此，一些学者基于全要素生产理论开展了城市碳排放效率的相关研究。例如，Zhang 等（2019）通过探讨中国城市综合评价的重要性，使用 Super-SBM 方法验证了 2003~2016 年中国 283 个城市的环境效率水平，结果表明东部地区城市的环境效率水平高于中部和西部地区城市。Fang 等（2022）测算了 2004~2018 年中国 282 个城市的碳排放效率，并确定劳动力、资本存量和能源消耗为投入因素，确定地区生产总值和二氧化碳排放量为产出因素。Yu 和 Zhang（2021）使用输出导向的 Super-SBM 方法计算了 2003~2018 年中国 251 个城市的碳排放效率。

如上所述，现有研究已经从国家、行业和省级层面对环境效率进行了大量探讨，只有少数研究关注城市层面的环境效率评估。例如，Zhang 等（2020b）曾探索了城市层面的环境效率，但由于 2020 年之前缺乏公开可用的城市碳排放数据，环境效率的非期望产出变量多是PM2.5。随着夜间灯光数据在城市碳排放反演中的应用越来越广泛，城市碳排放数据越发完善，特别是建立了中国碳核算数据库。Chen 等（2020）在 *Scientific Data* 上发布了县级碳排放数据，一些学者开始探索城市层面的碳排放效率研究。然而，现有城市碳排放效率研究只包含 GDP 和 CO_2 两个产出因素，并未考虑低碳城市实践目标的具体要求，特别是在"双碳"目标背景下，城市环境效率的产出因素不仅应该关注碳源表现，而且应该关注吸收 CO_2 的固碳能力。换言之，亟须界定低碳城市效率的具体内涵，明确"双碳"目标背景下低碳城市实践的投入因素和产出因素。

五 低碳城市建设水平提升策略

低碳城市建设水平提升策略是提升低碳城市建设水平的实践方案。通过文献综述发现目前相关研究可分为基于政策现状分析的提升策略和基于经验挖掘理论的提升策略两个方面，本部分将从这两个方面综述低碳城市建设水平提升策略的研究现状。

（一）基于政策现状分析的提升策略

现有低碳城市建设水平提升策略研究大多数是对低碳城市建设政策现状进行分析，通过分析政策现状发现问题，从而提出有针对性的提升策略。

一些学者对我国城市低碳建设某一类型低碳政策的现状进行分

析，提出了一系列改善该类型低碳政策表现的提升策略。例如，李玉婷（2015）对我国低碳相关的市场激励型政策进行了分析，通过对碳税、补贴、碳交易、碳金融和碳关税等政策工具的现状、适用性和有效性等进行分析，提出一套适用于我国的政策措施。高凤勤和郭珊珊（2014）对促进我国低碳发展的碳税政策进行了分析，得出如下结论：煤炭、天然气、成品油等所有化石能源应被界定为征收对象；化石能源碳含量应被界定为计税基数；使用化石能源的单位和个人应被认定为纳税人；同时鼓励对使用低碳排放能源的企业进行税收减免。彭青秀（2015）分析了我国低碳农业中的财税政策，得出了我国财税政策存在投资力度不够、农业补贴体制不完善和农业科技投入不够等问题，并基于这些问题提出了一些改善低碳农业的建议。张家健和赵冰（2014）根据我国低碳经济政策现状，提出了一系列市场型政策工具，如产业和技术升级、推行碳排放税、完善碳排放交易制度、推行公私合作模式和提高汽车使用成本等。

一些学者以低碳政策工具的整体分布情况为出发点，通过分析我国城市低碳建设政策工具存在的结构性问题，提出提升策略。政策工具就是实现政策目标的手段，也是进行政策研究最常用的分析单元（Shen 等，2016）。盛广耀（2016）整合了我国从中央到地方的低碳城市建设相关政策，分析了政策的整体情况，发现我国低碳政策工具存在体系不完善、结构不合理、类型单一和执行力度不够等问题，并提出相关改进建议。罗敏和朱雪忠（2014a）基于共词分析对我国低碳政策构成进行研究，在"北大法宝"收集了 48 条政策文本，得到出现总频次为 508 次的 38 个政策工具，并基于多维尺度对这些政策工具进行分析，得出以下结论：我国的低碳政策主要由产业政策、财税政策、投融资政策、碳交易政策和专利政策五大类政策组成，低碳政策整体结构失衡，其中产业政策和财税政策占据主导位置，但是行政参与过多易导致其失灵；投融资政策和碳交易政策相对缺乏；专利政策执行中心不明确。罗敏和朱雪忠（2014b）基于政策工具对中国低碳政策文本进行量化研究，在"北大法宝"收集 48 条政策文本，得到出现总频次为 411 次的 30 个政策工具，研究表明我国规制型政策工具存在灵活性不足且数量较多的问题，经济激励型政策工具存在产权拍卖类政策较少的问题，社会型政策工具存在政府引导和协调作用不够充分的问题。Schaffrin 等（2015）从总体上测度气候变化相关政策工具的数量和效果，结果表明政策对与能源有关的产业、公众舆论和政府机构能力具有分配效应，可以跨部门实施与能源有关的气候政策，当政府具有足够能力时更倾向于使用监管手段。盛广耀（2017）基于混合扫描模型提出了我国城市低碳建设的政策体系，首先基于"全景扫描"模式，从中央和地方 2 个层面构建了命令控制型、经济激励型、社会参与型 3 种政策工具以及建筑、交通、生产、生活 4 个领域的政策分析框架，并基于该框架分析了我国城市低碳建设具体措施的分布和存在的问题。Auld 等（2014）通过对 292 项促进低碳技术发展的政策进行系统回顾，发现实施时间比较灵活或执行时间比较长的政策效果更加积极，而自我调控等政策在实施时需要权衡成本、问题和效率。赵鹏飞（2018）建立了我国低碳经济的政策分析框架，以碳工业型政策工具和碳环境型政策工具为视角分析我国政策现状，结果表明我国碳工业型政策工具存在补贴类工具较弱、限制类政策不足等问题，我国碳环境型政策工具存在税收政策力度较小等问题。Lou 等（2018）以建筑、工业、能源转化和交通运输 4 个典型碳排放行业为例，分析 4 个行业分担的碳减排责任和实际减排贡献，并对不同部门的碳减排政策提出建议。研究结果表明，建筑业和交通运输业付出了足够的减排努力、工业部门和能源转化部门对解决减排问题关注度较低，基于此提出如下建议：对所有工业活动采取碳减排政策，以多渠道的财政资金支持城市降低工业部门的碳排放，促进城市间清洁能源技术的合作开发和提高传统能源转化设备的使用效率。

一些学者把低碳政策工具与低碳建设效果相结合，找出最佳政策工具，从而提出基于最优政策组合的提升策略。Mao 等（2019）以政策工具理论为基础，建立了"政策工具类型-低碳建设成果"两维视角的政策分析框架，以山东省齐河县的低碳城市发展为例，对我国低碳城市发展的政策工具及其有效性进行分析。分析结果表明，我国城市低碳建设的关键目标是发展低碳技术和低碳能源；强制性政策工具是我国地方政府最常用的政策工具，而自愿性政策工具很少使用；当强制性政策工具与混合性政策工具的比例为 2∶1 时，政策工具的组合效果最佳。Ma 等（2021）构建了低碳城市政策工具分析框架，采用模糊集定性比较分析的方法探讨了现行政策工具的配置及其对低碳城市建设的影响，其中低碳城市政策工具包括层级、市场、网络和信息 4 类工具，并通过对我国 35 个低碳试点城市的政策工具应用情况分析得出了以下结论：市场工具和网络工具是对层级工具的补充，层级工具和市场工具的结合使用往往会阻碍网络工具和信息工具作用的发挥，而网络工具和信息工具是可互换的，网络工具在我国低碳城市发展中使用较少。

（二）基于经验挖掘理论的提升策略

随着低碳城市建设的不断开展，全球范围内形成了大量宝贵经验，因此一些学者开始探究利用现有经验，从而提出低碳城市建设水平的提升策略。

一些学者总结了国际低碳城市建设的经验，从而为我国的低碳城市建设提出建议。李彦文（2019）通过整理荷兰环境治理的相关措施，提出了我国应该将"自上而下"的治理与"自下而上"的转型相结合，制定综合性法规、完善政策制度，实现政策制定和执行的全面统一。王兴帅和王波（2019）整理了韩国在绿色金融中的经验并提出构建包括绿色信贷、绿色担保、绿色保险和绿色认证的多层次绿色金融服务体系，开展多种渠道的国际合作的建议。李国庆和丁红卫（2019）

总结了日本的紧凑型低碳城市建设经验，提出应开展公共交通网络建设、建立各个环境主体的自主参与机制、实行提高城市功能和促进产业集聚的多元经济措施、调整能源结构促进国土韧性化。陈晓兰和周灵（2020）在《瑞士低碳城市发展实践与经验研究》一书中总结了瑞士在低碳城市规划、低碳交通、清洁能源等关键领域的经验，并总结提炼出了对我国城市低碳建设具有启发性的建议。居祥和饶芳萍（2021）使用案例分析法对于国内外低碳小镇的经验进行了归纳和总结，并为我国的低碳小镇建设提出了引入田园城市的规划理念、学习先进的新能源开发技术和建立完善的法律法规三个方面的建议。一些学者总结了国内表现良好城市的低碳建设经验，为其他城市的低碳建设提供参考。董战峰等（2020）将深圳市在环境管理中的相关经验总结为建立质量引领、创新驱动、转型升级和绿色低碳的发展路径，形成覆盖生态环境各个方面的门类齐全、措施有力的政策体系。付琳等（2020）通过社会调查，从低碳理念、低碳文化和低碳生活方式等方面总结了我国在低碳社区试点建设中的典型做法，并提出了如下建议：国家主管部门应做好顶层设计，引领社区建设；地方主管部门应完善相关配套设施，做好支撑工作；基层社区试点应打破壁垒，勇于创新社区治理模式。

以上经验分享都是零散的，很难发挥应有的效用，有系统的低碳城市建设水平提升策略等是非常重要的，因此，一些学者致力基于经验挖掘理论构建一套低碳城市建设水平提升策略。例如，Huang 等（2019）引入案例推理方法构建低碳城市建设的经验挖掘方法，具体步骤包含案例表示、案例检索和案例适应与保留；特征变量为城市文脉特征和碳排放的影响因素；案例城市为中国 36 个低碳试点城市；以成都市为实证对象，为其选择了最佳实践。Wu 等（2020）引入了经验挖掘方法帮助决策者在制定低碳城市建设发展战略时重用以往的经验。经验挖掘方法包括收集经历过低碳城市建设的历史案例、建立低碳城市建设经验库和挖掘类似经验案例 3 个步骤。此研究的特征变量为城市存在的低碳建设问题和城市碳排放的影响因素；选取 36 个试点城市作为案例，构建了"问题—经验—特征"三大维度的经验库；以沈阳市的能源结构问题为研究对象，验证了所构建方法的有效性。

六 文献评述

根据对现有文献的综述可知，城市碳排放及其相关研究、低碳城市建设水平测度和低碳城市建设水平提升策略等研究已取得了丰硕的成果，以上各个方面的研究一方面为本书提供了文献支撑，另一方面又体现了现有研究的空白点。

（一）现有城市碳排放及相关文献综述对本书的启发

基于对城市碳排放测算方法的综述，本书发现 CEADs 公布的中国多尺度碳排放数据得到了学者的一致认可，因此，本书将基于 CEADs 的碳排放数据进行我国城市碳排放现状分析；我国现有城市碳排放研究多聚焦一个城市碳排放的时间演化或者多个城市在某一年份截面数据的空间差异分析，缺乏对我国所有地级市碳排放时空演化规律的刻画。因此，本书将基于 Moran's I 指数对我国城市低碳建设水平时空演化规律进行分析。

我国城市经济增长与碳排放的脱钩分析存在两个空白点：从分析数据角度，现有城市层面的研究多用 GDP 这一传统统计年鉴数据反映经济增长，然而，传统年鉴数据由于数据收集与数据计算的分离，存在一定局限性（Chow，2006）。为了提高数据精度，一些学者使用遥感技术（如夜间灯光数据）来研究经济增长和区域经济发展水平（Elvidge 等，2007）。从研究对象来说，现有研究大多聚焦单一城市时间序列经济增长与碳排放的脱钩分析或者多个城市经济增长与碳排放的脱钩情况的空间差异分析，缺乏对所有城市每一年经济增长与碳排放的脱钩情况的分析。只有对我国所有城市每一年经济增长与碳排放的脱钩情况进行分析，才能及时动态"把脉"我国城市碳排放现状，制定出具有全局观、时效性的减排措施。基于以上空白点，本书将采用夜间灯光数据来衡量中国城市的经济增长，从而分析我国289个地级市经济增长与碳排放的脱钩状况，为我国政府认清城市层面的碳减排压力，制定有针对性的碳减排政策提供依据。

（二）现有低碳城市建设状态水平测度指标体系研究的不足

现有指标体系中的指标多为"低碳发展水平"、"低碳表现"和"低碳城市评价"，主要强调了低碳建设的状态和结果，忽视了对低碳城市建设过程本身的评价。有一些研究旨在构建低碳城市建设水平测度指标体系，但由于在界定低碳城市建设内涵时与实践脱节，形成的指标体系针对性和指导性不强。因此，本书将基于目标管理理论得出的低碳城市建设内涵构建指标体系，高度重视其与低碳建设目标的相关度。

现有指标体系研究中，只构建指标体系理论框架的研究很少考虑指标的适用性，而开展大量城市实证分析的研究又多以统计年鉴为导向，易忽略指标的科学性。Shen 等（2020）指出指标体系的构建必须同时考虑科学性和适用性，才能保证评价结果的准确性。因此，本书将基于低碳城市建设的内涵和目标管理理论构建低碳城市建设水平测度指标体系，指标选取同时考虑科学性和适用性，保证指标在满足低碳城市建设内涵要求的同时实现数据可达。

（三）现有低碳城市建设状态水平测度赋权方法的不足

现有低碳城市建设状态水平测度虽然使用了不同的赋权方法，如德尔菲法、层次分析法、熵权法和变异系数法等，但是综合测度模型大多使用加权求和法（又名"综合系数法"），这种方法用一个评价分值来表示低碳城市综合表现，而低碳城市建设是由多个维度共同作用的系统工程。例如，中国国家发展和改革委员会（2010）强调低碳城市建设需要多个维度共同作用，如支持低碳发展的政策机制、低碳产业体系、绿色生活方式和消费模式。很多地方政府也明确了低碳城市建设依赖于多个维度，重庆市政府（2012）指出低碳城市建设需要从低碳产业体系、低碳能源体系、节能减排和碳汇等维度开展。不同城市低碳建设的薄弱环节和不足之处存在差异,仅依靠综合得分很难反映低碳城市建设的关键环节,因此低碳城市建设维度水平测度是非常重要的(Shen 等,2021)。为此,本书将采用熵权法和 Topsis 模型对我国低碳建设维度水平和整体水平进行测度,在得出总体表现的同时找出各个城市低碳建设的提升方向。

(四)现有低碳城市建设水平时空演化规律研究的不足

现有研究侧重评价某一个城市在不同年份的低碳建设水平,分析单一城市在时间上低碳表现的演变;或者评价多个城市在某一个具体年份的低碳建设水平,分析多个城市在空间上低碳表现的差异,很少有研究从时空演化的角度来分析我国低碳城市建设水平。事实上,低碳城市建设是一个动态过程,只有刻画其时间演化规律才能发现其建设的效果;低碳城市建设也是一个"因城而异"的过程,只有进行空间差异分析才能"因城施策"。因此,本书以 35 个典型大型城市为实证对象,对我国城市低碳建设水平进行时空演化分析。一方面,我国城市采取了大量减排措施,对 35 个样本城市的低碳建设水平进行评价可以对我国低碳建设效果进行判断;另一方面,这 35 个样本城市的地理分布范围广阔,类型各异,极具代表性,找出其中表现良好的城市,可以将其经验在全国范围内进行推广,从而提高我国城市低碳建设整体水平。综上,本书选取 35 个样本城市,对其在 2006~2019 年的低碳城市建设水平进行时空演化分析。

(五)现有低碳城市建设效率测度研究存在的空白

现有研究大多从国家、行业和省级层面考察了环境效率,而缺乏对城市层面的环境效率评估。

现有城市碳排放效率研究中的产出因素仅包括 GDP 和 CO_2,未能考虑低碳城市实践的整体产出和维度产出。为填补这些研究空白,本书提出了一种改进模型来衡量中国低碳城市实践的效率,进行案例演示以验证该模型，并为决策者为不同城市制定更好的减排措施和实现"双碳"目标提供有针对性的策略。

（六）现有低碳城市建设水平提升策略建议

现有低碳城市建设水平提升策略研究多为零散分析某一类政策工具的现状，提出某一类政策工具的具体建议；或者基于经验挖掘理论提出低碳城市建设水平提升框架，且挖掘的经验多为国内经验。事实上，政策工具可以系统分析出我国城市低碳建设存在的结构性问题，将经验挖掘和文本挖掘相结合可以精炼出我国城市低碳建设的内容性建议。因此，本书将基于经验挖掘理论整合国内和国际的低碳城市建设经验，基于政策工具分析提出我国城市低碳建设水平的整体性提升策略，基于主题词模型提出我国城市低碳建设水平各维度提升策略。本书最终形成兼顾整体和维度视角的提升策略，从而保证低碳城市建设目标的全面实现，助推城市可持续发展。

第三节 本书的研究目标与研究意义

一 研究目标

基于本章提出的低碳城市建设的研究重要性与揭示的研究空白点，本书旨在通过测度我国城市低碳建设水平，提出我国城市低碳建设水平的提升策略，助力"碳达峰"和"碳中和"目标的实现，具体确定了如下研究目标：①全面认识我国城市碳减排压力；②科学界定我国城市低碳建设内涵；③系统剖析我国低碳城市建设水平时空演化规律；④有效提出我国城市低碳建设水平提升策略。

二 研究意义

本书具有一定的理论意义和实践意义，理论意义体现在建立了新的低碳城市建设理论体系和构建了新的低碳城市建设水平测度方法；实践意义在于认清了我国低碳城市建设水平时空演化规律和提出了低碳城市建设水平提升策略，具体阐述如下。

（一）建立低碳城市建设理论体系，为推动低碳城市的学科发展做出贡献

本书以可持续发展理论指导整个研究，以低碳经济理论指导低碳城市建设的方向，基于脱钩理论分析我国城市的碳减排压力，基于目标管理理论界定低碳城市建设内涵及构建低碳城市建设水平测度指标体系，基于经验挖掘理论构建理论框架和案例库，基于政策工具理论收集、整理、表达和挖掘低碳城市建设经验。通过探索不同领域的理论在低碳城市建设相关研究中的应用，本书建立了一套低碳城市建设理论体系，丰富和完善了低碳城市建设相关研究，推动了低碳城市的学科发展。

（二）构建低碳城市建设水平测度方法，为准确认识低碳城市建设水平提供工具

科学准确的评价体系是认清现状的基础工具。本书基于目标管理理论界定我国低碳城市建设的内涵，并构建了一套紧扣低碳城市建设目标的测度指标体系。本书构建的测度指标体系为认清我国城市低碳建设现状提供了有力工具，使用该测度指标体系可以准确掌握我国城市低碳建设水平，为各个城市找出低碳建设短板。

（三）认清我国低碳城市建设水平时空演化规律，为提升我国城市低碳建设水平指明方向

使用本书提出的低碳城市建设水平测度原理和方法可以准确认识我国城市低碳建设的薄弱环节，"诊断"城市发展问题，找出城市发展差距，引导城市未来发展方向，从而对提升低碳城市建设水平提供有效的实践方案。本书选取了中国35个重点城市作为实证研究样本，从实际出发全面"把脉"这35个城市2006~2019年的低碳建设水平，为提升我国城市低碳建设水平提供科学依据。

（四）提出低碳城市建设水平提升策略，为城市管理者提供切实可行的实践方案

本书基于经验挖掘理论对国外低碳城市建设经验进行收集和整理，对国内表现较好城市的低碳建设经验进行文本挖掘，建立了一套规范、准确和系统的低碳城市建设经验库，紧扣实证结果提出了一套切实可行的策略，并为提升我国城市低碳建设水平提供了实践方案。

第四节　研究内容与研究方法

一　研究内容

根据研究问题和研究目标，本书遵循"压力－状态－影响"（P－S－R）的环境研究分析框架，基于碳排放现状及脱钩研究描述我国城市低碳建设面临的压力，基于低碳城市建设内涵研究和低碳城市建设水平时空演化规律研究刻画我国城市低碳建设的状态，基于城市低碳建设水平提升策略研究构建我国城市低碳建设的影响机制，具体包括如下四个方面的研究内容。

（一）我国城市碳排放现状及脱钩压力分析研究

本书从我国城市碳排放时空差异、经济增长与碳排放脱钩情况的时空差异分析我国城市碳减排压力。本书通过全局 Moran's I 指数和局部 Moran's I 指数分析了我国城市碳排放的时空演化，通过将 Tapio 脱钩模型和 Python 编程相结合识别我国经济增长与碳排放脱钩的时空演化。通过对我国城市碳排放现状的清晰认识，本书分析了我国城市低碳建设的重要性和迫切性。

（二）低碳城市建设内涵研究

本书基于目标管理理论，采取文献研究法和内容分析法识别我国城市低碳建设的内涵，基于在"北大法宝"法律数据库检索、从各

个政府官网收集和依申请公开 3 种方式收集的 132 份政策文本，本书识别了我国低碳城市建设的整体目标和维度目标，从而界定了我国城市低碳建设的内涵。准确认识我国城市低碳建设的内涵是界定我国城市低碳建设水平测度内容的基础。

（三）低碳城市建设水平时空演化规律研究

本书根据目标管理理论构建了低碳城市建设水平测度指标体系，基于熵权法和 Topsis 法构建了低碳城市建设水平测度模型，采用四分位法和 Boston 矩阵法对我国城市低碳建设水平进行时空演化分析。基于低碳城市建设水平测度原理，本书选取我国 35 个重点城市为实证研究对象，利用构建的测度模型对我国城市低碳建设水平进行实证研究；根据构建的低碳城市建设水平测度结果解析框架，本书从时间和空间两个角度进行演化规律分析，反映样本城市低碳城市建设水平的时间演化和空间差异。

（四）低碳城市建设水平提升策略研究

本书秉承"城市可持续发展、经验挖掘、因地制宜、多元手段"的基本原则，以提升我国城市低碳建设水平为核心目的，从整体性建议和维度性建议两个方面提出我国城市低碳建设水平的提升策略。基于政策工具分析方法，本书对国内和国际低碳政策工具进行对比分析，发现我国低碳城市政策工具存在的整体问题，并总结国际经验，进而提出整体提升策略；基于文本挖掘方法中的 LDA 主题词分析模型，本书凝练了我国低碳建设表现良好的城市在各个维度的经验，并基于此提出各个维度提升策略。

二　研究方法

在"碳中和"和"碳达峰"目标的驱动下，本书以城市为研究对象，分析城市碳减排压力，探索低碳城市建设的内涵、低碳城市建设水平测度方法、低碳城市建设水平时空演化规律及低碳城市建设水平提升策略，研究过程采用定性和定量相结合、理论和实践相结合的多元方法，具体如下。

（一）文献研究法

文献研究法是收集和整理文献，并对其内容进行研究，从而揭示科学客观规律的一种方法（韩建萍，2017）。文献研究法充分利用文献中已有的理论和成熟方法，对相关理论概念和学术方法进行梳理，通过文献研究可以把握研究现状、明确研究方向，同时为研究结论提供理论依据。文献研究法贯穿本书的整个研究过程，在各个章节的具体应用体现在以下方面：对低碳城市建设相关的文献进行梳理和研究，认识低碳城市建设研究的空白点，凸显本书的创新点；为本书界定的低碳城市建设内涵提供理论依据；为低碳城市建设水平测度指标体系提供候选库；为低碳城市建设水平测度结果的解析提供文献支撑；为低碳城市建设经验的收集和分析提供理论依据。

（二）专家访谈法

专家访谈法是通过访谈收集专家的意见和建议，通过面对面交谈的方式进行事实调查和问题征询，获取数据支持和观点支撑，为研究提供参考依据的方法（李博等，2018）。本书通过国际会议、专家论坛、实地走访、远程研讨等多元形式对相关专家进行访谈，具体应用如下：邀请专家对低碳城市建设水平测度候选指标的科学性和合理性进行讨论；收集专家所在城市低碳建设存在的问题和积累的经验。通过充分发挥专家的研究专长，本书收集了海量原始材料，凝练了低碳城市有关专家学者的宝贵意见。

（三）内容分析法

内容分析法是分析报纸、政治报道和情报等内容的有效方法（Shen等，2021），该方法在社会学中得到广泛应用。首先，本书使用内容分析法识别低碳城市建设维度目标，即通过收集相关政策文本，拆分政策文本形成政策分析单元，再对政策分析单元进行整理和合并，形成规范的低碳城市建设维度目标。其次，本书使用内容分析法对国内外低碳城市建设经验进行对比分析，从而发现我国低碳城市政策工具存在的整体问题，提出我国城市低碳建设水平的整体性提升策略。

（四）定量分析法

定量分析法又称数学模型法，是通过符号、常数、指数等数学语言来描绘事物的基本特征、内在关联、表现状态和发展趋势的一种方法，该方法的目的是通过建立数学模型解决实践问题或者理论问题（石益祥和李友松，2017）。定量分析法的结果具有直观、简洁、准确的特点。本书使用多种数学模型对收集的各种资料和数据进行处理，运用 Moran's I 指数、描述性统计法、Tapio 脱钩模型、熵权法、Topsis 法和四分位法等分析方法建立低碳城市建设水平测度模型。本书应用 Moran's I 指数分析我国城市碳排放的时空演化；应用描述性统计法和 Tapio 脱钩模型分析我国城市经济增长与碳排放的脱钩关系，从而刻画我国城市的碳减排压力；应用描述性统计法、熵权法和 Topsis 法等计算了实证对象低碳城市建设水平得分；应用四分位法对我国低碳城市建设水平进行时空演化分析。总之，本书应用面板数据从截面和时间序列两个视角，反映我国城市碳排放现状，测度我国城市低碳建设水平，分析我国低碳城市建设水平时空演化规律，把握我国城市低碳建设的实际状态并识别存在的关键问题。

（五）实证分析法

实证分析法是通过对事物的行为和发展趋势进行分析，得出规律的一种方法。实证分析法是一种归纳方法，通过对现实生活的总结来验证已有理论，或者总结出新的理论（王宗润，2001）。本书选取数据可达的 289 个地级市进行碳排放现状的实证分析，通过刻画我国城市碳排放的时空演化、城市经济增长与碳排放脱钩的时空演化，分析我国城市的碳减排压力。本书选取包括省会城市和副省级城市在内的 35 个重点城市作为样本城市，开展低碳城市建设水平的实证研究，通过收集研究期内的相关数据，计算样本城市的低碳城市建设水平得分，并基于四分位法和 Boston 矩阵法对于实证评价结果进行解析，分析样本城市在低碳建设五大维度中的时间演化和空间差异，从而为提出低碳城市建设水平提升策略奠定基础。

（六）经验挖掘法

经验挖掘法是从海量数据中挖掘规律、总结经验，用以支持决策的一种方法（边泓等，2008；Shen 等，2013）。经验挖掘法通常借助大数据、人工智能和可视化技术等计算机手段，通过数据收集和处理、经验寻找和经验表示等过程，挖掘决策支持信息。本书基于经验挖掘理论，依托政策工具分析法、内容分析法和 LDA 主题词分析模型挖掘国内外低碳城市建设经验，提出了一套低碳城市建设水平提升策略，为我国低碳城市建设提供了可借鉴的实践方案。

第五节 研究思路与技术路线

一 研究思路

本书遵循"提出问题→分析问题→解决问题"的研究思路，基于"压力-状态-影响"的环境研究分析框架，以"文献综述→测度原理阐释→实证评价及分析→提升策略"为主线展开研究。具体来说，本书的第一章文献综述识别低碳城市建设相关研究的空白点，第二章系统梳理了城市可持续发展理论、低碳经济理论等理论并构建理论基础；第三章分析了我国城市碳排放现状及脱钩压力；第四章识别了我国城市低碳建设内涵及历程，第五章和第六章研究了我国城市低碳建设水平和效率的时空演化规律；第七章提出我国城市低碳建设水平提升的策略。

二 技术路线

根据以上研究思路，本书的技术路线可用图 1-6 表示。

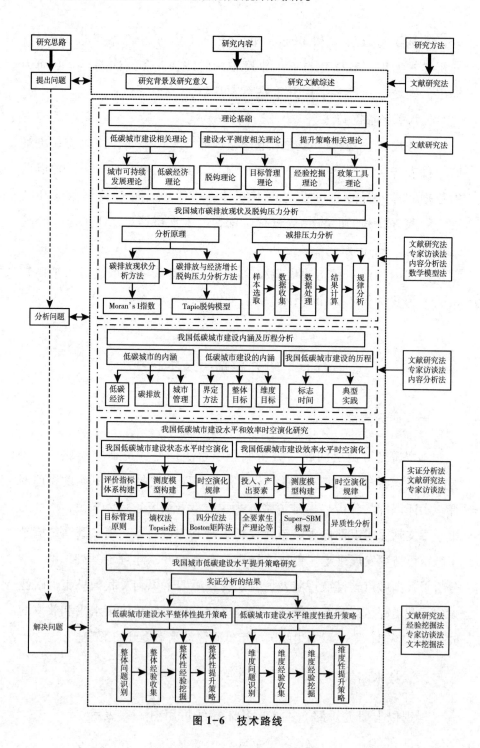

图 1-6　技术路线

第二章 研究理论基础

本章以城市可持续发展理论、低碳经济理论、脱钩理论、目标管理理论、经验挖掘理论以及政策工具理论共同奠定了低碳城市建设、低碳城市建设水平测度和低碳城市建设水平提升策略的理论基础。本书的理论基础融合应用经济学、管理学、社会学和公共政策学等多个学科领域。紧扣第一章的研究内容和研究目标，本章对以上理论的发展历程及代表性观点进行概述，并探讨各个理论在本书中的应用，为后续研究提供理论支撑。

第一节 城市可持续发展理论

一 城市可持续发展理论概述

自工业革命以来，全球经济快速发展，随之也产生资源过度开发、环境恶化、超负荷人口增长等负面问题。因此，人们逐渐认识到经济发展与环境、社会之间的矛盾，开始重新审视传统的经济社会发展理论体系。1987年，《我们共同的未来》报告首次提出了可持续发展概念，将可持续发展定义为："既满足当代人的需求，又不对后代人满足其需求的能力构成危害的发展。"城市可持续发展理论发展历程可见图2-1。

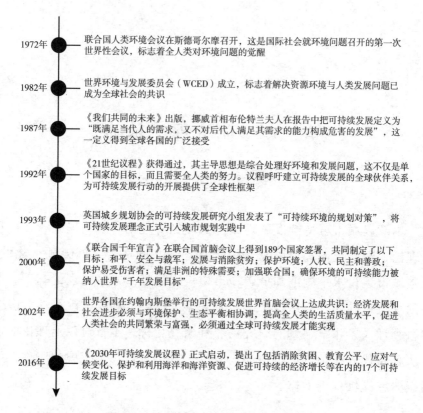

图 2-1　城市可持续发展理论的发展历程

　　城市可持续发展理论的主要观点可以归纳为以下几个方面：①城市可持续发展理论的核心是强调社会、经济和环境三者的可持续发展。②城市社会可持续发展强调社会的公平和全面进步，提高居民生活质量、创造公平自由的社会环境，从而为城市经济和环境的可持续发展奠定良好的社会基础。③城市经济可持续发展强调城市的核心是发展，经济发展始终是人类社会发展的主要目标。城市经济可持续发展不只是总量增加，还代表结构优化，实现经济总量和结构的相互可持续促进发展，更好地促进人类生活的改善，维护社会的公平正义。④城市环境可持续发展是人类社会得到有序发展的重要基础，自然资源和环境为人类提供了发展的空间。城市环境可持续发展是社会和经济可持续发展的前提条件，只有充分考虑环境可持续发展才能够稳步推进社会和经济的可持续发展，在经济快速增长的过程中必须重视环境维度的可持续发展。

二 城市可持续发展理论在本书中的应用

城市可持续发展是低碳城市建设的最终目标。城市可持续发展将作为指导思想贯穿本书的全过程，指导整体研究内容，重点体现在如下方面：①基于城市可持续发展理论对低碳城市的内涵进行解读。②应用城市可持续发展理论识别和建立低碳城市建设水平测度指标体系。③应用城市可持续发展理论剖析低碳城市相关问题。④以城市可持续发展理论指导低碳城市建设水平提升策略的研究，提出切实可行的政策措施，从而提升低碳城市建设水平，实现城市可持续发展。

第二节 低碳经济理论

一 低碳经济理论概述

2003 年，低碳经济的概念首次在英国政府发布的能源白皮书《我们能源的未来：创建低碳经济》中提出，虽然白皮书中提到了低碳经济这一概念，但对其内涵并未清晰界定，学者也未对其概念达成共识，本书对现有低碳经济理论的典型观点进行了总结，见表 2-1。

表 2-1 低碳经济理论的典型观点

研究学者	核心观点
DTI（2003）	低碳经济是在减少自然资源消耗和环境污染的前提下取得更多的经济产出，提高生活标准和生活质量。低碳经济为发展、应用和输出先进技术提供了机会，也提供了新的商机和就业机会
潘家华（2004）	低碳经济的重点是低碳，目的是发展，最终是为了实现全球的可持续发展
庄贵阳（2005）	低碳经济的核心是实现能源技术创新和制度创新，关键是解决清洁能源结构和能源效率的问题，从而促进人类可持续发展和减缓全球气候变化

研究学者	核心观点
周生贤（2009）	低碳经济是以低耗能、低排放和低污染为基础的经济模式，是人类社会继农业文明、工业文明等之后的一次新的文明，其本质是提高能源效率和改变能源结构，其核心是技术创新、制度创新和发展观创新。发展低碳经济是涉及生产生活方式、价值观念和国家权益的全球性变革
中国环境与发展国际合作委员（2008）	低碳经济是一种后工业化社会出现的经济形态，旨在将温室气体排放降至一定的水平，以防止各国及其国民受到气候变暖的不利影响，并最终保障可持续的全球人居环境
付允等（2008）	低碳经济的基础为低能耗、低排放、低污染和高效能、高效益、高效率，技术为碳中和、碳捕集等，手段为节能减排，方向为低碳发展
能源与低碳行动课题组（2011）	低碳经济变革受到能源安全和气候变化等因素的驱动，与政府、企业、金融机构和公众等有关，改变了政策、制度的安排以及生产方式和消费模式，重构了社会经济结构
方时姣（2010）	低碳经济是在经济发展中产生的碳排放量、生态环境代价和社会经济成本均最低的经济，能够有效改善地球生态系统的自我调节能力，实现生态可持续发展
何建坤（2009）	低碳经济的本质要求是提高碳生产力，即单位二氧化碳排放要产出更多的 GDP
冯之浚等（2009）	低碳经济是低碳发展、低碳产业、低碳技术、低碳生活等经济形态的总称，其实质在于通过提升能效技术、节能技术、可再生能源技术和温室气体减排技术，促进产品的低碳开发和维持全球生态平衡
李胜和陈晓春（2009）	低碳经济从内涵上说包括低碳生产、低碳流通、低碳分配和低碳消费四个环节，其核心是在市场机制的基础上，通过政策创新及制度设计，提高节能技术、可再生能源技术和温室气体减排技术，建立低碳的能源系统和产业结构，实现生产、流通、分配和消费的低碳化
牛文元（2010）	低碳经济是低碳发展、低碳产业、低碳技术、低碳生活等经济形态的总称，其基本特征为低能耗、低排放、低污染，基本要求是减少碳基能源对气候变暖的影响，从而达到经济社会可持续发展的目的
潘家华等（2010）	低碳经济是指在一定碳排放约束下，碳生产力和人文发展均达到一定水平的一种经济形态，旨在实现控制温室气体排放的全球共同愿景。低碳经济概念具有3个核心特征即低碳排放、高碳生产力和阶段性
庄贵阳（2010）	低碳经济是一种经济形态，向低碳经济转型的过程就是低碳发展的过程，目标是低碳高增长，强调的是发展模式。低碳经济通过技术跨越式发展和制度约束得以实现，表现为能源效率的提高、能源结构的优化以及消费行为的理性。低碳经济的竞争表现为低碳技术的竞争，着眼点是低碳产品和低碳产业的长期竞争力
娄营利（2019）	低碳经济是人类社会应对气候变暖、实现可持续发展的一种有效模式。从实质来看，低碳经济旨在降低能源消耗、减少环境污染、建立新的能源结构

资料来源：笔者根据文献整理得出。

根据表2-1中低碳经济理论的典型观点展示，低碳经济理论的主要观点可总结为以下几点：①从本质上讲，低碳经济是一种经济形态，是实现城市可持续发展的有效模式；是在提升社会经济水平的同时，降低城市碳排放水平，从而实现碳生产力和经济社会水平同步优化的经济模式。②从表现形式上来看，低碳经济包括城市社会、经济、环境的各个环节，如低碳产业、低碳技术、低碳生活和低碳消费等；低碳经济的实现存在多种渠道，如提高能源效率和使用清洁能源等。

二 低碳经济理论在本书中的应用

低碳经济理论是低碳城市建设的方向指引。低碳经济理论在本书的应用体现在以下两个方面：①基于低碳经济本质，低碳经济的重点是碳生产力和经济社会水平的同步提升，本书将以此理论为基础认清我国城市经济发展与碳排放关系现状。②由于对低碳经济的渠道和环节尚未达成共识，本书将基于低碳经济理论识别出我国城市低碳建设的具体表现形式，从而为低碳城市建设水平测度奠定理论基础。

第三节 脱钩理论

一 脱钩理论概述

"脱钩"最早应用于物理学，用于测度两个变量之间在时间序列上的相对关系，经济合作与发展组织（OECD）第一次用这个概念分析经济增长与环境影响之间的关系，特别是与能源消耗之间的关系。脱钩关系表示在经济增长的同时环境消耗在减少，并以此形成了OECD脱钩模型，用绝对脱钩和相对脱钩两种状态来描述经济增长与能源消耗之间的互动关系。Tapio（2005）改进了OECD脱钩模型，引用弹性增量描述动态数据的脱钩情况，用弹性指标衡量经济增长与环境影响增量之间的敏感度，根据弹性指标将脱钩分为 8 种状态，对 OECD 脱钩模型的准确性和客观性进行了改进。随后，学者将脱钩理论引入经济增长与碳排放关系的探究，用经济增长与碳排放的变化来刻画城市碳减排的压力。结合本书的研究目标，本书仅对碳排放脱钩理论的典型观点进行总结，见表 2-2。

表 2-2　碳排放脱钩理论的典型观点

研究学者	主要观点
中国科学院可持续发展战略研究组（2009）	碳排放强度、人均碳排放量和碳排放总量 3 条曲线呈现先升后降的倒 U 形变化趋势，并对应碳排放强度脱钩、人均碳排放量脱钩与碳排放总量脱钩 3 种脱钩状态
Freitas 和 Kaneko（2011）	基于 OECD 脱钩指数，2004~2009 年巴西经济增长与二氧化碳排放之间出现脱钩现象，且在 2009 年达到了绝对脱钩状态
Grand 和 Mariana（2016）	在经济增长型的地区，碳排放与经济增长的强脱钩状态表现较好；在经济衰退的地区，碳排放与经济增长的弱负钩状态表现较好；不管何种经济发展类型的地区，最佳状态均为绿色增长，即经济在增长，碳排放量在减少
Luo 等（2017）	基于 Tapio 脱钩模型，我国在农业部门的产出与二氧化碳排放 1997~2014 年存在脱钩关系，我国华东地区在农业部门与二氧化碳排放处于强脱钩状态的时间最长
Wu 等（2018b）	基于 OECD 脱钩指数，1965~2015 年典型发达国家和发展中国家 GDP 与二氧化碳排放脱钩趋势存在差异，发达国家的脱钩指数稳定，并接近绝对脱钩；发展中国家的脱钩指数在相对脱钩间隔内波动
Shuai 等	基于 Tapio 脱钩模型发现，GDP 与碳排放总量、碳排放强度和人均碳排放 3 个碳排放指标之间依次呈现脱钩状态，收入水平高的国家达到脱钩状态的比例更高
Wu 等（2018a）	基于 Tapio 脱钩指数发现，中国大多数省（区、市）2005~2015 年经济增长与建筑碳排放之间存在广泛的脱钩关系；上海的脱钩表现最好，而贵州和福建等其他省（区、市）则呈现负脱钩状态
Ma 和 Cai（2019）	基于 Tapio 脱钩指数分析 2001~2015 年我国第三产业经济增长与商业建筑碳排放之间的关系，从国家层面看，2001~2015 年我国第三产业经济增长与商业建筑业碳排放脱钩程度有限；从城市层面看，我国四大直辖市仅出现了 2 个脱钩阶段，其脱钩程度顺序测算结果如下：天津>北京>上海>重庆（2001~2010 年），重庆>北京>天津>上海（2011~2015 年）

续表

研究学者	主要观点
Song 等（2020）	利用 Tapio 脱钩指数，对中国 30 个省（区、市）的脱钩情况进行了探讨，发现在 2000~2016 年的研究期内，北京、上海和天津的脱钩发展得分最高，新疆的脱钩发展得分最低
石建屏等（2021）	基于 Tapio 脱钩模型，为评估中国低碳经济发展水平，该研究测算了 2008~2017 年我国能源消费碳排放量和碳排放强度，判定经济增长与碳排放的脱钩状态，分析低碳经济的时空演化特征及省际、产业间的差异性，认为经济发展水平对省际的脱钩状态影响较大，需要制定促进西部地区低碳发展的政策

资料来源：笔者根据文献整理得出。

根据表 2-2 对于脱钩理论的典型观点展示，脱钩理论的主要观点可总结为以下几点：①经济增长与碳排放的脱钩现象在不同国家、不同地区和不同行业均会出现，但由于不同地区经济发展水平、技术手段存在差异，脱钩状态存在空间异质性。②同一地区的脱钩状态随着其经济发展存在时间异质性。不同脱钩状态代表不同的含义，不同发展阶段的地区和城市短期脱钩的目标存在差异，但是最终目标均为实现经济增长与碳排放的绝对脱钩。

二　脱钩理论在本书中的应用

脱钩理论是判断和评价城市碳排放现状的重要理论基础，本书将基于脱钩理论和 Tapio 脱钩模型对我国城市的经济增长与碳排放脱钩状态进行解析，判断我国城市碳减排压力。该理论的具体应用体现在以下方面：基于脱钩状态的时空异质性，使用 Tapio 脱钩模型判断我国城市所处的脱钩状态，通过分析我国城市脱钩状态的时空演化规律，揭示我国城市碳减排压力。

第四节　目标管理理论

一　目标管理理论概述

目标管理是一种管理方法，是一种对计划进行组织管理和控制的行为。彼得德鲁克在 1995 年首次提出了这一理论，认为所谓目标管理就是管理目标，就是根据目标来进行管理。这一理论随后经过众多学者不断完善形成了一套体系，其中，泰勒、法约尔、福莱特、麦格雷戈和巴纳德等成为目标管理理论发展史中不可或缺的一部分，其典型观点见表 2-3。

表 2-3　目标管理理论的典型观点

研究学者	主要观点
泰勒	把计划职能和执行职能分开，改变了凭经验工作的方法，以科学的工作方法取而代之，即找出标准，制定标准，然后按标准办事
法约尔	管理是管理者通过完成各种职能来实现目标的一个过程，将制定项目发展目标上升为组织的基本职能任务
福莱特 （Follett，1924）	将组织的总体目标把控作为组织成员的共同目标，作为组织管理的首要任务，各成员只有认可并自发制定目标，才会积极、主动、自发地去配合完成项目总体目标
彼得德鲁克	由项目组织提出项目目标，并让组织成员参与组织决策，修正和完善组织项目目标，并充分调动组织成员个体间的能动性，将组织目标层层分解，完成由组织管理者到实施者不同个体间的目标任务分配
麦格雷戈 （Macgregor，1957）	管理者应给予组织成员足够的信任，让其自愿参与项目管理并对自己的行为和目标进行控制，促进总体目标的达成

资料来源：笔者根据文献整理得出。

根据表 2-3 对目标管理理论的典型观点展示，目标管理理论的主要观点如下：①目标管理应该形成多层次、全过程的目标管理体系。在目标实施过程中需要制定自上而下或自下而上横纵结合的目标体系，把各个部门和各类人员紧密团结在目标体系的周围。②目标管理应该明确责任、划清职责，实行目标责任制，只有这样才能保证成员的目标和组织的目标连接起来，才能让成员认清自己的工作与组织目标之间的关系。③目标管理强调客观结果的重要性，并识别目标与现实之间的偏差，因此可以通过使用可量化的标准及时进行纠正。换句话说，管理者可以采取行动来纠正偏差，进一步确定目标的效果。

二　目标管理理论在本书中的应用

目标管理理论是本书识别低碳城市建设内涵和构建低碳城市建设水平测度指标体系的理论基础，通过目标管理理论界定低碳城市建设的内涵，可以保证低碳城市建设水平测度指标体系朝着低碳城市的要求和本质调整，从而确保测度结果的准确性，提出有针对性的提升策略。该理论的应用体现在以下两个方面：①基于目标管理理论，本书将识别低碳城市建设的内涵，并通过内容分析法识别我国城市低碳建设的整体目标和维度目标，为准确界定低碳城市建设水平测度内容奠定基础。②本书基于目标管理理论构建低碳城市建设水平测度指标体系，使测度指标与低碳城市建设内涵高度相关，确保测度结果的准确性。

第五节　经验挖掘理论

一　经验挖掘理论概述

经验挖掘理论旨在通过挖掘经验城市在实践中的做法，指导城市的可持续发展。Shen 等（2013）首次提出经验挖掘理论，这一理论自提出以来得到了国内外学者的广泛认可，其典型观点如表2-4所示。

表 2-4　经验挖掘理论的典型观点

研究学者	主要观点
Shen 等（2013）	首次系统地提出城市可持续发展实践的经验挖掘理论方法，包括案例库构建、案例重新定义和案例挖掘
Shen 等（2017a）	攻克了经验挖掘理论中相似度匹配计算的核心技术问题
Jorge 等（2018）	收集整理了 150 个可持续城镇化的最佳实践，并根据最佳案例的所在领域、采用方法和产生结果进行三维编码分类，完善了城市可持续发展的案例数据
Shen 等（2017b）	将经验挖掘理论应用于绿色建筑设计和建造的最佳经验搜寻中
Wang 等（2019）	对经验挖掘的理论方法进行延伸和发展，提出了城市可持续发展过程中教训挖掘的理论方法，丰富了决策支持的内容
Liu 等（2019）	将经验挖掘理论应用到国际建设争端解决中，通过收集历史成功案例、构建匹配机制和提取类似的案例，为国际工程争端解决提供了新思路
Huang 等（2019）	将经验挖掘理论应用到低碳城市建设经验中，通过案例收集、表达案例检索以及案例的调整和保留，为具体城市选取了低碳城市建设的最佳实践
吴雅（2019）	基于经验挖掘理论，结合低碳城市特征变量和低碳城市建设水平的影响因素，提出低碳城市建设水平提升路径的设计方法

资料来源：笔者根据文献整理得出。

　　通过对现有研究的总结，经验挖掘理论的主要观点如下：①经验挖掘理论的核心思想是对好的经验和知识进行挖掘和存储。当要寻找解决新问题的方法时，可以借鉴经验确定解决新问题的方法。②经验挖掘理论的核心技术是通过搜索与目标城市在面临的问题和城市特征方面比较相似的一组案例城市，将最相似的案例城市的低碳建设经验挖掘出来，为目标城市设计有效的建设路径提供决策依据。③经验挖掘理论的应用包括三个关键步骤：一是经验库的构建，包括具有案例经验块的表达和存储。案例经验块的表达是一种结构化的方式，使计算机能够识别、存储和处理经验案例。经验库的存储功能是将新的经验块添加到经验库中，从而更新和丰富经验库的过程。二是经验挖掘机制的构建。具体来说就是指根据管理者给定问题的描述信息，从经验库中找到一个或多个与问题描述最相似的经验案例的过程，即经验的挖掘过程。经验挖掘的过程需要根据特征相似度模型，确定待解决问题与经验库中的经验案例之间的匹配度。三是经验挖掘结果的产出。经验挖掘结果是通过设定匹配度而产生的，这种结果可能是一系列经验案例，每个经验案例中描述了解决问题的政策和措施，这些被挖掘出的政策和措施不能被直接应用到待解决的问题中，而需要根据实际情况和需求对这些被挖掘出的政策和措施进行修正后才能用于解决新问题。

二 经验挖掘理论在本书中的应用

经验挖掘理论是低碳城市建设水平提升策略的技术支撑。本书将基于经验挖掘理论构建理论框架和案例库，从而提出有针对性的低碳城市建设水平提升策略。该理论在本书中的应用体现在以下两个方面：①本书将经验挖掘理论与政策工具理论相结合，挖掘国内外低碳城市建设经验，并基于此提出我国城市低碳建设水平整体性提升策略。②本书将经验挖掘理论与文本挖掘方法相结合，基于主题词分析模型提出我国城市低碳建设水平维度性提升策略。

第六节 政策工具理论

一 政策工具理论概述

政策工具是政府部门为了实现自己的预期目标而采取的各种方法和手段。Peters 和 Van Nispen（1998）指出，政策工具关系公共利益，包括一套推动社会发展的具体措施。他们认为政策工具不仅是政府引导经济社会发展的重要手段，而且是连接政策目标和政策应用环境的桥梁。Kirschen 等（1964）首次将各种政策工具分为 64 组，从此学者开始进行政策工具的相关研究。政策工具理论的典型观点见表2-5。

表 2-5　政策工具理论的典型观点

研究学者	主要观点
Kirschen 等(1964)	最早试图对政策工具加以分类,他着重研究的问题为是否存在一系列执行经济政策以获得最优化结果的工具。他整理出 64 种一般性工具,但并未加以系统化的分类,也没有对这些工具的起源和影响加以理论化探讨
Lowi(1964)	更倾向于将 64 种一般性工具归入一个宽泛的分类框架中,如将工具分为规制性工具和非规制性工具两类
McDonnell 和 Elmore (1987)	根据工具所要实现的目标将政策工具分为 4 类,即命令性工具、激励性工具、能力建设工具和系统变化工具
Opschoor 等(1994)	括命令控制工具、经济激励工具和说服工具
Vander Doelen	将政策工具划分为法律工具、经济工具和交流工具 3 类,每组工具都可限制和扩展行动者的行为。另一种更先进的三分法是将政策工具分为管制性工具、财政激励工具和信息转移工具
World Bank(1997)	包括强制性管理工具、经济激励工具和自愿计划工具
Chen(1999)	将政策工具划分为市场化工具、工商管理技术和社会化手段
L. M. Salamo(2002)	增加开支性工具和非开支性工具 2 种类型
Howlett(2005)	根据政策工具的强制性程度将政策工具分为自愿性工具、强制性工具和混合性工具 3 类

资料来源:笔者根据文献整理得出。

现有政策工具理论研究中豪利特（Howlett，2005）提出的政策工具分类方式被学者广泛认可和采用（Shen 等，2016），因此本书也将使用这一政策工具分类方式。其主要观点如下：①政策工具可以划分为强制性政策工具、自愿性工具和混合性工具，具体包括的政策工具见图 2-2。②强制性政策工具又称指导性工具，是借助政府的权威力和执行力对目标群体的行动进行控制和指导，从而实现预定目标的一种手段。强制性政策工具主要包括规制工具、权威工具和直接供给工具。③自愿性工具的核心特点是没有政府的介入，主体以自愿为基础而完成预定任务，从而实现政府的政策目标。自愿性工具包括个人家庭与社区工具、自愿型组织和服务工具以及市场工具等。④混合性工具是在政府介入和不介入之间的政策工具类型，对非政府主体的行为做出一定程度的干预，但由非政府主体最终做出决策的一种手段。混合性工具包括信息与倡导工具、补贴工具、诱因工具等。以上 3 种类型的政策工具可以按照政府机构介入程度进行区分，具体表现和区别见表 2-6。

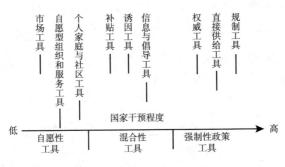

图 2-2　三种政策工具图谱

表 2-6　三种政策工具的区别

政策工具类型	主导者	行动者间的互动关系	关联状态
强制性政策工具	政府	命令与服从	严密
混合性工具	国际组合、政府、企业	交易、激励、协商	适中
自愿性工具	企业、其他社会力量	协商、合作	松散

资料来源：笔者根据文献总结（Shen 等，2016；Lou 等，2018）。

二　政策工具理论在本书中的应用

政策工具理论为低碳城市建设水平提升策略提供视角支撑。本书将以政策工具理论为基础进行低碳城市建设经验的收集、整理、表达和挖掘，从而提出低碳城市建设水平提升策略。政策工具理论在本书中的应用体现在以下两个方面：①本书将以政策工具理论为分类标准，对国外和国内低碳城市建设经验进行对比分析，找出国内短板政策工具，将对应的国外经验进行归纳和总结。②本书将从政策工具出发，依据我国政策工具的短板提出具体、明确和可执行的低碳城市建设水平提升策略，提高政策建议的针对性。

第七节 本章小结

城市可持续发展理论、低碳经济理论、脱钩理论、目标管理理论、经验挖掘理论以及政策工具理论的概述和在本书中的应用已在前文展示，以上述理论构建了本书的理论框架，图2-3展示了各个理论的应用范畴和对应章节。

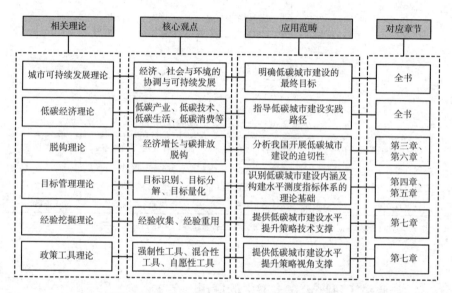

图2-3　本书相关理论在各个章节的具体应用

由前文的讨论以及图2-3可知，可持续发展理论明确了低碳城市建设的最终目标，实现经济、社会与环境协调与可持续发展是其核心要求，该理论贯穿本书的所有章节。低碳经济理论指导低碳城市建设实践路径，强调低碳城市建设要素识别的重要性，因此本书第四章将识别低碳城市建设要素，识别低碳城市建设的维度目标。脱钩理论分析了我国开展低碳城市建设的迫切性，表明经济增长与碳排放脱钩的重要性，因此本书第三章将对我国城市经济增长与碳排放的脱钩情况进行了实证分析。目标管理理论提供了低碳城市建设水平指标体系构建的理论基础；基于目标维度测度低碳城市表现可以明确短板维度，充分调动利益相关者的主观能动性，因此本书第五章将紧扣低碳建设目标构建测度指标体系，并基于目标管理理论对低碳城市建设水平测度指标体系开展实证研究。经验挖掘理论为低碳城市建设水平提升策略提供技术支撑，经验挖掘理论表明了过往经验总结对于政策制定的重要意义，本书第七章提出基于经验挖掘理论的低碳城市建设水平提升策略研究框架。政策工具理论提供了低碳城市建设水平提升策略的视角支撑，政策工具可为政策制定和实施提供依据，本书第七章将基于政策工具理论凝练现有经验并提出提升策略。总之，上述理论共同作用为各个章节提供支撑，共同奠定了本书的理论基础。

第三章 基于脱钩分析的我国城市低碳建设压力分析

　　本章基于碳排放的视角分析我国城市碳排放时空演化规律以及经济增长与碳排放脱钩时空演化规律。从我国城市碳减排压力的视角回答"为什么要开展低碳城市建设"这一问题。基于对我国城市碳排放现状的清晰认识，本书分析了我国城市低碳建设的必要性和迫切性，为政府有的放矢地制定碳减排政策提供依据。

　　我国是全球最大的碳排放国（Chen 等，2020；Liu 等，2021），我国碳排放的 80% 来自城市（Dhakal，2009；曾德珩，2017）。城市层面的碳减排是我国碳减排的工作重点（Wu 等，2019a）。认清我国城市碳排放现状是制定科学城市减排政策的基础。因此，本章提出的第一个研究问题是"我国城市碳排放的情况如何"。结合文献综述的结果可知，现有研究尚未对我国城市 1997～2017 年的碳排放进行时空演化分析。基于此，本章将从时空演化的视角对我国城市碳排放现状进行分析，初步揭示我国城市低碳建设压力。

　　认识我国城市碳排放的现状不能只考虑碳排放数值本身，更要考虑经济增长与碳排放的关系。朱守先和梁本凡（2012）指出低碳城市的核心要义还是发展，单方面追求碳排放下降是没有意义的。实现经济增长与碳排放脱钩才是低碳城市建设的最终目标（陈飞和褚大建，2009b）。因此，本章聚焦的第二个问题就是"我国城市经济增长与碳排放的脱钩情况如何"。处于不同脱钩状态的城市面临的减排压力不同，碳减排重点也不同（Wu 等，2019a）。结合文献综述的结果可知，现有脱钩研究多用传统统计年鉴数据 GDP 衡量经济增长，本章将使用夜间灯光数据更加精准地反映我国的经济增长情况，在认识我国城市碳排放现状的基础上，衡量经济增长与碳排放的脱钩情况，深入分析我国城市的碳减排压力。

第一节　我国城市碳排放现状及脱钩压力分析方法

本书将基于 Moran's I 指数探究我国城市碳排放现状，基于 Tapio 脱钩模型分析我国城市经济增长与碳排放的脱钩状态，从而刻画我国城市碳减排压力。

一　基于空间自相关的我国碳排放现状分析方法

城市碳排放现状可以从以下角度进行分析。根据我国城市碳排放量的数理统计特征分析碳排放的时间演化。使用自然断点法对 1998~2017 年每一个城市的碳排放增长率进行分类，从而分析我国城市碳排放的时间演化。自然断点法是现有研究广泛使用的分类方法，该方法通过不断迭代计算分级，使得数据级内变异最小、级间变异最大（张丹红等，2021）。

根据我国城市碳排放空间分布和关联特征，本书将对我国城市碳排放进行空间差异分析，使用全局自相关分析方法揭示我国城市碳排放的整体关联性，使用局部自相关分析方法探究城市之间碳排放的空间关联性。

（一）全局自相关分析方法

全局自相关分析方法主要用于分析研究对象的整体分布状况，一般使用全局 Moran's I 指数来反映，其具体的计算公式如下：

$$I = \frac{n \sum\limits_{i=1}^{n} \sum\limits_{j=1}^{n} w_{ij}(x_i - \bar{x})(x_j - \bar{x})}{\sum\limits_{i=1}^{n} \sum\limits_{j=1}^{n} w_{ij} \sum\limits_{i=1}^{n} (x_i - \bar{x})^2} \tag{3.1}$$

公式 3.1 中，n 表示城市个数；x_i 和 x_j 分别表示城市 i 和城市 j 的城市碳排放；$\bar{x}$ 表示城市碳排放的均值；w_{ij} 为空间权重矩阵。本书选用基于 Queen 相邻的一阶邻近空间权重矩阵，其原则为，若研究区域之间具有共同的边界或顶点，则认为区域相邻接，w_{ij} 取值为 1；反之，若研究区域之间不具有共同的边界或顶点，则认为区域不邻接，w_{ij} 取值为 0。

全局 Moran's I 指数的取值范围在 −1~1，当全局 Moran's I 指数大于 0 且通过显著性检验时，表明我国城市碳排放具有空间正相关特征，碳排放具有集聚趋势，且全局 Moran's I 指数越接近 1 说明空间集聚性越强。当全局 Moran's I 指数小于 0 时，则表明我国城市碳排放呈现空间离散性，且全局 Moran's I 指数越接近 −1 表明空间离散性越强。当全局 Moran's I 指数等于 0 时，则表明城市之间的碳排放不存在空间相关关系，在空间中随机分布。

（二）局部自相关分析方法

全局空间自相关分析的结果仅反映我国城市碳排放的整体关联性，不能反映具体城市之间碳排放的空间关联性，因此本书应用局部自相关来反映城市之间碳排放的空间关联性。本章选取局部 Moran's I 指数、Moran's I 散点图、LISA 集聚图来揭示具体城市与其周围城市之间的空间关联特征，局部 Moran's I 指数的表达式如下：

$$I_i = \frac{n^2(x_i - \bar{x}) \sum\limits_{j=1}^{n} w_{ij}(x_j - \bar{x})}{\sum\limits_{i=1}^{n} \sum\limits_{j=1}^{n} w_{ij} \sum\limits_{i=1}^{n} (x_j - \bar{x})^2} \tag{3.2}$$

当局部 Moran's I 指数大于 0 时，表明该城市的碳排放与其周围城市相似，也就是说碳排放量高的城市被碳排放量高的城市包围，碳排放量低的城市被碳排放量低的城市包围，呈现空间集聚效应。当局部 Moran's I 指数小于 0 时，表明该城市碳排放与其周围城市存在明显的差异，也就是说碳排放量高的城市与碳排放量低的城市相邻，碳排放的分布在空间上呈现离散状态。

Moran's I 散点图是以散点图的形式表征城市碳排放与其空间滞后水平的关系。Moran's I 散点图分为四个象限，不同象限代表不同含义，第一象限是高-高（HH）集聚区，处于该象限的城市自身碳排放量高，且被碳排放量高的城市所包围；第二象限是低-高（LH）集聚区，处于该象限的城市自身碳排放量低，却被碳排放量高的城市所包围；第三象限是低-低（LL）集聚区，处于该象限的城市自身碳排放量低，且周围城市碳排放量也低；第四象限是高-低（HL）集聚区，处于该象限的城市自身碳排放量高，但周围城市碳排放量低。由以上分析可知，位于第一象限和第三象限城市的碳排放存在空间集聚性，而位于第二象限和第四象限城市的碳排放存在空间离散性。

Moran's I 散点图只是反映了局部地区的城市碳排放空间特征，但是未反映相关程度的显著性，而使用 LISA 集聚图可反映可能存在局部显著性的空间关联，因此，本书使用 LISA 集聚图来反映我国城市碳排放的局部关联性。

二　基于 Tapio 脱钩模型的城市经济增长与碳排放脱钩压力分析

本书使用 Tapio 脱钩模型，从经济增长与碳排放脱钩的视角来分析我国碳减排压力。

（一）脱钩方法的选择

OECD 首次将脱钩这一物理学概念引入环境领域，用以反映环境压力与经济绩效之间的关系，OECD 提出的脱钩模型如下（OECD，2001）：

$$\gamma = 1 - \frac{EP^t/DP^t}{EP^0/DP^0} \tag{3.3}$$

其中，γ 代表脱钩指数，上标 0 和 t 分别为基准年和目标年。根据脱钩指数 γ，脱钩状态情况有以下三种情况：①$\gamma \leqslant 0$ 表示无脱钩状态；②$0 < \gamma \leqslant 1$ 表示耦合状态；③$\gamma > 1$ 表示脱钩状态。

OECD 脱钩模型被广泛使用，但有学者认为该脱钩模型具有以下缺点：首先，该模型中的指标没有统一的量纲，导致计算结果稳定性差。其次，该模型只有无脱钩、脱钩和耦合三种状态，脱钩情况分析结果不够准确（Zhao 等，2017）。为了克服以上两个缺点，学者引入 Tapio 脱钩模型以反映经济增长与环境影响之间的关系。Tapio 脱钩模型使用弹性指数来测度经济和环境的变化，从而消除了量纲的影响；同时 Tapio 脱钩模型引入了 8 种状态来刻画脱钩水平，可更加准确地反映经济增长与环境影响之间关系。

根据经济增长与碳排放脱钩的研究现状和脱钩理论概述可知，学者将 Tapio 脱钩模型引入经济增长与碳排放之间的关系研究（Zhang 等，2019；Wu 等，2018b；Ma 和 Cai，2019；Chen 等，2019；Shuai 等，2017）。本书将基于 Tapio 脱钩模型分析我国经济增长与城市碳排放之间的脱钩压力。

（二）Tapio 脱钩模型

Tapio 脱钩模型通过脱钩弹性指数来反映脱钩状态，其表达式为：

$$\gamma_{TC} = \frac{\Delta CE/CE^0}{\Delta EG/EG_0} = \frac{(CE^t - CE^0)/CE^0}{(EG^t - EG^0)/EG^0} \tag{3.4}$$

公式 3.4 中 ΔCE 和 ΔEG 分别表示从基准年 0 到目标年 t 的碳排放总量变化和经济增长变化。根据 Tapio（2005）的研究，经济增长与碳排放之间存在 3 种脱钩类别、8 种脱钩状态，具体判断标准见表 3-1。

表 3-1　脱钩状态的分类标准

脱钩类别	脱钩状态	特征值		
		$\triangle EG$	$\triangle CE$	γ_{TC}
脱钩类别（D）	弱脱钩（WD）	>0	>0	0~0.8
	衰退性脱钩（RD）	<0	<0	>1.2
	强脱钩（SD）	>0	<0	<0
耦合类别（C）	衰退性耦合（RC）	<0	<0	0.8~1.2
	扩张性耦合（EC）	>0	>0	0.8~1.2
负脱钩类别（ND）	弱负脱钩（WND）	<0	<0	0~0.8
	强负脱钩（SND）	<0	>0	<0
	扩张性负脱钩（END）	>0	>0	>1.2

资料来源：Tapio（2005）。

由表 3-1 可知，脱钩状态由 3 个特征值 $\triangle EG$、$\triangle CE$ 和 γ_{TC} 共同决定，不同脱钩状态的含义不同。经济增长与碳排放的脱钩类别可以分为 3 类：脱钩类别（D）、耦合类别（C）、负脱钩类别（ND）。脱钩类别（D）包括强脱钩（SD）、弱脱钩（WD）和衰退性脱钩（RD）3 种状态，其中，SD 状态表明研究期内该城市 GDP 在增长，碳排放量在下降，是一种最理想的状态；WD 状态说明该城市的 GDP 和碳排放量均在增长，但是 GDP 增长速度高于碳排放量增长速度，是一种较为理想的状态；而 RD 状态表明该城市 GDP 和碳排放量均在下降，碳排放量的下降速度高于 GDP 的下降速度。耦合类别（C）包括衰退性耦合（RC）和扩张性耦合（EC）2 种状态，其中，RC 状态表明研究期内该城市 GDP 在下降，碳排放量也在下降，两者下降速度相当；EC 状态表明研究期内该城市 GDP 在增长，碳排放量也在增长，两者增长速度相当。负脱钩类别（ND）包括强负钩（SND）、弱负钩（WND）和扩张性负脱钩（END）3 种状态，其中，SND 状态表明研究期内该城市 GDP 在下降，碳排放量却在增长，是一种最不理想的状态；WND 状态表明研究期内该城市 GDP

在下降，碳排放量也在下降，且 GDP 的下降速度高于碳排放量的下降速度，是一种较不理想的状态；END 状态表明研究期内该城市 GDP 在增长，碳排放量也在增长，GDP 的增长速度低于碳排放的增长速度，是一种不太理想的状态。

（三）基于 Python 编程的脱钩状态判断

对我国所有地级市 1998~2017 年经济增长与碳排放的脱钩状态进行判断需计算的数据量极大，因此，本书基于 Python 编程对每个城市经济增长与碳排放的脱钩状态进行判断（程序代码见附表 A1）。根据 $\triangle EG$、$\triangle CE$ 和 γ_{rc} 的值以及表 3-1 脱钩状态的分类标准，代入附表 A1 程序代码，可以判断得出每一个城市的脱钩状态。

第二节　数据收集与处理

一　数据收集

（一）城市层面碳排放数据收集

为分析我国城市碳排放的时空演化，首先需要收集城市层面碳排放数据。根据第一章第二节文献评述，CEADs 发布了省域、市域和县域层面碳排放数据，是现有研究使用的较为科学和全面的碳排放数据。由于 CEADs 公布了 1997~2015 年城市层面碳排放数据、1997~2017 年县域层面碳排放数据，本章将基于 CEADs 数据时间范围更广的县域层面碳排放数据采集城市碳排放数据。

由于 CEADs 在计算县域层面碳排放数据时使用的是 2010 年我国民政部行政单位划分标准，为了保持数据的一致性，本章基于该划分标准将县域碳排放数据汇总至市域碳排放数据。根据 2010 年我国民政部行政单位划分标准，2010 年我国共有 365 个地级行政单元（包括地级市、直辖市、自治州、自治县，后简称为"城市"）。基于中国地图和 GIS 分区统计功能，对我国城市层面碳排放数据进行计算，最终得出了 354 个城市的碳排放数据。

（二）衡量经济增长的数据收集

传统统计年鉴数据 GDP 是在脱钩分析中衡量经济增长最常用的指标。然而，传统统计年鉴数据存在一定的局限性。以往的研究指出中国统计年鉴中的数据具有一定的不准确性，特别是由于数据采集与数据计算部门之间的分离（Chow，2006）。为了提高数据精度，近年来一些学者已经开始使用遥感技术获得数据，如夜间灯光数据，以分析经济增长和区域经济发展（Elidge 等，2007）。王琪等（2013）利用中国 1992~2012 年的夜间灯光数据，发现了单位面积的光强度与人均 GDP 之间具有高相关性。例如，通过使用夜间灯光数据，秦蒙等（2019）介绍了中国城市的经济增长情况，并研究了城市扩张对经济增长的影响。王振华等（2020）的研究表明，夜间灯光数据可以用于消除人类在衡量经济发展中的行为造成的统计误差的影响。

本书的夜间灯光值通过使用 *Science Data* 数据库中校准过的全球夜间灯光数据统计得出。已有的夜间灯光数据主要包含两类，第一类是 DMSP/OLS 数据，为年度数据，公布年份为 1992~2013 年；第二类为 NPP/VIIRS 数据，为月度数据，公布年份为 2012 年至今，其中 2015 年和 2016 年公布了合并的年度数据。因此，在使用夜间灯光数据时需要对两类夜间灯光数据进行校准。Li 等（2020）对全球夜间灯光数据进行了校准，并将校准后的数据发表在 *Nature* 创办的开源数据库 *Scientific Data* 上。本书从该数据库公布的校准过的夜间灯光数据中提取中国的相关数据。具体步骤如下：首先，将全球夜间灯光数据导入 GIS 软件，基于中国地图按掩膜提取中国夜间灯光数据；然后，根据掩膜提取结果在 GIS 软件中进行分区统计，得到各城市夜间灯光值。由于数据量太大，仅在正文展示 1997~2017 年 10 个样本城市的夜间灯光值，见表 3-2。

表 3-2　样本城市 1997~2017 年夜间灯光值

单位：DN

使用年份	C_1	C_2	C_3	C_4	C_5	C_6	C_7	C_8	C_9	C_{10}
1997	25369	28732	34610	4684	35377	54029	57155	22295	29019	5792
1998	38601	30763	33358	7746	47978	59509	70378	21741	27949	7636
1999	31858	23881	29079	6300	42466	51253	64208	19171	24536	7480
2000	32940	25292	29770	6883	44031	44028	66690	20245	22761	8173
2001	33780	27947	24229	8202	41706	41195	69586	21145	22981	11038
2002	40404	30907	38114	11586	45033	62340	84498	24262	26191	14325
2003	45704	30939	34721	12602	54152	61655	88114	23758	29027	17382
2004	48953	37420	41309	17910	66687	67916	104137	31372	35015	24385
2005	54771	36396	45075	20282	65170	71447	103428	34398	36803	25974
2006	43336	34830	38613	14902	58113	59286	95076	35628	42807	22762
2007	64715	47892	59530	25524	78303	85020	123204	42819	48981	30384
2008	64685	41832	49216	25072	80300	78337	132175	38360	46002	28904
2009	39948	33058	38593	19666	72050	69913	106921	35300	41372	22715
2010	66960	47120	53630	32201	100419	81930	139569	41900	52467	31250
2011	72919	58336	75756	34350	122012	107468	159990	46967	58226	32450
2012	75879	53534	71684	27626	102958	106518	142900	46385	55847	32077
2013	88624	63468	77885	35181	132938	115509	179549	53161	63606	37828
2014	105844	84554	102699	48862	157450	134642	205321	54400	61745	39158
2015	101112	88773	108058	46760	157492	143183	204974	53625	60793	39911
2016	102608	87044	104188	45863	153300	146358	210500	51976	56036	36759
2017	166744	103797	133466	73697	209776	176729	254403	59570	64551	65788

二　数据处理

本书在进行脱钩分析时以我国地级市为研究对象。根据我国民政部（2020）公布的城市行政区域名单，我国有 298 个地级市，通过对这 298 个城市的数据可获得性进行检验，有 9 个地级市的数据不完整，因此，本书将这 9 个城市从研究中剔除，最终选取 289 个地级市作为经济增长和碳排放脱钩分析的研究样本。289 个地级市的名称及其相应的编号见附表 A2。

将前文得到的夜间灯光数据（EG）和碳排放数据（CE）分别代入公式 3.4 中，可以得到 289 个城市 1998~2017 年的经济增长变化（$\triangle EG$）、碳排放总量变化（$\triangle CE$）和碳排放脱钩弹性指数 γ_{TC}。由于 289 个地级市 20 年脱钩状态需计算的数据量太大，本章仅展示 1998~2017 年北京市的 $\triangle EG$、$\triangle CE$ 和 γ_{TC} 的计算结果，见表 3-3。

表 3-3　1998~2017 年北京市 $\triangle EG$、$\triangle CE$ 和 γ_{TC} 的计算结果

特征值	1998 年	1999 年	2000 年	2001 年	2002 年	2003 年	2004 年	2005 年	2006 年	2007 年
$\triangle CE$	-0.020	0.033	0.060	-0.031	0.091	0.146	0.090	0.116	0.115	0.023
$\triangle EG$	0.090	-0.021	0.071	0.148	0.014	0.016	0.076	0.007	0.006	0.002
γ_{TC}	-0.240	-1.592	0.849	-0.208	6.546	9.151	1.183	16.346	17.894	13.632

特征值	2008 年	2009 年	2010 年	2011 年	2012 年	2013 年	2014 年	2015 年	2016 年	2017 年
$\triangle CE$	0.022	0.105	0.052	-0.112	0.033	-0.202	0.017	-0.060	0.060	-0.109
$\triangle EG$	-0.021	0.030	0.082	-0.023	0.041	0.036	-0.085	0.028	0.022	0.110
γ_{TC}	-1.039	3.443	0.631	4.914	0.793	-5.570	-0.205	-2.174	2.680	-0.992

第三节　我国城市碳排放现状分析

CEADs 发布了 1997~2017 年 352 个地级行政单元的碳排放数据，为最大范围反映我国城市碳排放现状，本节的碳排放现状研究对象为以上 352 个地级行政单元（下文简称"城市"），从时间演化和空间差异两大视角出发，分析我国城市碳排放的规律。

一　我国城市碳排放时间演化分析

本节从研究期内我国城市碳排放总量及其增长率和单个城市的碳排放量增长率两个方面刻画出我国城市碳排放的时间演化。

（一）我国整体城市碳排放时间演化

将收集到的各个城市碳排放量按年份相加，可以得出我国城市

每一年碳排放总量，本节以1997~2017年每一年我国城市碳排放总量及其增长率反映我国整体城市碳排放的时间演化（见表3-4、图3-1）。

表3-4　1997~2017年我国城市碳排放总量及其增长率

单位：Mton，%

	1997年	1998年	1999年	2000年	2001年	2002年	2003年	2004年	2005年	2006年	2007年
总量	3088.58	2721.95	2984.49	3146.57	3168.11	3428.05	4038.54	4500.18	5360.74	6025.01	6444.79
增长率	/	-11.87	9.65	5.43	0.68	8.20	17.81	11.43	19.12	12.39	6.97

	2008年	2009年	2010年	2011年	2012年	2013年	2014年	2015年	2016年	2017年
总量	6906.00	7447.00	8151.00	9098.00	9285.00	9335.00	9532.58	9006.12	9284.00	9457.00
增长率	7.16	7.83	9.45	11.62	2.06	0.54	2.12	-5.52	3.09	1.86

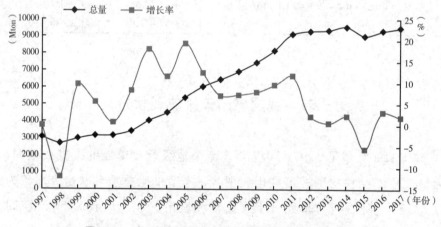

图3-1　1997~2017年我国城市碳排放总量及其增长率

由表3-4和图3-1可知，1998~2014年，我国碳排放总量逐年增长；而2014年以后有所下降，从2014年的9532.58Mton下降到2015年的9006.12Mton。1997~2017年，我国碳排放量在2005年增长率最高，1998年增长率最低，2002~2011年增长率均在10.00%左右，而2012~2017年增长率不高于3.09%。可见，我国碳排放量经历了飞速增长到增速有所放缓的发展历程，但是碳排放量依然很高，城市碳减排的压力巨大。

（二）单个城市碳排放时间演化

为了探究单个城市碳排放的时间演化，本章计算了每一个城市在研究期内的碳排放量增长率，并为了进一步展示不同城市碳排放时间演化，使用 GIS 自然断点法将每个城市的碳排放量增长率分为 5 类。

由分类结果可知，从单个城市碳排放量增长率角度，碳排放量增长率较高的城市多分布在我国的西部地区，特别是西北地区，可见在整体研究期内我国西北地区城市的碳排放量增速最高；其次是西南地区的城市；增速较低的为东北地区和东部沿海地区城市，这与现有研究的结果较为一致。张慧琳（2009）的研究表明我国西部地区碳排放量增长速度远远高于全国其他地区。而苏泳娴等（2013）认为 GDP 增长是决定碳排放总量增长的主导因素，我国西部地区的 GDP 增速高于其他的地区，因此其碳排放量增速最高。

二　我国城市碳排放空间差异分析

（一）全局空间自相关分析

根据公式 3.1 和公式 3.2，本章运用 Geoda 软件对我国 1997～2017 年城市碳排放进行空间关联性检验，具体结果如表 3-5 所示。

表 3-5　1997～2017 年我国城市碳排放 Moran's I 指数

年份	Moran's I 指数	Z 值	P 值
1997	0.2407	7.3410	0.0020
1998	0.1818	5.5564	0.0030
1999	0.2030	6.2237	0.0020
2000	0.1996	6.1100	0.0020
2001	0.2281	6.9596	0.0020
2002	0.2300	10.4999	0.0020
2003	0.2497	7.5620	0.0020

续表

年份	Moran's I 指数	Z 值	P 值
2004	0.2641	7.9769	0.0010
2005	0.2927	8.7807	0.0010
2006	0.2989	8.9381	0.0010
2007	0.3159	9.4161	0.0010
2008	0.3226	9.5743	0.0010
2009	0.3091	9.1734	0.0010
2010	0.3063	9.0659	0.0010
2011	0.3038	8.9524	0.0010
2012	0.3033	8.9403	0.0010
2013	0.2850	8.4068	0.0010
2014	0.2813	8.3094	0.0010
2015	0.2956	8.7302	0.0010
2016	0.2949	8.7092	0.0010
2017	0.2701	7.9622	0.0010

由表 3-5 可知，1997~2017 年，我国城市碳排放 Moran's I 指数均大于 0，且 P 值均小于 0.5，即在 5% 显著性水平下通过检验。可见，我国城市之间碳排放不是独立分布的，存在空间集聚特征。为了更加直观地展示城市碳排放空间集聚性的时间演化趋势，本书绘制了图 3-2。

由图 3-2 可知，1998~2008 年，我国城市碳排放 Moran's I 指数稳步上升，从 1998 年的 0.1818 上升至 2008 年的 0.3226；2008~2017 年 Moran's I 指数波动下降，从 0.3226 下降至 0.2701，我国城市碳排放的空间集聚性在 2009 年和 2017 年所有减弱，碳排放差异性扩大。但从整个研究期来看，我国城市碳排放的全局 Moran's I 指数呈上升趋势，可见受到能源结构、产业结构、减排政策等影响，相邻城市的碳排放量水平相近，呈现空间集聚特征，且这种空间集聚效应在增强。

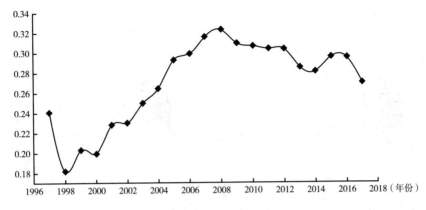

图 3-2 1997～2017 年我国碳排放 Moran's I 指数时间演化趋势

（二）局部空间自相关分析

为了分析各个城市之间碳排放的空间关联特征，本章使用局部空间自相关分析方法来反映城市之间碳排放的集聚情况。本章绘制了城市碳排放 Moran's I 散点图，并选取 1997 年、2002 年、2007 年、2012 年和 2017 年作为截面来展示分析结果，见图 3-3。根据 Moran's I 散点图中每一个城市所处的象限位置，可以统计出 1997 年、2002 年、2007 年、2012 年和 2017 年处于四个集聚区的城市数量，见表 3-6。

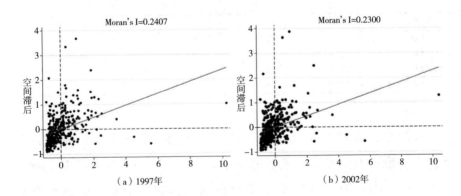

（a）1997年　　　　　　　　　　（b）2002年

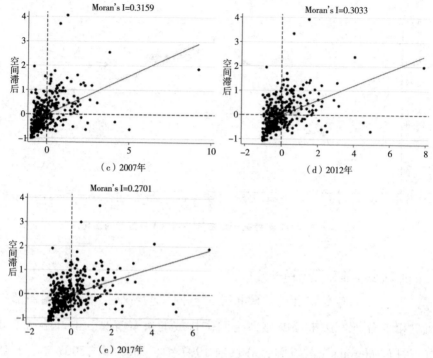

（c）2007年 （d）2012年

（e）2017年

图 3-3 我国城市碳排放 1997 年、2002 年、2007 年、2012 年
和 2017 年 Moran's I 散点图

表 3-6 根据 Moran's I 散点图四个集聚区的城市数量统计

单位：个

集聚区	1997 年	2002 年	2007 年	2012 年	2017 年
HH	96	98	94	89	89
LH	83	65	71	74	81
LL	133	154	154	150	144
HL	40	35	33	39	38

根据表 3-6 和图 3-3 可知，我国位于第一象限和第三象限的城市较多、第二象限和第四象限的城市较少，这一分布结果也从侧面支持了全局自相关分析的结果，说明我国城市碳排放具有空间集聚效应，位于各个象限的城市碳排放具有以下特点。

第一象限是"高-高"集聚区，该象限城市的碳排放量高，同时被高排放城市所包围；位于"高-高"集聚区的城市数量从 1997 年的 96 个稍微上升至 2002 年的 98 个，随后波动下降至 2017 年的 89 个。第二象限是"低-高"集聚区，该象限城市的碳排放量低，但被高排放城市所包围；位于"低-高"集聚区的城市数量整体较为稳定，从 1997 年的 83 个降至 2002 年的 65 个，随后从 2007 年的 71 个增至 2017 年的 81 个。第三象限是"低-低"集聚区，该象限城市的碳排放量低，同时周围城市的碳排放量也较低；位于"低-低"集聚区的城市数量呈倒"U"形增长趋势，从 1997 年的 133 个增至 2002 年和 2007 年的 154 个，随后降至 2012 年的 150 个，最后降至 2017 年的 144 个。第四象限是"高-低"集聚区，该象限城市的碳排放量高，但周围城市的碳排放量较低，位于"高-低"集聚区的城市数量较为稳定，从 1997 年到 2017 年处于这一区间的城市数量在 33 个和 40 个之间波动。

虽然 Moran's I 散点图可以在一定程度上反映空间集聚性，但其并未反映各个城市的显著性水平，而 LISA 集聚图可以同时反映某城市与其周边城市的空间集聚性和显著性，因此本书使用 GIS 软件绘制 1997 年、2002 年、2007 年、2012 年和 2017 年我国城市碳排放 LISA 集聚图，从集聚性视角刻画我国城市碳排放现状，LISA 集聚图结果如表 3-7 所示。

表 3-7　1997 年、2002 年、2007 年、2012 年和 2017 年我国城市碳排放 LISA 集聚图结果

集聚区	1997 年	2002 年	2007 年	2012 年	2017 年
高-高	北京、天津、唐山、邢台、保定、张家口、沧州、廊坊、衡水、长治、晋中、苏州、南通、嘉兴、青岛、淄博、枣庄、东营、烟台、潍坊、泰安、德州、聊城、滨州	北京、天津、唐山、邢台、保定、张家口、沧州、廊坊、衡水、长治、晋中、上海、苏州、南通、嘉兴、湖州	北京、天津、唐山、邢台、保定、张家口、沧州、廊坊、衡水、晋中、忻州、上海、苏州、南通、泰州、嘉兴、湖州、绍兴、青岛、淄博、东营、烟台、潍坊、泰安、滨州	北京、天津、唐山、邢台、保定、张家口、沧州、廊坊、衡水、晋中、忻州、上海、苏州、南通、泰州、嘉兴、淄博、烟台、滨州	北京、天津、唐山、邢台、保定、沧州、廊坊、衡水、晋中、忻州、上海、苏州、南通、泰州、嘉兴、淄博、烟台、滨州、吴忠

续表

集聚区	1997年	2002年	2007年	2012年	2017年
低-低	池州、赣州、上饶、怀化、茂名、桂林、梧州、自贡、广元、乐山、南充、宜宾、保山、临沧、拉萨、日喀则、昌都、林芝、山南、那曲、汉中、天水、张掖、酒泉、西宁、乌鲁木齐	池州、上饶、怀化、茂名、桂林、梧州、自贡、广元、乐山、南充、宜宾、拉萨、日喀则、昌都、林芝、山南、那曲、汉中、天水、张掖、酒泉、西宁、乌鲁木齐	池州、上饶、怀化、茂名、桂林、梧州、自贡、广元、乐山、南充、宜宾、拉萨、日喀则、昌都、林芝、山南、那曲、汉中、天水、张掖、平凉、酒泉、西宁、乌鲁木齐	上饶、怀化、茂名、桂林、梧州、自贡、广元、乐山、南充、宜宾、拉萨、日喀则、昌都、林芝、山南、那曲、张掖、酒泉、西宁、乌鲁木齐	池州、上饶、怀化、茂名、桂林、梧州、自贡、广元、乐山、南充、宜宾、拉萨、日喀则、昌都、林芝、山南、那曲、武威、张掖、酒泉、西宁、乌鲁木齐
低-高	承德、日照、濮阳、十堰、资阳、铜仁	承德、十堰、资阳、铜仁	承德、日照、资阳、铜仁	承德、巴彦淖尔、湖州、日照、铜仁	承德、乌海、巴彦淖尔、湖州、日照、铜仁、石嘴山
高-低	南宁、重庆、兰州	赣州、南宁、重庆、兰州	南宁、重庆、兰州	南宁、重庆、兰州	南宁、重庆、兰州

资料来源：笔者测算编制。

由表 3-7 可以看出，虽然不同集聚区城市的数量略有变动，但是各个集聚区城市的分布数量较为稳定。本节将讨论"高-高"集聚区、"低-高"集聚区、"低-低"集聚区和"高-低"集聚区的城市空间分布特点。

"高-高"集聚区的城市主要位于河北省、山西省、山东省，以及长三角地区的浙江省和江苏省。山西省部分城市和长三角地区城市处于"高-高"集聚区的原因是不同的。处于"高-高"集聚区的山西省城市大部分属于煤炭资源型城市，如山西省晋中市。一方面，这些城市煤炭产量极高，大力发展以煤炭为能源的产业，增加了二氧化碳排放量。另一方面，这些城市为周围的地区提供大量的煤炭资源，使得周围的地区碳排放量也很高。而处于

"高-高"集聚区的长三角地区城市的大量人口和社会经济活动使得其碳排放量较高；同时由于增长极效应，其周围城市社会经济活动十分具有活力，从而碳排放量也较高。"低-高"集聚区的城市主要是分布在贵州省、湖北省、山东省、河北省、河南省，这些城市的产业结构和能源结构特征使得其碳排放量并不高，而其周围有具有高碳排放特征的煤炭资源型城市。"低-低"集聚区的城市大部分位于我国西部地区和东南沿海地区省（区、市），如西藏自治区、四川省、甘肃省、广西壮族自治区、新疆维吾尔自治区、广东省等，这些地区的城市自身的碳排放量不高，同时周围城市的碳排放量也不高。以广东省为例，该地区经济发展依靠旅游服务、商贸活动等第三产业，产业碳排放强度不大；冬季气候较为适宜，不存在取暖压力，能源部门碳排放压力较小，因此其碳排放处于"低-低"集聚状态。"高-低"集聚区的城市大部分是碳排放量较低地区的省会城市，如，甘肃省的兰州市、广西壮族自治区的南宁市，这些城市所处的地区本身碳排放量不高，因此其周围城市的碳排放量不高，但是省会城市承担了一定的经济社会活动，产生了大量的碳排放，周围城市碳排放量较低，形成了扩散效应。

第四节　我国城市经济增长与碳排放脱钩压力分析

一　计算结果

根据计算得出的各个城市的 $\triangle EG$、$\triangle EC$ 和 γ_{TC} 的值以及表 3-1 脱钩状态的分类标准，可得到 1998~2017 年 289 个样本城市的经济增长与碳排放脱钩状态，如图 3-4 所示。

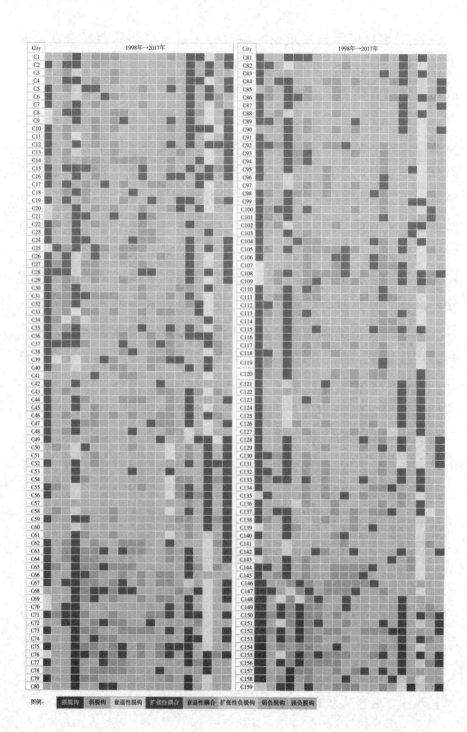

图例： 强脱钩　弱脱钩　衰退性脱钩　扩张性耦合　衰退性耦合　扩张性负脱钩　弱负脱钩　强负脱钩

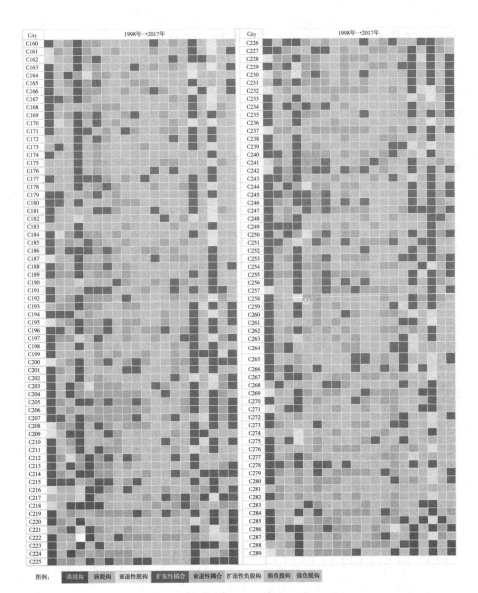

图例：█ 强脱钩 █ 弱脱钩 █ 衰退性脱钩 █ 扩张性耦合 █ 衰退性耦合 █ 扩张性负脱钩 █ 弱负脱钩 █ 强负脱钩

图 3-4 1998~2017 年 289 个样本城市经济增长与碳排放脱钩状态

二 我国城市经济增长与碳排放脱钩压力的时间演化分析

本书从经济增长与碳排放脱钩状态和经济增长与碳排放脱钩类别

两个视角开展经济增长与碳排放脱钩的时间演化分析。

（一）经济增长与碳排放脱钩状态的时间演化分析

以下统计了图 3-4 中 1998~2017 年每一年碳排放强度处于不同脱钩状态的城市数量，见表 3-8 和图 3-5。

表 3-8   1998~2017 年经济增长与碳排放脱钩状态城市数量统计

单位：个

脱钩状态	1998 年	1999 年	2000 年	2001 年	2002 年	2003 年	2004 年	2005 年	2006 年	2007 年
END	1	48	65	24	63	145	48	101	100	48
SND	1	129	101	4	77	54	3	178	152	33
WND	10	1	0	35	2	0	0	0	0	0
WD	33	78	70	36	100	48	194	4	17	178
RD	24	2	5	9	5	0	0	0	0	0
SD	216	4	17	175	13	1	0	0	0	0
RC	4	0	0	6	2	0	0	0	0	0
EC	0	27	31	0	27	41	44	6	20	30

脱钩状态	2008 年	2009 年	2010 年	2011 年	2012 年	2013 年	2014 年	2015 年	2016 年	2017 年
END	77	36	50	96	25	19	11	0	57	3
SND	169	138	82	47	104	21	76	2	194	0
WND	0	0	0	1	2	18	7	34	3	0
WD	24	99	135	91	130	70	160	6	22	172
RD	0	0	0	7	0	5	0	93	2	0
SD	0	0	2	17	141	31	133	2	108	
RC	0	0	0	4	1	1	0	20	0	0
EC	19	16	22	41	10	14	4	1	9	6

根据表 3-8 和图 3-5，我国 289 个样本城市在 1998~2017 年的脱钩状态是动态变化的，SD 状态、SND 状态、WD 状态、END 状态是不同年份居主导地位的脱钩状态。1998 年、2001 年、2013 年和

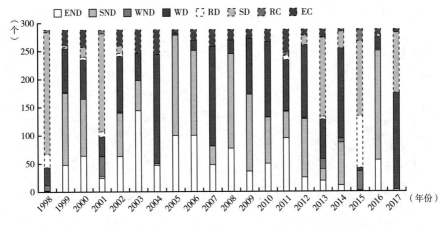

图 3-5　1998~2017 年 289 个样本城市经济增长与碳排放的脱钩情况

2015 年，289 个样本城市主要的脱钩状态是强脱钩（SD）状态。在这种情况下，城市 GDP 有所增长，而碳排放量有所下降。1999 年、2000 年、2005 年、2006 年、2008 年、2009 年和 2016 年，强负脱钩（SND）状态是 289 个样本城市的主要脱钩状态，城市 GDP 在降低，而碳排放量在增长。2002 年、2004 年、2007 年、2010 年、2012 年、2014 年和 2017 年，大多数样本城市呈现弱脱钩（WD）状态，其 GDP 和碳排放量均在增长，但 GDP 增长速度更快。此外，扩张性负脱钩（END）状态在 2003 年和 2011 年占据了主导地位，这表明大部分样本城市在 GDP 和碳排放量方面均有所增长，但碳排放量增长速度更快。

在 8 种脱钩状态中，只有 D 类别的 RD 状态、WD 状态和 SD 状态表明经济增长与碳排放之间存在脱钩关系，因此本书重点关注以上 3 种脱钩状态的演变，将每一年处于以上 3 种状态的城市数量用图 3-6 展示。

图 3-6 中的曲线 SD 表明，1998~2017 年，我国处于强脱钩（SD）状态的城市数量发生了显著变化，虽然 1998 年处于 SD 状态的

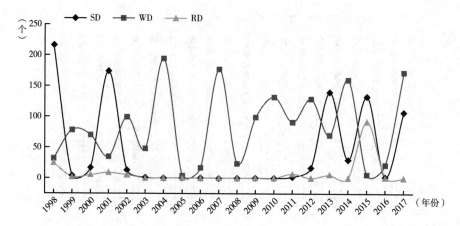

图 3-6 1998~2017 年处于 SD 状态、WD 状态和 RD 状态的样本城市数量演变

城市数量有 216 个，但是研究期内的大部分年份处于这种状态的城市数量为 0。WD 曲线显示，研究期内处于弱脱钩（WD）状态的城市数量波动明显，最大值为 2004 年的 194 个，最小值为 2005 年的 4 个。此外，除了 2015 年有 93 个城市处于衰退性脱钩（RD）状态，整个研究期内处于该状态的城市数量均很少。

经济增长与碳排放脱钩类别（D）的时间演化可以进一步用处于 SD 状态、WD 状态和 RD 状态的城市数量占比 $P_{SD/D}$、$P_{WD/D}$ 和 $P_{RD/D}$ 来展示，结果如表 3-9 和图 3-7 所示。

表 3-9 1998~2017 年 D 类别城市中处于 SD 状态、WD 状态和 RD 状态的城市的比例

年份	1998	1999	2000	2001	2002	2003	2004	2005	2006	2007	2008	2009	2010
$P_{SD/D}$	0.79	0.05	0.18	0.80	0.11	0.02	0.00	0.00	0.00	0.00	0.00	0.00	0.00
$P_{WD/D}$	0.12	0.93	0.76	0.16	0.85	0.98	1.00	1.00	1.00	1.00	1.00	1.00	1.00
$P_{RD/D}$	0.09	0.02	0.05	0.04	0.04	0.00	0.00	0.00	0.00	0.00	0.00	0.00	0.00
年份	2011	2012	2013	2014	2015	2016	2017	2012	2013	2014	2015	2016	2017
$P_{SD/D}$	0.02	0.12	0.65	0.16	0.58	0.08	0.38	0.12	0.65	0.16	0.57	0.08	0.39
$P_{WD/D}$	0.91	0.88	0.32	0.84	0.03	0.85	0.62	0.88	0.33	0.84	0.03	0.85	0.61
$P_{RD/D}$	0.07	0.00	0.02	0.00	0.40	0.08	0.00	0.00	0.02	0.00	0.40	0.08	0.00

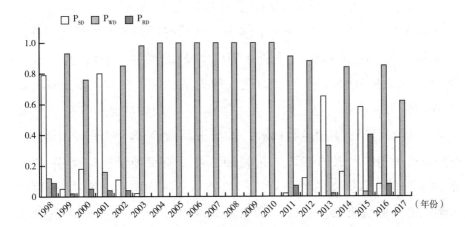

图 3-7　1998~2017 年 D 类别城市中处于 SD 状态、WD 状态和 RD 状态的城市的比例

由表 3-9 和图 3-7 可知，在研究期内除 1998 年、2001 年、2013 年和 2015 年这 4 年外，处于弱脱钩（WD）状态的城市占据了较高比例。处于 WD 状态表明这些城市碳排放量和 GDP 都在增长，而 GDP 增长速度要高于碳排放增长速度。这一结果表明我国的经济增长仍然伴随着碳排放量的增长，经济增长仍然依赖于产生高碳排放的企业。

我国样本城市在 2017 年处于 SD（强脱钩）状态的城市数量仅占 39%。国家发展和改革委员会（2020）指出我国力争在 2030 年前实现"碳达峰"、在 2060 年实现"碳中和"。碳达峰意味着我国城市的经济增长与碳排放应全部处于强脱钩状态，可见我国城市碳减排压力之大。这是因为我国正处于快速城镇化进程中，这将不可避免地导致碳排放的增长。现有研究也指出，虽然已经实施了多项碳减排措施，但由于快速的城镇化和工业化进程，我国仍然需要消耗大量的煤炭（Zhang 和 Yan，2012；Du 等，2021b）。因此，我国城市的碳减排压力较大，短期内我国城市很难全部实现经济增长与碳排放强脱钩，需要采取大量有针对性的减排措施。

（二）经济增长与碳排放脱钩类别的时间演化分析

由表 3-1 可知，表 3-8 中的 8 种脱钩状态可归于 3 种类别，分别是脱钩类别（D）、负脱钩类别（ND）和耦合类别（C）；其中脱钩类别（D）是经济增长与碳排放之间的关系比较理想，本部分将对处于 D 类别的城市数量进行时间演化分析。8 种脱钩状态中 SD、WD 和 RD3 种状态属于脱钩类别（D），本部分将表 3-8 中处于 SD 状态、WD 状态和 RD 状态的城市数量相加，可以得到处于脱钩类别（D）的城市数量，以同样的方法可以得出处于负脱钩类别（ND）和耦合类别（C）的城市数量，统计结果见表 3-10。为了更好地了解城市经济增长与碳排放脱钩的时间演化，本部分将聚焦研究期内处于 D 类别的城市的数量（如图 3-8 和图 3-9 所示）。

表 3-10　1998~2017 年处于不同脱钩类别的城市数量统计

单位：个

脱钩类别	1998 年	1999 年	2000 年	2001 年	2002 年	2003 年	2004 年	2005 年	2006 年	2007 年
D	273	84	92	220	118	49	194	4	17	178
ND	12	178	166	63	142	199	51	279	251	81
C	4	27	31	6	29	41	44	6	20	30

脱钩类别	2008 年	2009 年	2010 年	2011 年	2012 年	2013 年	2014 年	2015 年	2016 年	2017 年
D	24	99	132	100	147	216	191	232	26	280
ND	246	174	135	144	131	58	94	36	254	3
C	19	16	22	45	11	15	4	21	9	6

根据表 3-10 和图 3-8 可知，我国城市的主导脱钩类别在 2007 年之前交替变化，1998 年、2001 年、2004 年和 2007 年 D 类别占主导地位，1999 年、2000 年、2002 年、2003 年、2005 年和 2006 年 ND 类别占主导地位。自 2008 年以后，处于 D 类别的城市的数量逐渐增加。图 3-9 进一步体现了研究期内我国处于 D 类别的城市数量的波

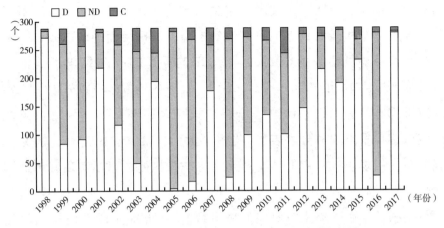

图 3-8　1998~2017 年处于不同脱钩类别的城市数量

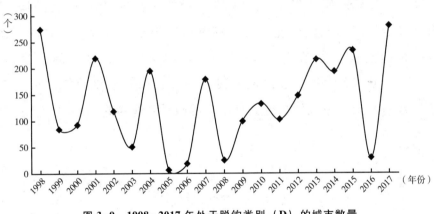

图 3-9　1998~2017 年处于脱钩类别（D）的城市数量

动情况，1998~2008 年呈现"波峰－低谷"的周期性变化，2008~2017 年基本显现波动增长趋势。

从图 3-9 中处于脱钩类别（D）的城市数量分析结果可知，我国经济增长与碳排放的整体脱钩表现在研究期内有所改善，这一结果也证明了我国中央和地方政府碳减排政策的有效性。我国国家层面采取了一系列政策来减少碳排放。例如，2016 年，国家发展和改革委员会颁布了《"十三五"期间节能减排综合性工作方案》，该方案提出的措施包括发展节能减排技术、减少煤炭消耗、推广使用合同能源管理、推进分布式能源试点项目等。为了降低城市层面的碳排放，国家发展和改革委员会分别在 2010 年、2012 年和 2017 年推出了 3 批共81 个低碳试点城市（Song 等，2020）。我国各地方政府也采取了一些碳减排措施。例如，2016 年，金昌市人民政府颁布了《国家低碳试点城市建设重点任务分解表》，提出了大力发展文化旅游业、加大低碳能源使用规模、建设低碳交通网络等减排措施，以期实现城市经济增长与碳排放的脱钩。

我国处于脱钩类别（D）的城市数量在 2008 年以后增长趋势显著，2008 年可以被看作我国经济经济增长与碳排放关系的拐点年份。事实上，我国政府自 2008 年以来非常重视碳减排工作。在我国政策和法律数据库"北大法宝"进行检索可以得出中央政府出台的碳减排政策的数量（如图 3－10 所示）。从图 3－10 的数据可以看出，1998～2006 年，我国中央政府并没有发布任何碳减排政策，2007 年我国政府开始颁布减排政策，且出台的政策数量越来越多。

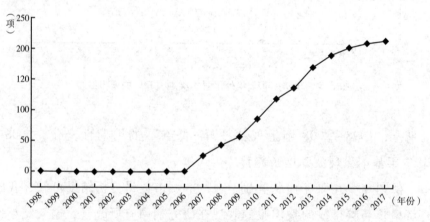

图 3-10　1998～2017 年我国中央政府颁布的碳减排政策数量

资料来源：笔者根据"北大法宝"统计结果绘制。

三 我国城市经济增长与碳排放脱钩压力的空间差异分析

为了探究我国城市经济增长与碳排放脱钩的空间差异,本书将289个城市分为东部、东北、中部、西部四个地区(Luo 等,2020)。1998 年和 2017 年各地区处于不同脱钩状态的城市数量统计结果见表 3-11 和图 3-11。

表 3-11 1998 年和 2017 年四个地区处于不同脱钩状态的城市数量

单位:个

年份	脱钩状态	东部	东北	中部	西部
1998	EC	0	0	0	0
	END	0	0	1	0
	RC	2	0	1	1
	RD	13	0	5	6
	SD	66	26	60	64
	SND	0	0	1	0
	WD	3	8	9	13
	WND	4	0	3	3
2017	EC	2	0	1	3
	END	2	0	0	1
	RC	0	0	0	0
	RD	0	0	0	0
	SD	51	20	31	6
	SND	0	0	0	0
	WD	33	14	48	77
	WND	0	0	0	0

由表 3-11 和图 3-11 可知,1998 年我国四个地区的城市经济增长与碳排放脱钩状态均以 SD 状态为主,2017 年我国东部和东北地区的城市仍保持以 SD 状态为主,而中部和西部地区的城市则以 WD 状态为主。换句话说,2017 年,我国东部和东北地区城市的 GDP 没有随着碳排放量的增长而增长,而中部和西部地区城市的 GDP 与碳排

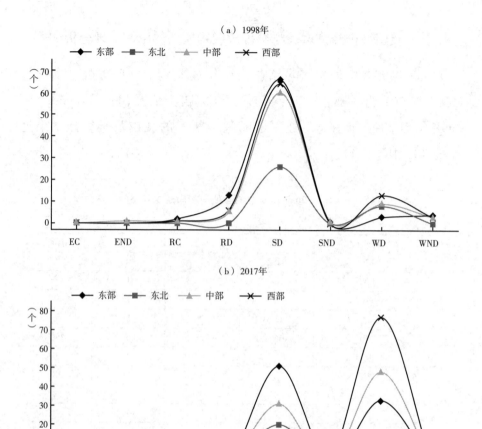

图3-11 1998年、2017年四个地区不同脱钩状态城市数量分布

放量均呈增长趋势，这一现象表明近年来我国中部和西部地区城市的经济发展依然依赖于高排放产业。

总体来说，我国东部地区城市经济增长与碳排放的脱钩状态优于西部地区城市。这种东部、西部地区城市碳排放脱钩状态差异可能是由技术水平差异造成的。根据《2019年全国科技经费投入统计公报》（国家统计局，2019），2019年我国科研投资超过千亿元的省（区、市）有广东省、江苏省、山东省、北京市、浙江省和上海市，多位于我国东部地区。此外，我国东部地区的深圳市研发经费总额为 1328 亿元，是西部地区青海省（20.6 亿元）的 64 倍。事实上，以往的研究也表明我国东部地区城市更愿意通过投资节能机械设备和技术来发展经济，以降低经济增长带来的碳排放（Liu 和 Lin，2017）。相反，Liu 等（2012）指出我国西部地区城市大多通过应用高能耗技术获得经济的快速增长。Wu 等（2019b）的研究亦指出技术水平的差异是造成我国东部与西部地区经济增长与碳排放脱钩差异的重要原因，验证了本书的这一观点。因此，西部地区应借鉴东部地区的技术升级经验，如，加大对节能设备的经济补贴力度，给予绿色技术研发项目大量资金支持，加强在绿色技术创新方面的产学研合作，从而实现经济增长与碳排放脱钩。

第五节　本章小结

碳减排是全球各国的共同使命，城市经济增长与碳排放脱钩更是全球可持续发展的共同目标，本章从以下两个视角分析我国城市的减排压力。首先，对我国城市碳排放开展时空演化分析，基于 CEADs 公布的 1997～2017 年县域层面碳排放数据收集城市层面碳排放数据；基于《中国城市统计年鉴》收集经济社会相关数据；使用 GIS 软件和自然断点法分析我国城市碳排放时间演化；使用 Moran's I 指数和 LISA 集聚图分析我国城市碳排放空间差异。随后，采用 Tapio 脱钩模型和 Python 编程识别脱钩状态，并对我国 289 个地级市经济增长与碳排放的脱钩压力进行分析。基于碳排放量和经济增长与碳排放脱钩状态两大视角的分析，本章得出了我国城市碳排放的时空演化规律，揭示了我国城市低碳建设的总体水平。

基于我国城市碳排放的时间演化分析，本章得出如下结论：①研究期内，我国城市碳排放量不断增长，且在 2002～2011 年增长迅速，2012 年以后增长速度所有放缓。②研究期内，我国西北地区城市碳排放量增长迅速，西南地区城市次之，东北和东部沿海地区城市增长较为缓慢。基于我国城市碳排放的空间差异分析，本章得出如下结论：①从整体集聚性角度，研究期内我国城市碳排放呈现空间集聚特征，且这种空间集聚效应在增强。②从局部关联性角度，"高-高"集聚区的城市主要位于我国河北省、山西省、山东省以及长三角地区的浙江省和江苏省等，这些地区的城市自身及其周围城市的碳排放量都很高。"低-高"集聚区的城市主要分布在贵州省、湖北省、河北省、河南省等，这些城市自身碳排放量不高，但周围城市碳排放量较高。"低-低"集聚区的城市多位于我国西部和东南沿海地区，这些城市自身和周围城市的碳排放量都不高。"高-低"集聚区的城市大部分是碳排放量较低地区的省会城市，这些城市自身的碳排放量高，但是周边城市的碳排放量不高，形成了扩散效应。

基于经济增长与碳排放的时间演化分析，本章得出如下结论。①从脱钩状态的分析结果可知，我国 289 个样本城市在 1998~2017 年的脱钩状态是动态变化的，SD 状态、SND 状态、WD 状态、END 状态是不同年份居主导地位的脱钩状态；我国城市的碳减排压力巨大，短期内我国城市很难全部实现经济增长与碳排放强脱钩，需要采取大量有针对性的减排措施。②从脱钩类别的分析可知，我国城市处于脱钩类别（D）的数量显著增加，表明我国经济增长与碳排放的整体脱钩表现在研究期内有所改善；我国处于脱钩类别的城市数量 2008 年以后增长趋势显著，2008 年是我国经济经济增长与碳排放关系的拐点年份。基于经济增长与碳排放脱钩的空间差异分析，本章得出如下结论：①1998年我国四个地区的城市经济增长与碳排放脱钩状态均以 SD 状态为主，2017 年我国东部和东北地区的城市仍保持以 SD 状态为主，而中部和西部地区的城市则以 WD 状态为主。②总体来说，我国东部地区城市经济增长与碳排放脱钩状态优于西部地区城市，这种东部地区城市与西部地区城市之间的碳排放脱钩状态差异可能是由技术水平不同造成的。

第四章　我国城市低碳建设内涵及历程分析

　　基于第三章可知，我国城市整体碳减排压力极大，亟须开展高效的低碳城市建设活动。本章旨在回答"什么是城市低碳建设"这一问题，基于文献研究法和内容分析法等方法，识别我国城市低碳建设的内涵，从而界定低碳城市建设水平测度的内容；梳理我国城市低碳建设历程，展示我国在低碳城市建设中付出的努力。为准确测度低碳城市建设水平，需要科学借鉴低碳城市的内涵；只有清楚地掌握低碳城市的本质要求，才能切实地测度低碳城市建设水平。因此，本章提出的第一个问题是"我国城市低碳建设的内涵是什么"。现有城市低碳建设内涵界定多基于理论文献分析，缺乏基于实践总结的低碳城市建设内涵梳理。本章将从低碳城市建设的实际出发，收集低碳城市建设工作方案，结合文献研究法和内容分析法，深入剖析我国城市低碳建设的内涵，构建低碳城市建设水平测度指标体系，更加精确地指导低碳城市建设水平评价。

　　为了降低城市层面的碳排放，全球范围内开展了一系列碳减排实践，越来越多的城市将低碳建设作为其发展蓝图中的首要战略（Tan等，2017）。Su 等（2013）的研究表明，1050 个美国城市、40 个印度城市、100 个中国城市和 83 个日本城市进行了低碳城市建设。本章提出的第二个问题是"我国城市低碳建设的历程如何"，通过梳理我国城市低碳建设的标志性事件和典型实践初步展示我国的低碳城市建设情况。

第一节　低碳城市内涵界定

现有研究从不同视角对低碳城市的内涵进行了界定。秦耀辰（2013）指出低碳城市的内涵主要应从低碳经济、低碳交通、低碳消费、城市管理和城市碳排放水平等5个视角提出。由于低碳交通和低碳消费可被认为是城市管理的子系统，本节从低碳经济、碳排放水平和城市管理3个视角综述低碳城市的内涵。

一　基于低碳经济视角的内涵界定

在研究起始阶段，大部分从事低碳城市研究的学者以低碳经济为切入点界定低碳城市的内涵（见表4-1）。

表 4-1　部分学者基于低碳经济视角的低碳城市内涵界定

作者	低碳城市内涵
夏堃堡（2008）	低碳城市是指在城市实行低碳经济，建立资源节约型、环境友好型社会，建设一个良性的可持续能源生态体系
付允等（2008）	低碳城市是城市通过发展低碳经济、创新低碳技术，改变生活方式，减少温室气体排放，摆脱大量生产、消费和产生废弃物的经济社会运行模式，建立结构优化、循环利用的经济体系，形成健康节约的生活方式，最终实现城市的清洁、低碳和可持续发展
戴亦欣（2009）	低碳城市是城市经济以低碳产业为主导模式、市民以低碳生活为理念和行为特征、政府以低碳社会为建设蓝图的城市
中国科学院可持续发展战略研究组（2009）	低碳城市是以城市空间为载体来发展低碳经济，以绿色交通和建筑来转变居民消费观念，创新低碳技术，从而达到在城市中最大限度地降低温室气体排放的目的
李克欣（2009）	低碳城市是指在经济、社会、文化等领域全面进步，人民生活水平不断提高的前提下，降低二氧化碳排放量、实现可持续发展的宜居城市，"环境科学"是低碳城市建设的思想基础
刘志林等（2009）	低碳城市是指在确保提升居民生活水平的前提下，通过转变经济发展模式等来促进城市的低碳发展

二 基于碳排放水平视角的内涵界定

一些学者基于城市碳排放水平对低碳城市建设内涵进行界定（见表4-2）。

表4-2 部分学者基于城市碳排放水平视角的低碳城市概念界定

作者	低碳城市内涵
金石（2008）	低碳城市是在确保社会经济快速发展的前提下，将碳排放控制在较低水平
陈飞和褚大建（2009a）	低碳城市从宏观上讲就是经济增长与能源消耗相互脱钩的一种城市发展模式，具体有两种表现形式，一种表现形式为相对脱钩，即能源消耗和经济均在增长，但能源消耗的增速低于经济的增速；另一种表现形式为绝对脱钩，即经济为正增长，而能源消耗是负增长或零增长
世界自然基金会（WWF）	低碳城市就是保持较低水平的能源消耗和二氧化碳排放，保持土地的生态和碳汇功能，提高能效和发展循环经济
张英（2012）	低碳城市指在城市空间内通过调整能源结构、发展低碳技术、改变生产和消费方式等途径尽可能减少碳排放；同时提高碳捕集、碳中和能力；尽可能实现城市区域的低碳甚至零碳目标

三 基于城市管理视角的内涵界定

一些学者认为低碳城市建设是一个复合的系统，应该从城市管理的综合视角对其内涵进行界定（见表4-3）。

表4-3 部分学者基于城市管理视角的低碳城市概念界定

作者	低碳城市内涵
陈飞和褚大建（2009b）	低碳城市的内涵包括以下三个方面：一是强调建筑、交通和生产三大领域的低碳发展模式；二是尽可能使用可再生能源，如太阳能、地热能等；三是开展碳捕集，扩大森林等生态系统的规模，最大限度地吸收二氧化碳
毛超等（2011）	以低碳发展为目标的系统工程，涉及经济活动、社会活动、建设活动、生态环境等方面，利用技术最大限度节约资源（水资源、能源、土地资源）、降低污染排放、优化产业结构、改进城市功能布局

续表

作者	低碳城市内涵
周冯琦等（2016）	低碳城市是将低碳发展理念融入从规划到建设、从生产到消费、从政策制定到执行等各个环节，通过城市发展战略、发展规划的转型，技术创新和制度创新，引领和推动生产模式和生活方式转变，形成节约、高效和环保的城市发展模式
庄贵阳和周枕戈（2018）	高质量建设低碳城市的理论内涵具体包括：推动低碳城市发展三大变革，提高城市系统碳生产力和人文发展水平；构建绿色低碳的空间格局、产业结构、生产方式、消费模式和城市建设运营模式，以满足人民对美好生活的需要；以低碳的路径推动低碳城市高质量形成更高层次的发展形态，加快转变城镇化发展方式，引领经济转型升级和社会和谐进步

根据现有研究对低碳城市内涵的界定，本书对低碳城市的内涵做出以下总结：低碳城市是以低碳经济为发展理念，以实现经济增长与碳排放的脱钩为目标，以控制碳源、增加碳汇为手段，以实现可持续发展的一种城市发展形态。

第二节　城市低碳建设内涵界定

国内外城市低碳建设均在如火如荼地开展，由于自然禀赋、发展阶段和经济情况等的不同，国内外城市低碳建设的内涵各不相同，我国城市低碳建设具有自身的特点和内涵。例如，国外城市更重视建筑、交通、食品和居民行为等方面的低碳建设，而我国城市低碳建设非常关注产业结构的调整以及管理体系的构建（吴雅，2019）。因此，需要立足我国城市的特点，梳理我国城市低碳建设的内涵，为构建城市低碳建设水平测度指标体系奠定基础。

一　城市低碳建设内涵界定思路

城市低碳建设是一个复杂的系统工程，涉及城市管理的方方面面。本书对各个城市的政策文本进行初步分析，发现我国城市低碳建设既设置了总体目标，也设置了实现总体目标的维度目标，因此，本书将识别城市低碳建设总体目标和维度目标，城市低碳建设的总体目标和维度目标是辩证统一的，总体目标是各个维度目标存在的必要条件，维度目标的完成又是总体目标实现的充分条件。城市低碳建设的总体目标和维度目标可以深入刻画我国城市低碳建设的内涵，清晰界定我国低碳城市建设水平测度的内容。因此，本书将从总体目标和维度目标识别城市低碳建设的内涵。

本章将基于以下两个步骤识别我国城市低碳建设的内涵：基于文献研究法识别总体目标，基于内容分析法识别维度目标，从而构建城市低碳建设目标管理体系，认清我国城市低碳建设的内涵。

（一）基于文献研究法的总体目标识别

本章基于文献研究法识别我国城市低碳建设的总体目标。现有文献认为城市低碳建设的总体目标有多种形式，例如，碳排放总量、碳强度、人均碳排放、碳排放、碳达峰年份。例如，深圳市发展改革委员会（2013）将其城市低碳建设的总体目标设定为 2020 年单位 GDP 碳排放 0.18 吨。因此，本书将对低碳城市相关政策文本进行挖掘，从而分析我国城市低碳建设的总体目标。

（二）基于内容分析法的维度目标识别

本章将基于内容分析法识别我国城市低碳建设的维度目标。城市低碳建设的总体目标需要分解为维度目标，城市低碳建设总体目标将通过不同维度目标来实现（Mi 等，2015）。不同的城市在其低碳城市工作方案中定义了不同的维度目标。例如，重庆市明确了要从加快产业结构调整、发展低碳能源体系、推进资源节约和节能降耗以及增加碳汇等维度进行低碳建设。又如，为实现城市低碳建设的总体目标，深圳市设置了调整产业结构、优化能源结构、节能降耗和增强碳汇能力、实施低碳项目等维度目标。不同城市维度目标的表达方法不同，需要对其进行整理和分析，才能得出具有代表性的城市低碳建设维度目标。因此，本章使用内容分析法识别我国城市低碳建设的维度目标。内容分析法是分析报纸、政治报道和情报等内容的有效方法（Shen 等，2021），该方法在社会学中得到广泛应用。根据内容分析法识别城市低碳建设维度目标的一般步骤如下：①收集相关政策文本；②拆分政策文本形成政策分析单元，对收集的政策分析单元进行编码整理；③对意思相同或相近、存在包含关系的政策分析单元进行整理和合并，从而形成规范的城市低碳建设维度目标；④基于文献和理论来验证所识别维度目标的准确性和有效性。

（三）城市低碳建设内涵识别的研究数据

我国低碳试点城市颁布并实施了一系列城市低碳建设工作方案，并通过这些工作方案设置了城市低碳建设的总体目标和维度目标。为了对我国城市低碳建设内涵进行梳理，本部分选取城市低碳建设工作方案作为研究数据，通过在"北大法宝"法律数据库检索、在各个政府官网检索和依申请公开 3 种方式收集我国城市低碳建设的政策文本 200 余份，并详细研读这些政策文本，最终筛选出 132 份政策文本作为分析文本。表 4-4 列举了部分城市低碳建设相关的政策文本及其颁布年份，完整版政策文本和颁布年份见附表 A3。根据 132 份政策文本的发布时间，绘制了 2010~2020 年我国城市低碳建设相关政策文本数量的变迁图，如图 4-1 所示。

表 4-4　城市低碳建设相关政策文本（部分）

政策文件名称	政策文件编码	颁布年份
天津市低碳城市试点工作实施方案	P_1	2012
天津市"十三五"控制温室气体排放工作实施方案	P_2	2017
重庆市"十二五"控制温室气体排放和低碳试点工作方案	P_3	2012
重庆市"十三五"控制温室气体排放工作方案	P_4	2017

续表

政策文件名称	政策文件编码	颁布年份
深圳市低碳发展中长期规划（2011—2020 年）	P_5	2012
深圳市能源发展"十三五"规划	P_6	2016
深圳市应对气候变化"十三五"规划	P_7	2016
深圳市工商业低碳发展实施方案（2011—2013）	P_8	2011
厦门市低碳城市试点工作实施方案	P_9	2012
厦门市低碳城市总体规划纲要	P_{10}	2010
杭州市"十三五"控制温室气体排放实施方案	P_{11}	2017
南昌市国家低碳试点工作实施方案	P_{12}	2011
南昌市 2013 年低碳试点城市推进工作实施方案	P_{13}	2013
南昌市低碳发展促进条例	P_{14}	2016
贵阳市"十三五"控制温室气体排放工作实施方案	P_{15}	2017
贵阳市低碳城市试点工作实施方案	P_{16}	2013
保定市人民政府关于建设低碳城市的意见	P_{17}	2009
晋城市"十三五"应对气候变化规划（2016—2020）	P_{18}	2016
晋城市低碳发展规划（2013—2020 年）	P_{19}	2014
晋城市低碳城市试点工作实施方案	P_{20}	2013

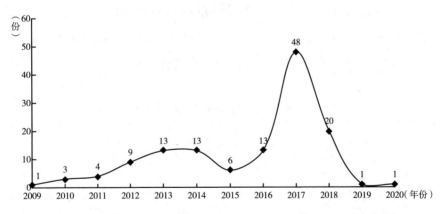

图 4-1 2009～2020 年我国城市低碳建设相关的政策文本数量变迁情况

由图 4-1 可知，我国城市低碳建设相关的政策文本数量 2009～
2020 年是波动变化的。具体来说，政策文本数量从 2009 年的 1 份波动上升至 2016 年的 13 份，在 2017 年达到了峰值 48 份，在 2018 年下降至 20 份，最终降至 2019 年和 2020 年的 1 份。可见，2017 年我国颁布低碳建设政策的城市数量最多，城市低碳建设热情达到了空前的高度，这与我国在 2017 年推出第三批低碳试点城市政策息息相关。

二 城市低碳建设总体目标

低碳试点城市在其低碳建设工作方案中或者发展改革委员会官网公布了碳达峰目标年份、单位 GDP 碳排放、单位 GDP 能源下降强度等总体目标。基于对 132 份政策文本对我国低碳试点城市总体目标进行统计，结果表明 81 个试点城市中有 72 个设置了"碳达峰年份"目标，45 个城市设置了"单位 GDP 二氧化碳排放下降率"目标，29 个城市设置了"单位 GDP 能耗"目标，17 个城市设置了"万元生产总值能耗"目标。碳达峰年份是各个城市最常用的总体目标，Shen 等（2018a）指出控制碳排放量、尽快实现碳达峰是城市低碳建设的总体目标。因此，本部分对碳达峰目标年份（TP_{tc}）进行收集和整理，以碳达峰年份为例分析我国城市在低碳建设总体目标设置上的差异，结果见表 4-5。值得注意的是，结合脱钩理论和城市发展的核心目标，城市低碳建设的总体目标为在控制碳排放的同时保持经济增长。

表 4-5　我国低碳试点城市的碳达峰目标年份统计

城市	TP_{tc}	城市	TP_{tc}	城市	TP_{tc}
天津	2025	武汉	2020	抚州	2026
重庆	2030	广州	2020	济南	2025
深圳	2022	桂林	2030	烟台	2017
厦门	—	广元	2030	潍坊	2025
杭州	—	遵义	2030	晋城	2023
上海	2020	昌吉	2025	吉林	2025
宣城	2025	伊宁	2021	大兴安岭	—
三明	2027	和田	2025	苏州	2020

续表

城市	TP_{te}	城市	TP_{te}	城市	TP_{te}
共青城	2027	金昌	2025	淮安	2025
吉安	2023	乌海	2025	中山	2023~2025
石家庄	—	沈阳	2027	柳州	2026
秦皇岛	2020	大连	2025	三亚	2025
北京	2020	朝阳	2025	安康	2028
呼伦贝尔	—	逊克县	2024	成都	2025
长沙	2025	南京	2022	景德镇	—
株洲	2025	常州	2023	赣州	2023
湘潭	2028	嘉兴	2023	青岛	2020
郴州	2027	金华	2020	济源	2019
镇江	2020	衢州	2022	兰州	2025
宁波	2015	合肥	2024	敦煌	2019
温州	2019	淮北	2025	西宁	2025
池州市	2030	黄山	2020	银川	2025
南平	2020	六安	2030	吴中	2020
玉溪	2028	南昌	—	昆明	—
乌鲁木齐	2030	贵阳	2025	延安	2029
拉萨	2024	保定	—	和田第一师阿拉尔	2025
长阳土家族自治县	2023	琼中黎族苗族自治县	2025	普洱市思茅区	2025

注："—"表示对应试点城市未标明其碳达峰年份。

资料来源：各个城市的城市低碳建设方案及政府官网。

从表4-5可知，由于资源禀赋和社会经济条件不同，不同城市设置了不同的城市低碳建设总体目标。城市低碳建设总体目标的设置必须考虑当地条件，如经济背景、技术水平、自然资源等多方面因素（Du等，2021）。我国城市碳达峰年份的范围在2015~2030年，大多在2025年之后。宁波的目标峰值年份最早，为2015年；乌鲁木齐、重庆、桂林等的目标峰值年份最晚，为2030年。宁波将碳达峰目标年份设置为2015年是因为其产业以进出口和先进制造业为主，碳减排压力较小。2018 年，宁波年度进出口货物吞吐量为 10.8 亿吨，连续 10 年位居世界第一（国家统计局，2019）；同年，宁波三大先进制造业（战略性新兴产业、高技术产业和装备制造业）增加值同比分别增长 12.0%、6.9% 和 9.3%，远高于全国平均水平。乌鲁木齐的目标峰值年份较晚是由于其产业以能源密集型为主，产生了大量的碳排放，碳减排压力较大。数据表明，2018 年，乌鲁木齐的六大能源密集型产业产值占工业总产值的 53.9%（国家统计局，2019），而这种以高能耗产业为主的产业结构未来将在乌鲁木齐继续存在，因此，乌鲁木齐将碳达峰年份设置为 2030 年。

三 城市低碳建设维度目标

城市低碳建设维度目标的实现是城市低碳建设的基本路径，是实现总体目标的重要保障。基于这一认识，本节将使用内容分析法识别城市低碳建设的维度目标，认清城市低碳建设维度，为构建城市低碳建设水平测度指标体系奠定基础。

（一）政策分析单元识别

根据内容分析方法，本节首先收集城市低碳建设相关的 132 份政策文本，基于以上 132 份政策文本识别出 1108 个政策分析单元，见附表 A4。附表 A4 中有一些政策分析单元的意思相近，但在不同城市中表达不同，可以对其进行规范化处理。如，"低碳+交通"发展战略、低碳交通、低碳交通出行工程、建设信息化智能交通、低碳交通行动和构建低碳交通体系，可以统一规范为"低碳交通体系"；又如，低碳示范行动、低碳试点示范、低碳试点示范工程和低碳试点示范建设，可以统一规范为"低碳示范工程"。按照这样的处理方式，最后得出城市低碳建设的 129 个初步维度目标，见表4-6。

表 4-6　我国城市低碳建设初步维度目标

政策分析单元	初步维度目标	编码
U_{18-2}；U_{57-4}；U_{69-11}；U_{71-2}	保障措施	D_1
U_{81-9}；U_{82-1}；U_{54-11}；U_{13-4}；U_{83-7}；U_{57-21}	编制低碳发展规划	D_2
U_{39-2}；U_{46-1}；U_{91-1}	产业低碳化发展	D_3
U_{107-3}；U_{108-3}	创建城市智慧交通体系	D_4
U_{81-3}；U_{72-1}；U_{16-1}；U_{75-5}；U_{63-10}	创新低碳发展机制	D_5
U_{83-5}；U_{29-2}	创新低碳技术	D_6
$U7_{8-3}$；U_{72-10}；U_{7-12}；U_{36-5}；U_{12-6}；U_{55-2}；U_{9-7}；U_{58-2}；U_{5-5}；U_{1-10}；U_{39-1}；U_{94-3}；U_{22-7}；U_{54-2}；U_{40-6}	创新体制机制	D_7
U_{85-1}；U_{87-2}	促进节能和提高能效	D_8
U_{127-2}；U_{120-10}；U_{73-4}	促进资源节约有效利用	D_9
U_{3-1}；U_{113-1}；U_{51-9}	打造低碳产业体系	D_{10}
U_{96-8}；U_{69-5}；U_{9-2}；U_{74-12}；U_{85-9}；U_{87-3}；U_{66-7}；U_{122-11}；U_{43-5}；U_{57-7}；U_{94-5}；U_{55-4}；U_{99-6}；U_{11-7}；U_{64-5}；U_{63-4}；U_{109-4}；U_{41-6}；U_{42-8}；U_{42-6}；U_{42-4}；U_{42-7}；U_{58-7}；U_{27-6}；U_{4-4}；U_{42-3}；U_{132-4}；U_{42-1}	建立低碳交通体系	D_{11}
U_{44-2}；U_{68-3}	打造低碳农业	D_{12}
U_{125-1}；U_{126-5}	地热能利用	D_{13}
U_{127-3}；U_{17-3}；U_{89-4}	低碳产业	D_{14}
U_{57-2}；U_{122-5}	低碳工业	D_{15}
U_{7-10}；U_{80-8}；U_{104-1}	低碳技术开发和推广	D_{16}
U_{66-3}；U_{131-4}；U_{39-6}；U_{34-1}；U_{119-6}；U_{7-11}；U_{66-3}；U_{131-4}；U_{39-6}；U_{34-1}；U_{7-11}	低碳技术应用	D_{17}
U_{14-1}；U_{44-3}	低碳经济	D_{18}
U_{11-4}；U_{60-5}；U_{93-3}；U_{102-3}；U_{117-7}；U_{123-5}	低碳科技创新	D_{19}
U_{39-4}；U_{43-1}；U_{45-7}	低碳能力建设	D_{20}
U_{28-3}；U_{43-4}；U_{74-4}；U_{122-12}；U_{117-2}；U_{15-2}；U_{56-6}；U_{102-5}；U_{74-4}	低碳能源体系	D_{21}
U_{74-13}；U_{132-5}	低碳农业	D_{22}
U_{10-1}；U_{27-4}；U_{102-6}；U_{14-3}；U_{69-10}；U_{5-7}；U_{91-3}；U_{8-1}；U_{18-4}；U_{76-9}；U_{64-7}；U_{85-11}；U_{87-12}；U_{96-3}；U_{132-8}；U_{83-8}；U_{89-2}	低碳生活	D_{23}
U_{107-10}；U_{108-10}；U_{12-7}；U_{57-16}；U_{47-7}；U_{39-8}；U_{20-1}；U_{83-4}；U_{53-4}；U_{66-8}；U_{57-17}；U_{11-6}；U_{4-6}；U_{85-13}；U_{1-5}；U_{54-10}；U_{128-7}；U_{57-15}；U_{87-8}；U_{96-5}	低碳示范工程	D_{24}
U_{7-8}；U_{122-14}；U_{119-3}；U_{74-2}；U_{66-10}	低碳消费体系	D_{25}

续表

政策分析单元	初步维度目标	编码
U_{57-3}；U_{20-6}；U_{50-4}；U_{28-8}；U_{45-2}	低碳宣传	D_{26}
U_{20-4}；U_{28-9}	低碳研究课题	D_{27}
U_{79-3}；U_{94-1}	低碳意识提升	D_{28}
U_{39-1}；U_{94-3}	低碳制度创新	D_{29}
U_{73-1}；U_{120-8}	调整产业和能源结构	D_{30}
U_{50-3}；U_{68-11}；U_{78-1}；U_{65-2}；U_{46-2}；U_{35-5}；U_{75-6}；U_{116-1}；U_{6-2}；U_{131-2}；U_{47-2}；U_{64-2}；U_{1-2}；U_{7-1}；U_{118-7}；U_{36-2}；U_{54-6}；U_{72-2}；U_{80-5}；U_{81-6}；U_{96-6}；U_{98-1}；U_{24-7}；U_{88-4}；U_{76-3}；U_{61-3}；U_{5-2}；U_{71-6}；U_{55-1}；U_{99-2}；U_{12-2}；U_{29-1}；U_{58-3}；U_{9-5}；U_{128-3}；U_{107-5}；U_{108-5}；U_{70-5}；U_{60-2}；U_{93-8}；U_{129-6}	调整能源结构	D_{31}
U_{73-10}；U_{120-5}；U_{26-8}；U_{38-10}；U_{48-10}；U_{86-6}；U_{92-8}；U_{100-8}；U_{101-8}；U_{103-8}；U_{111-8}；U_{118-6}；U_{130-8}	动员全社会参与节能减排	D_{32}
U_{73-10}；U_{120-5}；U_{26-8}；U_{38-10}；U_{48-10}；U_{86-6}；U_{92-8}；U_{100-8}；U_{101-8}；U_{103-8}；U_{111-8}；U_{118-6}；U_{130-8}	发展低碳产业	D_{33}
U_{41-5}；U_{3-2}	发展低碳能源	D_{34}
U_{85-6}；U_{87-4}；U_{57-1}；U_{55-5}；U_{99-8}	发展低碳农业	D_{35}
U_{85-3}；U_{87-13}；U_{6-6}；U_{98-2}	发展可再生能源	D_{36}
U_{12-4}；U_{58-4}	发展生态农业	D_{37}
U_{63-3}；U_{44-7}	发展新能源产业	D_{38}
U_{26-4}；U_{48-5}；U_{68-10}；U_{84-8}；U_{86-8}；U_{92-4}；$U_{97-1}1$；U_{100-11}；U_{101-11}；U_{103-11}；U_{104-3}；U_{111-11}；U_{114-5}；U_{118-9}；U_{130-10}	发展循环经济	D_{39}
U_{85-10}；U_{87-7}	废弃物资源化利用和低碳化处置	D_{40}
U_{7-4}；U_{69-3}	工业节能降碳	D_{41}
U_{105-4}；U_{68-7}；	公共机构节能	D_{42}
U_{83-11}；U_{1-6}；U_{54-5}；U_{81-1}；U_{83-9}；U_{107-2}；U_{108-2}；U_{54-4}；U_{51-4}；U_{109-10}；U_{127-4}；U_{27-10}；U_{57-12}	低碳发展支撑体系建设	D_{43}
U_{69-1}；U_{91-4}；U_{113-6}；U_{4-1}；U_{132-2}；U_{53-1}	构建低碳能源体系	D_{44}
U_{58-5}；U_{12-5}；U_{55-6}；U_{99-3}；U_{74-7}	构建低碳社会体系	D_{45}
U_{1-4}；U_{54-3}	培育低碳生活方式	D_{46}
U_{43-6}；U_{43-3}	构建低碳生活方式	D_{47}
U_{60-3}；U_{85-22}；U_{87-11}；U_{117-3}	广泛国际合作	D_{48}

续表

政策分析单元	初步维度目标	编码
U_{88-8}；U_{88-7}	规划编制	D_{49}
U_{112-3}；U_{113-5}	夯实低碳发展基础	D_{50}
U_{18-18}；U_{56-5}；U_{123-1}	基础能力建设	D_{51}
U_{40-2}；U_{77-1}	监测预警和监督检查	D_{52}
U_{21-5}；U_{24-6}	减排重点工程建设	D_{53}
U_{97-3}；U_{8-2}	构建低碳市场体系	D_{54}
U_{124-3}；U_{124-1}	构建碳排放总量控制制度	D_{55}
U_{57-14}；U_{13-10}；U_{87-10}；U_{85-19}；U_{131-3}；U_{59-5}；U_{54-9}；U_{72-5}；U_{85-20}；U_{132-10}；U_{16-7}；U_{72-3}；U_{63-7}；U_{51-6}；U_{1-8}；U_{54-1}；U_{81-4}；U_{83-14}；U_{75-3}；U_{75-4}；U_{80-4}；U_{85-21}；U_{76-1}；U_{4-8}；U_{128-6}；U_{119-3}；U_{28-6}；U_{57-10}；U_{57-13}；U_{119-5}；U_{51-9}；U_{54-12}	构建完善温室气体排放统计、核算和管理体系	D_{56}
U_{11-1}；U_{8-5}	建设低碳产业园	D_{57}
U_{22-5}；U_{72-14}	建设低碳社会	D_{58}
U_{40-1}；U_{77-6}	建设节能减排降碳工程	D_{59}
U_{93-7}；U_{4-7}；U_{59-1}；U_{15-3}；U_{132-9}；U_{62-4}；U_{85-17}；U_{123-4}；U_{85-18}；U_{60-4}；U_{119-2}；U_{117-4}；U_{87-9}；U_{2-4}	建设碳排放权交易市场	D_{60}
U_{83-12}；U_{78-2}；U_{105-2}；U_{58-1}	建筑节能	D_{61}
U_{83-1}；U_{68-1}；U_{21-3}；U_{24-12}；U_{105-3}	交通节能	D_{62}
U_{26-5}；U_{38-4}；U_{48-6}；U_{86-2}；U_{92-5}；U_{95-1}；U_{100-4}；U_{101-4}；U_{103-4}；U_{111-4}；U_{118-3}；U_{130-4}	节能减排工程	D_{63}
U_{92-7}；U_{101-5}；U_{70-4}；U_{70-1}	节能减排技术和服务体系建设	D_{64}
U_{73-9}；U_{120-6}	节能减排监督检查	D_{65}
U_{97-8}；U_{101-1}；U_{92-1}；U_{56-4}	节能减排宣传引导	D_{66}
U_{73-5}；U_{97-4}；U_{120-2}	节能减排重点工程	D_{67}
U_{41-2}；U_{12-3}；U_{58-6}；U_{5-3}	节能降耗	D_{68}
U_{36-3}；U_{72-7}	节能与提高能效	D_{69}
U_{33-1}；U_{34-9}；	京津冀节能减碳区域合作	D_{70}
U_{4-3}；U_{18-8}；U_{76-6}	控制城乡建设领域排放	D_{71}
U_{4-2}；U_{18-16}；U_{76-5}；U_{85-5}；U_{87-14}	控制工业碳排放	D_{72}
U_{18-9}；U_{76-7}；U_{7-5}	控制交通碳排放	D_{73}
U_{76-8}；U_{22-3}	控制农业、商业和废弃物处理领域排放	D_{74}

政策分析单元	初步维度目标	编码
U_{38-8}；U_{86-5}；U_{97-7}；U_{100-7}；U_{101-7}；U_{103-7}；U_{111-7}；U_{118-5}；$U1_{30-3}$；U_{40-3}；U_{77-3}；U_{21-9}；U_{24-10}；U_{119-4}	落实节能减排目标责任	D_{75}
U_{119-9}；U_{107-6}；U_{108-6}；U_{66-6}	绿色建筑建设	D_{76}
U_{79-4}；U_{109-7}	绿色消费	D_{77}
U_{27-2}；U_{25-2}；U_{45-3}；U_{83-10}；U_{121-3}；U_{94-2}；U_{51-1}；U_{83-3}	能源结构调整	D_{78}
U_{27-3}；U_{25-5}	排放目标管理	D_{79}
U_{107-8}；U_{108-8}	普及低碳生活方式	D_{80}
U_{53-6}；U_{84-6}；U_{2-3}；U_{15-1}；U_{37-5}；U_{60-7}；U_{102-1}；U_{113-2}；U_{117-8}；U_{123-3}	强化保障措施	D_{81}
U_{15-4}；U_{37-4}；U_{53-3}；U_{60-1}；U_{93-4}；U_{117-1}	强化基础能力支撑	D_{82}
U_{40-5}；U_{77-8}；U_{97-5}；U_{120-11}；U_{118-4}；U_{21-6}；U_{24-2}；U_{48-7}；U_{26-1}；U_{38-5}；U_{86-3}；U_{100-5}；U_{103-5}；U_{111-5}；U_{18-14}；U_{3-6}；U_{129-12}	强化技术支撑	D_{83}
U_{26-9}；U_{38-9}；U_{86-7}；U_{92-9}；U_{97-9}；U_{100-9}；U_{101-9}；U_{103-9}；U_{111-9}；U_{118-7}；U_{130-7}；U_{92-2}；U_{48-1}；U_{68-2}	强化节能减排监督检查	D_{84}
U_{42-5}；U_{73-8}；U_{120-4}；U_{26-2}	强化目标评比	D_{85}
U_{26-11}；U_{38-3}；U_{44-4}；U_{73-3}；U_{92-11}；U_{97-10}；U_{100-10}；U_{101-10}；U_{103-10}；U_{111-10}；U_{118-8}；U_{120-7}；U_{130-9}	强化主要污染物减排	D_{86}
U_{15-7}；U_{56-3}；U_{93-6}；U_{117-9}；U_{123-8}	区域低碳发展	D_{87}
U_{125-4}；U_{126-4}	全面应用示范	D_{88}
U_{21-10}；U_{24-9}	全员参与	D_{89}
U_{61-7}；U_{71-4}	生态保护与建设	D_{90}
U_{5-9}；U_{18-1}；U_{131-1}；U_{19-6}	试点示范	D_{91}
U_{66-4}；U_{27-8}；U_{83-6}；U_{10-5}；U_{78-4}；U_{64-6}；U_{43-7}；U_{90-4}；U_{83-13}；U_{122-9}；U_{39-9}	提高碳汇能力	D_{92}
U_{27-9}；U_{25-3}	提高垃圾资源化利用	D_{93}
U_{72-8}；U_{1-3}；U_{35-1}；U_{81-7}；U_{54-8}；U_{47-3}	提高能源利用效率	D_{94}
U_{45-6}；U_{46-4}；U_{47-4}	提高生态碳汇水平	D_{95}
U_{21-2}；U_{24-11}	提升工业能效	D_{96}
U_{107-7}；U_{108-7}	提升林业碳汇能力	D_{97}
U_{25-7}；U_{116-4}；U_{7-9}；U_{109-6}；U_{22-2}；U_{33-7}；U_{73-2}；U_{120-9}	提升生态系统碳汇能力	D_{98}
U_{125-3}；U_{126-3}	天然气利用	D_{99}
U_{1-1}；U_{72-17}；U_{81-2}；U_{127-5}；U_{128-2}；U_{131-8}	推动产业低碳化发展	D_{100}

续表

政策分析单元	初步维度目标	编码
U_{127-6}；U_{15-6}；U_{56-2}；U_{60-8}；U_{93-5}；U_{113-3}；U_{117-6}；U_{128-5}；U_{123-7}；U_{61-6}；U_{89-1}	推动城镇化低碳发展	D_{101}
U_{122-6}；U_{16-4}；U_{75-9}；U_{69-4}	推动服务业发展	D_{102}
U_{131-5}；U_{57-20}	推动建筑节能减排	D_{103}
U_{37-1}；U_{2-2}；U_{6-10}；U_{115-1}；U_{23-3}	推动能源低碳化	D_{104}
U_{85-8}；U_{87-1}；U_{88-5}；U_{41-7}；U_{96-9}；U_{74-9}；U_{43-8}；U_{27-5}；U_{94-6}；U_{7-6}；U_{109-5}	推广低碳建筑	D_{105}
U_{63-5}；U_{24-5}	推行绿色建筑	D_{106}
U_{63-8}；U_{19-4}；U_{5-6}	挖掘碳汇潜力	D_{107}
U_{26-7}；U_{38-7}；U_{48-9}；U_{100-3}；U_{111-3}；U_{118-2}；U_{130-1}	完善节能减排市场化机制	D_{108}
U_{26-3}；U_{38-6}；U_{48-8}；U_{100-1}；U_{103-1}；U_{118-1}；U_{130-5}；U_{111-1}	完善节能减排支持政策	D_{109}
U_{126-1}；U_{125-5}	完善能源基础设施	D_{110}
U_{36-6}；U_{8-3}；U_{20-2}；U_{120-1}；U_{84-2}；U_{73-6}；U_{21-8}；U_{24-8}	完善政策体系	D_{111}
U_{129-5}；U_{17-1}；U_{65-3}；U_{29-3}；U_{25-6}	宣传低碳理念	D_{112}
U_{125-2}；U_{126-6}	因地制宜发展生物质能	D_{113}
U_{71-1}；U_{39-7}	引导低碳消费	D_{114}
U_{120-3}；U_{24-4}；U_{21-7}	应对气候变化	D_{115}
U_{26-6}；U_{114-1}；U_{38-1}；U_{84-1}；U_{86-1}；U_{97-2}；U_{101-2}；U_{103-2}；U_{111-2}；U_{130-2}	优化产业和能源结构	D_{116}
U_{71-3}；U_{11-5}	优化城市功能布局	D_{117}
U_{39-11}；U_{109-1}；U_{61-1}；U_{5-8}；U_{128-1}；U_{43-9}；U_{7-3}	优化低碳发展空间布局	D_{118}
U_{85-2}；U_{87-6}；U_{8-9}；U_{23-10}	优化利用化石能源	D_{119}
U_{25-1}；U_{29-4}	优化完善配套机制	D_{120}
U_{33-4}；U_{34-4}；U_{34-7}	有效提升气候变化 应对能力	D_{121}
U_{94-7}；U_{1-7}；U_{81-8}；U_{67-3}；U_{51-8}；U_{18-15}；U_{3-4}；U_{132-6}；U_{85-7}；U_{3-4}；U_{87-5}；U_{41-3}；U_{41-1}；U_{69-8}；U_{72-12}；U_{96-4}；U_{51-2}；U_{34-6}	增加碳汇	D_{122}
U_{129-2}；U_{77-4}	政策扶持	D_{123}
U_{90-6}；U_{112-2}；U_{16-2}；U_{75-7}；U_{26-10}；U_{38-2}；U_{48-3}；U_{86-4}；U_{97-6}；U_{100-6}；U_{101-6}；U_{103-6}；U_{110-1}；U_{111-6}；U_{118-10}；U_{130-6}；U_{104-2}；U_{70-6}；U_{84-5}；U_{92-10}；U_{121-5}；U_{116-3}；U_{62-2}；U_{40-4}；U_{77-7}；U_{31-2}	推动低碳示范试点建设	D_{124}
U_{33-2}；U_{34-10}	抓好规划保障	D_{125}
U_{55-7}；U_{99-10}；U_{39-5}；U_{109-3}；U_{19-1}；U_{88-6}	转变经济发展方式	D_{126}

续表

政策分析单元	初步维度目标	编码
U_{72-13}；U_{18-10}	资金保障	D_{127}
U_{83-15}；U_{3-3}；U_{44-4}；U_{107-9}；U_{108-9}；U_{66-5}	资源节约和综合利用	D_{128}
U_{8-11}；U_{42-9}	组织领导	D_{129}

（二）维度目标的识别结果

尽管表 4-6 识别出的城市低碳建设初步维度目标清单能够较为全面地反映城市低碳建设的目标和内容，但初步识别的维度目标数量过多，在实际应用中的可操作性较低，不便于有效管理。此外，129 个初步维度目标在内涵上会存在包含关系，例如，发展可再生能源（D_{36}）、低碳能源体系（D_{21}）、能源结构调整（D_{78}）、因地制宜发展生物质能（D_{113}）等，从不同方面反映了"调整能源结构"这一目标。本节将内涵存在包含关系的维度进行了整合，最后形成了城市低碳建设的五大维度目标：优化产业结构（D_1）、调整能源结构（D_2）、提高能源效率（D_3）、提高碳汇水平（D_4）和完善管理机制（D_5）。

（三）城市低碳建设维度目标的有效性验证

现有研究表明了五大维度目标在城市低碳建设中的重要性，从侧面反映了本节识别结果的科学性和合理性。

1. 优化产业结构（D_1）

低碳城市的核心还是发展经济，构建低碳化的产业体系是城市低碳建设的核心维度目标。朱勤等（2009）通过对碳排放量贡献率的因素分析表明，第二产业产值对碳排放量呈显著正效应，发展低碳产业是实现我国低碳发展的主要路径。因此，优化产业结构是我国城市低碳建设的重要维度目标，通过大力发展战略性新兴产业、优化升级传统产业、优先发展现代服务业等措施，可以优化我国城市的产业结构，从而实现城市低碳建设的总体目标。

2. 调整能源结构（D_2）

能源结构反映城市能源消耗中煤炭、天然气、石油等所占比例，其中清洁能源或可再生能源所占比例越高，对城市的低碳建设越有利，而煤炭等化石能源所占比例越高，对城市的低碳建设越不利（吴雅，2019）。Shen 等（2018b）指出，能源结构是影响碳排放的重要因素之一，能源结构优化是整体减排的重要维度。可见，调整能源结构是城市低碳建设的重要维度目标之一。

3. 提高能源效率（D_3）

能源效率反映的是能源所蕴含的能量被有效利用的程度，能源效率越高，说明城市低碳建设的水平越高（Wu 等，2019a；Wang 和 Zhao，2015）。提高工业、建筑、交通和居民生活等各个领域的能源效率是城市低碳建设的重要维度目标之一。

4. 提高碳汇水平（D_4）

提高碳汇水平是实现低碳经济和建设低碳城市的重要途径（吴雅，2019）。碳汇能力反映了自然吸收并存储二氧化碳的能力，充分利用森林、草地、耕地和海洋的固碳增汇作用是成本低和见效快的碳减排措施（袁晓玲和仲云云，2010）。Lin 等（2014）研究表明，增加碳汇是降低碳排放、实现城市低碳建设总体目标的一个非常重要的维度。随着技术的发展，提高碳汇水平已经不局限于自然系统的碳汇增加，更加重视各种固碳技术的研发。

5. 完善管理机制（D_5）

除了上述影响碳源和碳汇的维度外，以往的许多研究也揭示了完善管理机制的重要性。中国环境文化促进会指出中国居民在环境保护问题上表现出较强的政府依赖性（娄营利，2019）。Shen 等（2014）指出在研究中国环境表现时管理机制是不可或缺的组成部分。从各个城市的工作方案内容分析可知，低碳城市管理机制包括制定低碳发展规划、建立碳交易机制、开展碳排放统计核算等。可见，完善管理机制是城市低碳建设的重要驱动力。

四　城市低碳建设内涵总结

基于城市低碳建设的总体目标和维度目标的识别结果，本书将我国的城市低碳建设界定为以在控制城市碳排放的同时保持经济增长为总体目标，以优化产业结构、调整能源结构、提高能源效率、提高碳汇水平和完善管理机制为维度目标的城市建设活动。由城市低碳建设的内涵可知，发展是城市建设的核心要义，要依靠技术手段实现高质量发展，在不增加碳排放的前提下谋求最大限度的发展。优化产业结构、调整能源结构、提高能源效率三大维度目标旨在减少城市低碳建设系统的能源消耗和降低温室气体排放；提高碳汇水平反映的是城市低碳建设系统吸收温室气体的能力，对城市系统产生的碳排放产生抵消作用；完善管理机制则是实施各种措施为实现其他四个维度目标提供根本保障。在推动实现"碳达峰"和"碳中和"的时代背景下，城市低碳建设中提高碳汇水平这一维度目标的要求更加突出，在做好碳减排工作的基础上依托自然系统、技术手段和碳交易制度等提高碳汇水平，以助力"碳达峰"和"碳中和"目标的实现。

第三节　我国城市低碳建设历程分析

为了展示我国在城市低碳建设过程中付出的努力，本节将分析我国城市低碳建设历程，通过总结我国城市低碳建设的标志性事件，梳理我国在城市低碳建设中的典型实践，全面反映我国城市低碳建设情况。

一　我国城市低碳建设的标志性事件

1998 年，我国政府签订了《京都议定书》，这是我国城市低碳建设的开端；2007 年，我国颁布了首部应对气候变化的政策文件《中国应对气候变化国家方案》。2008 年 1 月，世界自然基金会启动了"中国低碳城市发展项目"，并将上海和保定选为首批试点城市（薛冰等，2012）。随后，我国越来越多的城市开始了低碳建设，本节梳理了我国城市低碳建设的标志性事件，见图 4-2。

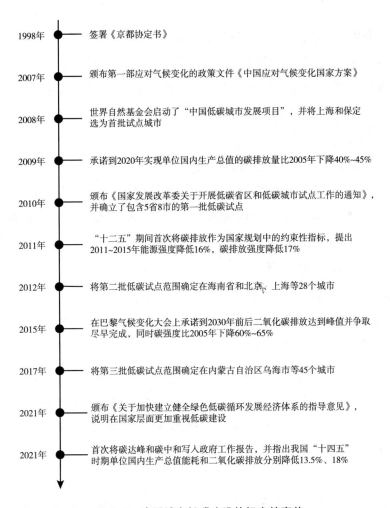

图 4-2 我国城市低碳建设的标志性事件

资料来源：笔者根据相关材料整理。

由图 4-2 可知，城市低碳建设在我国经历了从"以点带面"到全面发展的过程。低碳试点城市的数量越来越多，城市低碳建设从鼓励试点到将碳达峰和碳中和写入政府工作报告，以上均表明了我国城市低碳建设的重要性。

二 我国城市低碳建设的典型实践

低碳城市试点项目旨在发展低碳产业和倡导低碳生活方式，以促进我国温室气体排放控制目标的实现（Cheng 等，2019），试点城市的低碳建设被认为是我国具有代表性的实践（吴雅，2019）。因此，本部分将从低碳试点城市的总体分布和典型实践出发，展示我国城市低碳建设情况。

（一）我国低碳试点城市的总体分布

2007 年，我国的温室气体排放量超过了美国（Lewis 等，2010，Mi 等，2015），我国政府采取了一系列积极措施控制碳排放，建立了国家级气候管理体系和工作机制。然而，由于我国幅员辽阔，各地区资源禀赋不同，因此在工作基础和低碳发展水平上存在显著差异，人均 GDP 等重要指标差距不断扩大（Khanna 等，2014；宋祺佼等，2015）。例如，我国南方城市冬季煤炭采暖需求较低，而北方城市冬季需要煤炭采暖，这使得南北方城市在低碳建设中的能源减排压力不同（Zhou 等，2019）。可见，我国城市低碳建设的路径和模式需要因地制宜，中央政府很难管理地方政府的所有低碳活动。因此，我国中央政府允许地方政府探索差异化的减排措施，鼓励地方政府因地制宜地进行城市低碳建设（Zhao 等，2015）。

基于此，国家发展改革委员会先后实施了 3 批低碳试点项目，包括 2010 年的 8 个城市、2012 年的 28 个城市和 2017 年的 45 个城市（Song 等，2020）共 81 个城市入选了我国的低碳试点项目，具体城市名单见表4-7。现有研究指出，低碳试点城市的碳排放量大幅下降（Cheng 等，2019），如低碳试点城市杭州、厦门、深圳由于实施低碳交通和建设项目，每年减少碳排放量均超过 20 万吨；2010~2011 年，我国低碳试点城市单位国内生产总值二氧化碳排放量下降幅度大大高于非试点城市。可见，低碳试点项目的实施对我国整体的碳排放工作做出了一定的贡献。

表 4-7 我国低碳试点城市

第一批	天津市、重庆市、深圳市、厦门市、杭州市、南昌市、贵阳市、保定市
第二批	北京市、上海市、石家庄市、秦皇岛市、晋城市、呼伦贝尔市、吉林市、大兴安岭地区、苏州市、淮安市、镇江市、宁波市、温州市、池州市、南平市、景德镇市、赣州市、青岛市、济源市、武汉市、广州市、桂林市、广元市、遵义市、昆明市、延安市、金昌市、乌鲁木齐市
第三批	乌海、沈阳市、大连市、朝阳市、逊克县、南京市、常州市、嘉兴市、金华市、衢州市、合肥市、淮北市、黄山市、六安市、宣城市、三明市、共青城市、吉安市、抚州市、济南市、烟台市、潍坊市、长阳土家自治县、长沙市、株洲市、湘潭市、郴州市、中山市、柳州市、三亚市、琼中黎族苗族自治县、成都市、玉溪市、普洱市思茅区、拉萨市、安康市、兰州市、敦煌市、西宁市、银川市、吴忠市、昌吉市、伊宁市、和田市、第一师阿拉尔市

（二）我国低碳试点城市的典型实践

由上文的分析可知，低碳试点城市是我国低碳建设的先锋队和"领头羊"，在低碳建设的各个环节起到了示范作用，并开展了一系列低碳实践。因此，本部分收集我国低碳城市工作方案，总结低碳试点城市在低碳建设中的典型实践，以展示我国在城市低碳建设中付出的努力。部分低碳试点城市的典型实践见表4-8。

表 4-8　部分低碳试点城市的典型实践总结

城市	典型实践
天津	积极推动产业低碳化发展、优化产业结构、提高能源效率、培育生活方式,建立以低碳为特征的消费体系。促进低碳支撑能力建设,建立碳排放的统计、核算和检查机制。建立市场运作机制,制定符合地方实际情况的碳排放权交易试点工作实施方案,并建立自愿碳减排交易体系
深圳	出台《关于推进生态文明、建设美丽深圳的决定》和《关于推进生态文明、建设美丽深圳的实施方案》,成为内地首个 C40(城市气候领导联盟)成员城市。2014 年,正式实施《深圳市碳排放权交易管理暂行办法》,碳交易市场率先向境外投资者开放,成功发行国内首个碳债券。积极推广新能源汽车,建成充电桩。加快推进装配式建筑,绿色建筑总面积达 5320 万平方米,位居全国前列
杭州	淘汰落后产能,推进节能减排减碳,发展低碳经济,倡导低碳生活,打造低碳城市。积极开展低碳文化宣传,建成中国杭州低碳科技馆,开展"全国低碳日"主题宣传活动,打造基于互联网及创新金融投资服务的低碳产业平台资源集成商"碳银网"等。将"五水共治"行动纳入年度目标综合考评范围,定期组织开展专项督查,严格奖惩考核。将公共自行车项目纳入杭州市重点民生项目之一
保定	建立全国唯一的国家新能源与能源设备产业基地,重点发展壮大光电、风电、输变电、储电、节电、电力自动化等相关企业。推行集中供暖、"煤改气"和"煤改电"措施。积极推动公共交通建设;市区实现红绿灯智能化;公交车实现纯电动运行;出租车全面推行"油改气"。构建完善的城市低碳建设组织机构,建立市长任组长的低碳工作小组,统筹协调低碳建设工作。促进产学研合作,邀请清华大学专家编制《保定市低碳城市规划》
上海	市科委设立节能减排专项,启动资源循环利用等领域的 200 多个重大科技攻关项目。市发展改革委员会指导和规范了相关企业、部门和专业机构统一、科学地开展相关碳排放监测、报告、核查和管理工作。关停一大批高能耗、高污染、高危险、低效益的"三高一低"企业
石家庄	从煤炭生产、销售和使用阶段进行严格把控,提高煤炭的利用效率。不断完善基础设施,为能源结构调整提供载体;鼓励发展天然气分布式能源,有序发展天然气调峰供热;开发利用太阳能、生物质能等新能源。通过贷款贴息、奖励或补助等形式,对节能环保产业化项目、节能降碳技改项目等有关低碳发展的项目提供大力支持
北京	大力发展具有低碳特征的产业,建立了限制高碳产业的市场准入体制机制,建立产业分工引导机制,建设高新技术产业园区、现代服务业聚集区、文化产业集群。大力发展节能和提高能效技术,加大低碳产业关键技术投入与研发力度,鼓励企业创建低碳经济技术重点实验室、研发中心,重点开展低碳经济技术攻关。引导城乡居民转变消费观念,优化消费过程,积极创建低碳型消费模式

续表

城市	典型实践
镇江	建设镇江官塘低碳新城。全面实施优化空间布局、发展低碳产业、构建低碳生产模式、开展碳汇建设等九大行动。在全国首创城市碳排放核算与管理平台,并把低碳发展目标纳入任务考核评估体制
广州	实施了交通行业创模和公交出租行业推广使用清洁能源(LPG)两项系统工程。加快天然气的使用推广;推广使用半导体照明路灯,建设半导体照明示范工程;大力发展核电装备、智能电网、新能源汽车、节能环保技术等。积极探索资源回收与环卫收运系统"两网融合"发展模式,建立"互联网+垃圾分类+资源回收"App移动平台。较早推出"碳普惠"App
乌海	建立碳管理制度,探索重点单位温室气体排放直报制度,建立低碳科技创新机制,推进现代低碳农业发展机制,建立低碳与生态文明建设考评机制
大连	制定推广低碳产品认证评价技术标准,建立"碳标识"制度,建立绿色低碳供应链制度
南京	建立碳排放总量和强度"双控"制度、碳排放权有偿使用制度,构建低碳综合管理体系
衢州	建立碳生产力评价考核机制,探索区域碳评价和项目碳排放准入机制,建立光伏扶贫创新模式与机制
淮北	建立新增项目碳核准准入机制、评估机制和目标考核机制、节能减碳监督管理机制,探索碳金融制度创新,推进低碳关键技术创新
烟台	探索碳排放总量控制制度、固定资产投资项目碳排放评价制度,制定低碳技术推广目录
柳州	建立跨部门协同的碳数据管理制度、碳排放总量控制制度,以及温室气体清单编制常态化工作机制

资料来源:笔者根据低碳试点城市实地调研得到的一手数据、各个城市和国家发改委官网相关材料整理得出。

　　由表4-8可知,我国城市积极探索低碳建设,在低碳建设中各显其能,不同城市形成了各具特色的低碳建设实践,特别是南北方城市对低碳建设的关注点存在差异。我国北方地区城市特别重视控制煤炭消费,如保定采取"煤改气""煤改电"等措施降低城市碳排放;而我国南方地区城市积极探索各种机制和技术创新,如广州率先推出"碳普惠"App等。

第四节　本章小结

城市低碳建设是实现碳排放的重要途径，对城市低碳建设的内涵及历程分析有助于认清城市低碳建设现状。本章首先采取文献研究法和内容分析法，基于收集的 132 份政策文本，识别了我国低碳城市建设的总体目标和维度目标，从而得出我国城市低碳建设的内涵。随后，本章基于文献研究法梳理了我国城市低碳建设历程，总结了我国城市低碳建设的标志性事件和典型实践，以低碳试点城市为例反映了我国的城市低碳建设情况。

基于城市低碳建设总体目标的识别结果可知，城市低碳建设总体目标的设置必须考虑当地条件，如经济背景、技术水平、自然资源等多方面（Du 等，2021）。基于城市低碳建设维度目标的识别结果可知，优化产业结构（D_1）、调整能源结构（D_2）、提高能源效率（D_3）、提高碳汇水平（D_4）和完善管理机制（D_5）是我国城市低碳建设的五大维度目标。城市低碳建设以在控制城市碳排放量的同时保持经济增长为总体目标。基于对国外城市低碳建设历程梳理可知，全球范围内城市低碳建设越来越受到重视；我国的城市低碳建设经历了从"以点带面"到全面发展的过程。基于我国城市低碳建设历程可知我国在城市低碳建设中付出的诸多努力；而从低碳城市典型实践的总结可知，我国城市在低碳建设中开展了因地制宜的低碳建设实践，不同城市采取了各具特色的措施，特别是南北方城市对低碳建设的关注点存在差异。

第五章　我国城市低碳建设状态水平
时空演化规律研究

基于第四章可知我国城市开展了大量的低碳城市建设活动，亟须测度低碳城市建设效果。为认清我国低碳城市建设状态水平，本章紧扣低碳城市建设过程，回答"我国低碳城市建设状态水平怎么样"这一问题，从而分析我国低碳城市建设现状。本章将构建我国低碳城市建设状态水平测度指标体系和测度模型，以我国35个重点城市为样本，分析我国低碳城市建设状态水平的时空演化规律，认清我国低碳城市建设存在的问题，为提升我国低碳城市建设状态水平提供依据。

第一节　我国低碳城市建设状态水平测度方法

本书将基于目标管理理论构建低碳城市建设状态水平测度指标体系；基于熵权法和Topsis法构建低碳城市建设状态水平测度模型；基于四分位法和Boston矩阵法分析我国低碳城市建设状态水平时空演化规律。

一　低碳城市建设状态水平测度内容界定

根据第四章的低碳城市建设内涵识别结果可知，优化产业结构、调整能源结构、提高能源效率、提高碳汇水平和完善管理机制是我国低碳城市建设的5个维度目标。因此，本书紧扣低碳城市建设内涵，从以上五大低碳城市建设维度目标出发构建测度指标体系，切实反映我国低碳城市建设状态水平。

二 低碳城市建设状态水平测度指标体系构建

（一）基于目标管理理论的测度指标体系构建

本书基于目标管理理论（MBO 理论）构建了低碳城市建设状态水平测度指标体系，选择与低碳城市建设目标紧密结合的指标，切实反映低碳城市建设的本质要求。MBO 理论最早由 Drucker 在 1954 年提出，其关键是通过控制目标来完成计划任务。运用 MBO 理论的基本原理包括三个步骤，即目标识别、任务分解和任务量化。现有研究认为目标管理是一种有效、系统、以结果为导向的方法（Zhang 等，2017）。MBO 理论的三个主要优点如下：第一，MBO 理论可以克服传统管理只关注行为而较少关注目标和计划的缺点。第二，MBO 理论更加系统化，构建具有总体目标和维度目标的层次结构，通过实现维度目标可以进一步促进总体目标实现。第三，MBO 理论强调客观结果的重要性，识别目标与现实之间的偏差，通过使用可量化的标准及时进行修正，换句话说，管理者可以采取行动来修正偏差，进一步确定目标的效果。由于具有以上优点，MBO 理论的应用已经从对企业员工工作的战略规划和管理控制，扩展到各种评价指标体系的构建（Erdogan 等，2001）。例如，Zhou 等（2015b）认为传统的指标设置方法往往导致指标与评价目标不相关，运用 MBO 理论建立城镇化建设绩效测度指标框架，并提出基于 MBO 理论构建的测度指标体系更具前瞻性、更符合城镇化的本质要求。

由于 MBO 理论具有构建测度指标体系的优势，本书基于 MBO 理论构建低碳城市建设状态水平测度指标体系。基于 MBO 理论的低碳城市建设状态水平测度指标体系的构建有以下三个步骤：第一，确定低碳城市建设的总体目标；第二，将低碳城市建设总体目标分解为维度目标；第三，选择测度指标来衡量低碳城市建设维度目标的表现，构建流程如图 5-1 所示。

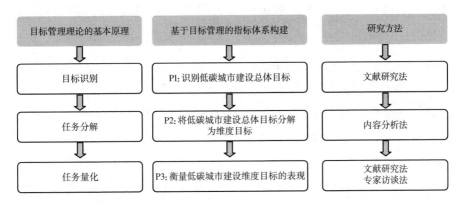

图 5-1 基于 MBO 理论的低碳城市状态水平测度指标体系构建流程

由于在第四章低碳城市建设内涵识别完成了图 5-1 中的第一步和第二步，即采取文献研究法识别了低碳城市建设的总体目标，采取内容分析法将总体目标分解为维度目标，因此，本章将完成图 5-1 中的第三步，采用文献研究法和专家访谈法为各个维度目标表现找出合适的测度指标。

（二）候选指标库构建

为构建测度指标体系，首先需要构建候选指标库。本章从理论文献和政策文本两种渠道收集材料，对其进行文献研究，从而构建低碳城市建设状态水平测度的候选指标库。

1. 基于理论文献的候选指标收集

首先是对相关文献进行检索。根据文献综述中对我国低碳建设水平测度的研究现状梳理，本章在 CNKI 中以"低碳城市建设"、"低碳城市评价"、"低碳评价"和"低碳发展水平"为关键词，在 Web of Science 中以"low carbon city evaluation"和"low carbon city"等为关键词，进行文献检索。为保证收集的文献的质量，在 CNKI

检索时文章类别设定为中文核心、CSCD 和 CSSCI 三种类型；在 Web of Science 检索时将文章类别设定为核心数据库。通过对所获取的文献进行仔细阅读，本章筛选出构建了低碳城市建设状态水平测度指标体系的文献。最终，本章得到中文文献 16 篇、英文文献 14 篇，并将其低碳城市建设状态水平评价维度和指标进行收集和整理，由于篇幅有限本章仅分别在表 5-1（a）和表 5-1（b）中展示了部分中文文献和英文文献的评价维度，完整的评价维度和指标见附表 A5（a）和附表 A5（b）。

表 5-1（a）   部分构建低碳城市建设状态水平测度指标体系的中文文献及其评价维度

参考文献	评价维度
程纪华和冯峰	经济发展、社会发展、生态环境、低碳发展
丁丁等(2015)	碳排放相关指标、社会经济指标、排放目标
付允等(2010)	经济、社会、环境
关海玲和孙玉军(2014)	低碳生产、低碳消费、低碳环境、低碳城市规划
李平(2011)	经济发展、能源消耗、生态环境、科技水平、CO_2 排放量
连玉明和王波(2012)	经济发展、社会进步、资源承载、环境保护、生活质量
刘竹等(2011)	经济发展、碳排放、工业污染物排放、社会资源消耗
仇保兴(2011)	低碳生产力、低碳消费、低碳资源、低碳政策
宋伟轩(2012)	社会经济、生产生活碳排放与碳捕集
王锋等(2016)	低碳产出、低碳水平、低碳社会、低碳政策
吴健生等(2016)	低碳开发、低碳经济、低碳环境、城市规模、能源消耗
辛玲(2011)	经济高效集约化水平、产业结构合理度、交通低碳化水平、公共建筑节能、生活方式低碳化指标、低碳技术发展指标、低碳政策完善度指标、生态环境优良指标
杨艳芳(2012)	低碳生产、低碳消费、低碳环境、低碳城市规划、人口和社会卫生
朱婧等(2012)	驱动力、压力、状态、影响、响应
朱守先和梁本凡(2012)	经济转型、社会转型、设施低碳、资源低碳、环境低碳
庄贵阳等(2014)	低碳产出、低碳消费、低碳资源、低碳政策

资料来源：笔者根据文献整理得出；按照文献作者姓名拼音首字母排列文献。

表 5-1（b）　部分构建低碳城市建设状态水平测度指标体系的英文文献及其评价维度

参考文献	评价维度
Dhakal（2009）	能源、二氧化碳估算，北京、上海、天津、重庆（样本城市）基本指标
Du 等	社会、经济、能源、环境
Hu 等	经济增长、能源利用率、城市建设、政府支持、居民消费
Li	有效利用资源、友好的环境、可持续的经济、和谐的社会
Li 等（2018）	国家对城市试点的要求和配套政策、当地进展
Price 等（2013）	宏观指标/最终用途部门指标
Qu 等	驱动力、压力、状态、影响、回应
Shi 等	碳排放、低碳产品、低碳消费、低碳政策、社会和经济发展
Song 等	经济、人口、住宅、商务、行业、运输、电
Su 等（2013）	经济发展和社会进步、能源结构和利用效率、生活消费、发展环境
Tan 等（2017）	经济、能源、土地使用、碳和环境、交通、废物处理、水
Wang 等	低碳经济、低碳社会、低碳规划、能源使用率、低碳环境
Zhou 等（2015a）	驱动力、压力、状态、影响、响应
Zhou 等（2015b）	能源和气候，水质，可用性和处理，空气质量，废物处理，交通，经济健康，土地用途和城市形态，人口和社会卫生

资料来源：笔者根据文献整理得出；按照文献作者姓名首字母排列文献。

2. 基于政策文本的候选指标收集

一些城市在其低碳城市建设工作方案中构建了测度指标体系，本章根据第四章收集的 132 份政策文本，整理出其中的低碳城市建设状态水平测度指标体系。本章将这些政策文本中的评价也纳入候选指标库，并对其低碳城市评价维度和指标进行收集和整理，由于篇幅有限本章仅在表 5-2 展示部分政策文本中的评价维度，详细指标见附表 A5（c）。

表 5-2　部分政策文本中的低碳城市建设状态水平测度文献及评价维度

政策文本	评价维度
深圳（P_5）	低碳产出、低碳资源、低碳环境、灾害管理
南昌（P_{12}）	总体目标、产业结构调整目标、能源结构调整目标、其他
镇江（P_{43}）	碳排放下降、非化石能源占比、节能降耗、主要污染物减排、新兴产业发展水平、服务业发展水平、农业现代化发展水平、公共交通服务水平、绿化水平、空气质量、水环境质量、成品住房率

续表

政策文本	评价维度
景德镇（P_{55}）	总体目标、节能减排目标、产业结构调整目标、能源结构调整目标
青岛（P_{61}）	综合、调整产业结构、节约能源与提高能效、发展非化石能源、发展低碳交通、增加森林碳汇
武汉（P_{64}）	经济持续发展、产业结构优化、能源结构优化、碳排放有效控制、资源节约高效、城市环境协调、建筑绿色节能、交通出行低碳、公共机构示范
嘉兴（P_{89}）	控制、产业优化、能效提升、能源结构、低碳生活、碳汇能力
潍坊（P_{105}）	工业领域、建筑领域、交通领域、公共机构领域、农业领域

资料来源：笔者根据政策文本整理得出。

通过对理论文献和政策文本中的指标进行整理和汇总，删除重复指标，本书形成了一个包含 586 个指标的初步指标库，但是初步指标库中的指标存在以下三方面问题：首先，一些候选指标不能反映低碳城市建设的本质要求，不能反映低碳城市建设维度目标的要求，如 PM2.5 浓度、恩格尔系数、噪声声级符合范围、社会保障覆盖率等指标均与低碳城市建设内涵无关。为了让构建的测度指标体系更符合低碳城市建设的本质要求，指标的选取也需要考虑其与低碳城市建设本质要求的相关性，特别是与第四章识别出的总体目标和维度目标的相关性。因此，需要对候选指标进行筛选，仅将与五大维度目标表现高度相关的指标选入候选指标库。其次，一些候选指标内容完全相同，但是表达有细微差别，如第三产业 GDP 比重、第三产业比例、第三产业增加值占 GDP 的比重、第三产业占 GDP 的比重；再如人均碳排放、人均碳排放量和人均碳排放水平。此外，一些候选指标之间存在一定的包含关系，如研发经费占 GDP 的百分比和研发投入占 GDP 比重；再如战略性新兴产业产值占规模上工业产值比重和战略性新兴产业增加值占 GDP 比重。可见，需要对初步收集的候选指标进行整理才能构建出科学合理的测度指标体系。

3. 基于头脑风暴法的候选指标库构建

为了使评价指标能够完整地反映低碳城市建设的内涵，并确保指标的独立性和完整性，本书将基于头脑风暴法对初步候选指标库进行修正与增补，并将其归类至五大维度目标。头脑风暴法是一种群体决策方法，其核心是通过群体性讨论充分发挥参与人的创造力，形成一系列创新性的想法，通过对这些想法进行总结、整理和归纳，最终形成一套可行的解决方案。头脑风暴法的实施步骤如图 5-2 所示。

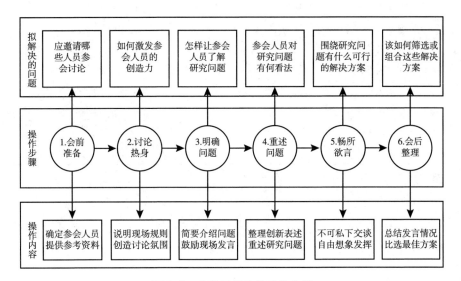

图 5-2　头脑风暴法的实施步骤

资料来源：笔者根据相关资料整理绘制。

参与运用头脑风暴法进行讨论的人员应具有一定的背景知识且每次不超过 10 人，以此保证参与人员在讨论时既能够进行有效沟通，相互启发，形成更富创造力的思想观点，同时又能够维持会场秩序，确保讨论的效率。研究期内，笔者多次邀请从事低碳城市相关研究并发表了高水平期刊论文的学者进行头脑风暴，针对"应该采用哪些指标评价低碳城市建设"这一话题发表自己的意见。具体讨论内容包括：初步候选指标库的这个指标是否保留或合并？初步指标是否可以反映维度目标？是否有新增的指标可以反映低碳城市建设状态水平？参与头脑风暴讨论的学者信息如表 5-3 所示。

表 5-3　参与头脑风暴讨论的学者信息

学者	单位	研究方向
1	重庆大学可持续建设国际研究中心	低碳城市评价、低碳政策
2	重庆大学可持续建设国际研究中心	低碳城市评价
3	重庆大学可持续建设国际研究中心	低碳城市评价
4	重庆大学可持续建设国际研究中心	低碳城市评价
5	香港理工大学	低碳城市建设路径设计
6	香港大学	城市碳排放
7	西南大学	低碳城市建设与碳排放
8	特罗拉多州立大学	低碳城市评价
9	墨尔本大学	城市碳排放
10	哈尔滨工业大学	低碳城市评价

资料来源：笔者根据参与学者信息整理得出。

经过学者多轮的头脑风暴，本章最终形成包含 76 个指标的候选指标库（见表 5-4）。

表 5-4　低碳城市建设状态水平测度候选指标库

维度	候选指标
优化产业结构（D_1）	第二产业占 GDP 的比重；服务业增加值占 GDP 的比重；高新技术产业增加值占 GDP 的比重；工业增加值占 GDP 的比重；第三产业占 GDP 的比重；人均 GDP
调整能源结构（D_2）	煤炭占能源消费总量的比重；非化石能源比例；化石能源在能源消费中的占比；火电发电量占总发电量的比重；集中供气率；可再生能源比例；清洁能源比例；全社会用电量；燃气普及率；热电联产比；天然气占一次能源消费的比重；新能源汽车保有量；应用可再生能源的建筑面积在新建建筑面积中的比例

续表

维度	候选指标
提高能源效率（D₃）	能耗弹性系数；年夜间灯光总量；工业固体废弃物综合利用率；单位工业增加值能耗降低率；平均通勤时间；步行至 BRT 站的平均距离；公共交通出行分担率；万人拥有公共汽车数；既有建筑节能改造比例；节能建筑比重；新建民用建筑实施绿色建筑比例；垃圾分类率；垃圾资源化利用率；绿色建筑面积；公共建筑节能改造比重；低能耗建筑比重；人均工业固体废物产量；人均居民生活用电；家居废物再用率；生活垃圾分类达标率；生活垃圾无害化处理率；生活污水处理率；收集及妥善处理的废物比例；资源回收利用率
提高碳汇水平（D₄）	单位面积绿道里程；二氧化碳捕集与储存能力；公共绿地比例；公园和绿地 500 米半径服务覆盖范围；活立木蓄积量；建成区绿地覆盖率；林木覆盖率；林木蓄积量；人均公共绿地面积；森林覆盖率；森林蓄积量
完善管理制度（D₅）	低碳产品认证制度；低碳产业政策完善度；低碳发展绩效评估机制；低碳观念普及率；低碳激励监督机制健全度；低碳经济发展规划；低碳生活知识普及度；非商业性能源的激励措施；国家低碳园区和低碳社区数量；建立碳排放监测统计和监管机制；市级低碳试点示范社区个数；万人科技人员数量；温室气体排放数据管理平台；引入碳税和碳交易系统；千名科技人员低碳论文发表数；万人低碳专利授权量；R&D 经费内部支出占 GDP 的比例；低碳技术投入占研发投入比重；科学技术支出占一般公共预算支出比例；低碳示范工程开展情况；温室气体统计核算考核完善度；低碳技术完善程度

资料来源：笔者根据附表 A5 的指标和头脑风暴的结果整理得出。

（三）候选指标的修正与增补

表 5-4 中是经过头脑风暴法形成的 76 个具有代表性的指标，但由此产生的指标的可获得性、指标在实践中的适用性仍需要进一步讨论。为了更好地了解表 5-4 中指标在实践中的应用情况，本书笔者所属研究团队对我国的主要城市进行了实地调研。在调研过程中与当地相关领域的学者、行政领导、工程师等专家进行了访谈交流。参与访谈的专家来自多方机构，包括高等院校与科研院所、政府及企业与事业单位、与碳交易有关的大型企业等。这些专家来自发改、规划、环保等与低碳城市建设息息相关的部门，对当地的低碳城市建设情况非常了解，实地调研的时间安排如表 5-5 所示。在调研访谈过程中，研究团队邀请专家对评价指标的适用性进行了评判，调研访谈的操作流程如图 5-3 所示。

表 5-5 调研访谈的基本情况

序号	城市	访谈时间	访谈形式
1	北京	2020.7.23、2020.7.25	腾讯会议
2	天津	2020.8.24、2020.8.26	腾讯会议
3	石家庄	2020.8.4	腾讯会议
4	太原	2020.9.15~2020.9.19	现场访谈
5	呼和浩特	2020.8.15	腾讯会议
6	沈阳	2020.8.18	腾讯会议
7	大连	2020.7.27	腾讯会议
8	长春	2020.9.10	腾讯会议
9	哈尔滨	2020.8.8	腾讯会议
10	上海	2019.10.28~2019.10.30	现场访谈
11	南京	2019.10.10	现场访谈
12	杭州	2019.10.22~2019.10.24	现场访谈
13	宁波	2019.9.13~2019.9.14	腾讯会议
14	合肥	2019.10.11	现场访谈
15	福州	2020.8.22	腾讯会议
16	厦门	2019.10.16~2019.10.17	现场访谈
17	南昌	2019.10.14~2019.10.15	现场访谈
18	济南	2020.7.11	腾讯会议
19	青岛	2020.8.2	腾讯会议
20	郑州	2020.7.5	腾讯会议
21	武汉	2019.10.13	现场访谈
22	长沙	2019.10.13	现场访谈
23	广州	2019.11.13~2019.11.14	现场访谈
24	深圳	2019.11.15~2019.11.16	现场访谈
25	南宁	2020.11.24	腾讯会议
26	海口	2020.8.24	腾讯会议
27	重庆	2019.9.25~2020.11.23	现场访谈
28	成都	2020.1.3~2020.1.4	现场访谈
29	贵阳	2020.1.8	现场访谈
30	昆明	2020.1.6~2020.1.7	现场访谈
31	西安	2020.7.23	腾讯会议
32	兰州	2020.7.26	腾讯会议
33	西宁	2020.9.20	腾讯会议
34	银川	2020.9.2	腾讯会议
35	乌鲁木齐	2020.7.28	腾讯会议

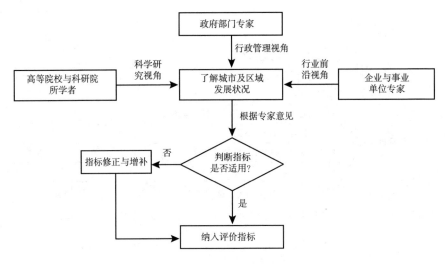

图 5-3　调研访谈的操作流程

综合调研访谈专家给出的具体评判和建议，并依据科学性、整体性、可操作性、动态性、连续性、代表性、替代性和可比性等指标体系构建的基本原则，本章对表 5-4 中的候选指标进行了修正和增补，形成了最终的低碳城市建设状态水平测度指标，见表 5-6。

表 5-6　低碳城市建设状态水平测度指标及其属性

维度目标	评价指标	指标属性
D₁ 优化产业结构	I_{11} 人均 GDP	+
	I_{12} 工业总产值占 GDP 比例	－
	I_{13} 第三产业占 GDP 的比重	+
	I_{14} 单位工业增加值能源消费	－
D₂ 调整能源结构	I_{21} 年夜间灯光总量	－
	I_{22} 煤炭占能源消费总量比重	－
	I_{23} 燃气普及率	+
D₃ 提高能源效率	I_{31} 工业固体废弃物综合利用率	+
	I_{32} 万人拥有公共汽车数	+
	I_{33} 绿色建筑个数	+
	I_{34} 生活垃圾无害化处理率	+

续表

维度目标	评价指标	指标属性
D₄提高碳汇水平	I₄₁人均公园绿地面积	+
	I₄₂建成区绿化覆盖率	+
	I₄₃造林面积	+
D₅完善管理机制	I₅₁碳排放监测统计和监管机制完善度	+
	I₅₂低碳示范工程开展情况得分	+
	I₅₃科学技术支出占一般公共预算支出比例	+
	I₅₄低碳政策完善度	+

注:"+"表示指标为正指标,指标值越大,低碳建设水平越高;"-"表示指标为负指标,指标值越小,低碳建设水平越高。

三 低碳城市建设状态水平测度模型构建

(一)权重设置方法的选取

权重是综合评价中的一个非常重要的参数,合理地设置权重是准确地测度低碳城市建设状态水平的基础,指标权重是否合理直接影响评价结果是否科学(倪少凯,2002)。本书根据相关文献对现有的低碳城市评价中常用的权重设置方法进行了整理,结果见表5-7。

表5-7 现有低碳城市评价研究使用的权重设置方法

方法	参考文献	研究对象
层次分析法	陈楠和庄贵阳(2018)	我国试点城市
	熊青青(2011)	珠三角城市
	杨艳芳(2012)	北京市
	王赢政等(2011)	杭州市
	杨德志(2011)	上海市
	路立等(2011)	天津市
	华坚和任俊(2011)	江苏省13个地级市
	朱守先和梁本凡(2012)	我国110个地级市

方法	参考文献	研究对象
熵权法	安果和李青（2011）	北京、上海和重庆
	刘骏（2015b）	中国低碳试点
	李云燕等（2017）	四大直辖市
	Tan 等（2017）	全球 10 个城市
	王磊等（2017）	天津市
	Wang 等（2020a）	259 个地级市
	Shen 等（2021b）	北京市
模糊粗糙集	谢传胜等（2010）	北京市、上海市和重庆市
主成分分析法	李伯华和徐亮（2011）	长株潭地区 28 个城市
	连玉明和王波（2012）	35 个重点城市
均方差法	宋伟轩（2012）	长江沿岸 28 个城市
主成分分析法和层次分析法	王玉芳（2010）	北京市
因子分析法	谈琦（2011）	南京市和上海市
	吴健生等（2016）	284 个地级市
人工神经网络	赵涛等（2017）	35 个副省级以上城市

资料来源：笔者根据相关文献整理得出。

由表 5-7 可知，现有低碳城市评价相关研究中设置评价指标权重的方法有层次分析法（AHP）、主成分分析法（PCA）、熵权法、模糊粗糙集和人工神经网络等。在这些权重设置方法中，熵权法是一种应用较为广泛的客观加权法，该方法根据指标的原始数值确定其所占权重，可以避免主观因素造成的偏差。由于在设置权重的过程中不受主观因素的影响，熵权法产生的权重分配具有较高的有效性和客观性，评价结果也更具准确性（Shen 等，2015；Wei 等，2020；Wang 等，2020）。因此，本章将采用熵权法设置低碳城市建设状态水平测度指标的权重。

（二）综合测度方法的选取

综合测度方法是对各个指标进行综合测度的方法，是测度模型重要的组成部分。本书对现有低碳城市评价研究使用的综合测度方法进行了整理，结果见表 5-8。

表 5-8　现有低碳城市评价研究使用的综合测度方法

方法	参考文献	研究对象
线性加权法	李伯华等（2011）	长株潭城市群
	孙菲等（2014）	大庆市
	Tan 等（2017）	北京市、纽约市、东京市等国际城市
	陈楠和庄贵阳（2018）	三批 81 个低碳试点城市
	娄营利（2019）	前两批 36 个低碳试点城市
	Shen 等（2021b）	北京市
Topsis 法	胡林林等（2013）	30 个省份
	王磊等（2017）	天津市
	王学军等（2015）	资源型城市
	张新莉（2018）	部分省会城市
	杜小云（2018）	前两批 36 个低碳试点城市
	Wang 等（2020a）	186 个地级市
模糊综合评价法	袁艺（2011）	保定市
	牛胜男（2012）	上海市
灰色关联度评价法	王宏等（2013）	北京市
	辛玲（2015）	10 个样本省市
	黄元生和杨红杰（2013）	广西北部湾经济区
	郑倩婧（2018）	首批 8 个低碳试点城市
全排列多边形图示指标法	郝增亮和王冠文（2017）	山东省

资料来源：笔者根据相关文献整理得出。

由表 5-8 可知，现有研究常用的综合测度方法有线性加权法、Topsis 法、模糊综合评价法、灰色关联度评价法和全排列多边形图示指标法等。其中，通过 Topsis 法找到指标中的最优值和最劣值，并分析测度对象与最优值和最劣值之间的关系，以此衡量测度对象的表现，该方法有助于测度对象找出短板维度，明确提升方向，被广泛应用在低碳城市评价中（Hu 等，2019；Wang 等，2020b）。因此，本章选择用 Topsis 法衡量低碳城市建设的表现。

（三）低碳城市建设状态水平测度模型

综上，本章将采用熵权法和 Topsis 法构建低碳城市建设状态水平测度模型，从以下两个步骤计算出低碳城市建设状态水平的得分：首先，采用熵权法确定每一个指标的权重值；随后，采用 Topsis 法计算各维度得分和总体水平得分。

1. 确定指标权重值

根据现有研究可知，采用熵权法确定指标权重首先需要对指标标准化，然后计算指标熵值，并根据熵值确定指标权重大小，其具体计算流程如下（Shemshadi 等，2011；Wei 等，2020）。

a. 指标标准化

首先，使用公式 5.1 和公式 5.2 对指标进行标准化处理，其中公式 5.1 适用于数值越大表现越好的正向指标，公式 5.2 适用于数值越小表现越好的负向指标。

$$r_{ij} = \frac{x_{ij} - Min_j\{x_{ij}\}}{Max_j\{x_{ij}\} - Min_j\{x_{ij}\}} \tag{5.1}$$

$$r_{ij} = \frac{Max_j\{x_{ij}\} - x_{ij}}{Max_j\{x_{ij}\} - Min_j\{x_{ij}\}} \tag{5.2}$$

其中，变量 x_{ij} 为指标 i 在第 j 年的原始值，r_{ij} 是变量 x_{ij} 标准化后的数值，$Max_j\{x_{ij}\}$ 和 $Min_j\{x_{ij}\}$ 分别表示指标 x_{ij} 原始值的最大值和最小值。

b. 计算指标熵值

随后，根据标准化后的指标确定每一个指标的权重值，具体计算公式如下：

$$f_{ij} = \frac{r_{ij}}{\sum_{j=1}^{m} r_{ij}} \tag{5.3}$$

$$k = \frac{1}{\ln m} \tag{5.4}$$

$$H_i = -k \sum_{j=1}^{m} f_{ij} \ln f_{ij} \tag{5.5}$$

$$w_i = \frac{(1 - H_i)}{(n - \sum_{i=1}^{n} H_i)} \tag{5.6}$$

其中，f_{ij} 表示第 j 年中指标 i 的数值占所有年份指标 i 的数值之和的比例，m 是评价的年份数量，n 是评价的指标数量，H_i 代表指标 i 的熵值，w_i 代表指标 i 的权重。

2. 计算各维度得分和总体水平的得分

采用 Topsis 法计算评价得分的步骤如下（Wang 等，2020b）。

a. 确定各维度熵权得分和总体熵权得分

各维度熵权得分和总体熵权得分可根据公式5.7得到：

$$y_{ij} = r_{ij} w_i \tag{5.7}$$

b. 识别理想解与负理想解

理想解 y^+ 和负理想解 y^- 可以分别由公式5.8和公式5.9确定：

$$y_i^+ = Max\{\frac{y_{ij}}{j} = 1, 2, \ldots, m\} = Max\{y_{i1}, y_{i2}, \ldots, y_{im}\} \tag{5.8}$$

$$y_i^- = Max\{\frac{y_{ij}}{j} = 1, 2, \ldots, m\} = Min\{y_{i1}, y_{i2}, \ldots, y_{im}\} \tag{5.9}$$

c. 计算 y_{ij} 到理想解、负理想解的欧氏距离

第 j 年的评价得分 y_{ij} 到理想解的欧氏距离由式5.10计算得出：

$$\theta_j^+ = \sqrt{\sum_{i=1}^{n} (y_i^+ - y_{ij})^2} \quad for \quad j = 1, 2, \ldots, m \tag{5.10}$$

第 j 年的评价得分 y_{ij} 到负理想解的欧氏距离由公式5.11计算得出：

$$\theta_j^- = \sqrt{\sum_{i=1}^{n} (y_{ij} - y_i^-)^2} \quad for \quad j = 1, 2, \ldots, m \tag{5.11}$$

d. 接近系数的计算

Topsis 法中，一般使用接近系数的值 θ_j 来表示某一特定年份 j 的评价得分。本章使用 θ_j 表示低碳城市建设状态水平得分，θ_j 的值越大表示低碳城市建设表越好。θ_j 的计算公式如下：

$$\theta_j = \frac{\theta_j^-}{\theta_j^+ + \theta_j^-} \quad for \quad j = 1,2,\ldots,m \tag{5.12}$$

按照上述步骤，可以计算出各维度得分，本书使用 θ_{j1}、θ_{j2}、θ_{j3}、θ_{j4}、θ_{j5} 分别表示 D_1、D_2、D_3、D_4、D_5 在第 j 年的得分。

四 低碳城市建设状态水平时空演化规律分析

（一）时间演化分析方法

本书将使用四分位法分析低碳城市建设状态水平的时间演化。四分位法是现有研究广泛采用的一种分类方法（Luo 等，2018；Zhu 等，2020；Luo 等，2020），该方法基于 5 个四分位值将一组数据划分为如下 4 个区间：［最小值，上四分位数），［上四分位数，中位数），［中位数，下四分位数），［下四分位数，最大值］，可以简单分别记作 ［Q_0，Q_1），［Q_1，Q_2），［Q_2，Q_3），［Q_3，Q_4］，在本书中将这 4 个区间分别命名为 A_1、A_2、A_3、A_4。根据 4 个区间的变动，可以刻画出我国低碳城市建设状态水平时空演化规律。根据区间数据大小可知，处于 A_1 区间的城市得分较低，表现最差；处于 A_4 区间的城市得分最高，表现最佳。

（二）空间差异分析方法

为了展示我国低碳城市建设总体水平的空间差异，本书根据 Shen 等（2021b）的研究，引入了 μ_{y_i} 反映低碳城市建设的演化状态；引入增长率 α_{y_i} 反映低碳城市建设状态水平的演化速度。μ_{y_i} 和 α_{y_i} 的计算方法如下（Cheng 和 Hong，2013；Dai 等，2015；Luo 等，2020）：

$$\mu_{y_i} = \frac{\sum_{j=1}^{j=n} y_{ij}}{n} \qquad (5.13)$$

$$\alpha_{y_i} = (y_{i,e} - y_{i,s})\, y_{i,s} \qquad (5.14)$$

其中，n 是研究期数，y_{ij} 是第 i 个城市第 j 年的低碳城市建设状态水平得分；$y_{i,e}$ 是第 i 个城市在最终年份的低碳城市建设状态水平得分；$y_{i,s}$ 是第 i 个城市在起始年份的低碳城市建设状态水平得分。根据 μ_{y_i} 和 α_{y_i} 的数据结合 Boston 矩阵法，可以将样本城市的低碳城市建设状态水平进行分类，从而反映空间差异。采用 Boston 矩阵法根据销售增长率（α）和市场占有率（β）两个指标将产品类型分为明星类产品（高 α，高 β）、瘦狗类产品（低 α，低 β）、问题类产品（高 α，低 β）、金牛类产品（低 α，高 β）。Shen 等（2021b）将其扩展到低碳城市建设表现的分类中，根据两组指标的均值 $\mu_{y_i}^*$ 和 $\alpha_{y_i}^*$ 将低碳城市建设状态水平分为 Category Ⅰ（High μ-High α）、Category Ⅱ（Low μ-High α）、Category Ⅲ（Low μ-Low α）、Category Ⅳ（High μ-Low α）。

第二节　我国低碳城市建设状态水平测度的数据收集与处理

一　数据收集

（一）样本城市选取

为了全面了解我国低碳城市建设状态水平，本章选取一定数量且具有代表性的样本城市作为研究对象。根据《关于调整城市规模划分标准的通知》和《关于重庆、广州、武汉、哈尔滨、沈阳、成都、南京、西安、长春、济南、杭州、大连、青岛、深圳、厦门、宁波共

16市行政级别定为副省级的通知》，本章选取人口规模达到大城市及以上并且行政等级为省会城市及以上的城市作为实证对象。

根据以上条件，对我国现有城市的概况进行检索和筛选，最终确定了35个样本城市，包括4个直辖市、15个副省级市以及16个非副省级省会城市（见表5-9）。本书所选取的35个样本城市覆盖了我国几乎所有行政区域。要特别指出的是由于拉萨市的相关研究数据难以获取，并未被列入样本城市。

表5-9 样本城市的基本信息

序号	城市名称	城市人口规模	城市行政等级
1	北京	超大城市	直辖市
2	天津	特大城市	直辖市
3	石家庄	Ⅱ型大城市	非副省级省会城市
4	太原	Ⅰ型大城市	非副省级省会城市
5	呼和浩特	Ⅱ型大城市	非副省级省会城市
6	沈阳	特大城市	副省级市
7	大连	Ⅰ型大城市	副省级市
8	长春	Ⅰ型大城市	副省级市
9	哈尔滨	Ⅰ型大城市	副省级市
10	上海	超大城市	直辖市
11	南京	特大城市	副省级市
12	杭州	特大城市	副省级市
13	宁波	Ⅱ型大城市	副省级市
14	合肥	Ⅰ型大城市	非副省级省会城市
15	福州	Ⅱ型大城市	非副省级省会城市
16	厦门	Ⅰ型大城市	副省级市
17	南昌	Ⅱ型大城市	非副省级省会城市
18	济南	Ⅰ型大城市	副省级市
19	青岛	Ⅰ型大城市	副省级市
20	郑州	特大城市	非副省级省会城市
21	武汉	特大城市	副省级市
22	长沙	Ⅰ型大城市	非副省级省会城市
23	广州	超大城市	副省级市
24	深圳	超大城市	副省级市
25	南宁	Ⅱ型大城市	非副省级省会城市
26	海口	Ⅱ型大城市	非副省级省会城市

序号	城市名称	城市人口规模	城市行政等级
27	重庆	特大城市	直辖市
28	成都	特大城市	副省级市
29	贵阳	Ⅱ型大城市	非副省级省会城市
30	昆明	Ⅰ型大城市	非副省级省会城市
31	西安	Ⅰ型大城市	副省级市
32	兰州	Ⅱ型大城市	非副省级省会城市
33	西宁	Ⅱ型大城市	非副省级省会城市
34	银川	Ⅱ型大城市	非副省级省会城市
35	乌鲁木齐	Ⅰ型大城市	非副省级省会城市

本书所选取的 35 个样本城市是全国以及地区的经济、人口汇集中心。从重要性角度，国家统计局（2018）的统计数据显示，2014~2018 年 35 个样本城市的 GDP 之和占全国 GDP 的比重超过了 36%，人口数量占全国人口的 19% 左右。从代表性角度，35 个样本城市分布在我国的东北、东部、中部和西部地区，这些重点城市的低碳建设实践可为全国各个地区的城市提供参考。因此，本书所选取的 35 个样本城市在我国低碳城市建设中具有突出的重要性与代表性。

（二）样本数据收集

本章将对 35 个样本城市的低碳城市建设状态水平进行实证研究。经过考察数据可获得性，2006 年以后我国城市层面的统计数据大多为统一口径，截至 2021 年 5 月可以收集的最近年份数据是 2019 年的数据，因此本书收集数据的时间跨度为 2006~2019 年。表 5-6 中共有 18 个评价指标，这些指标的原始数据主要来自 2007~2020 年的《中国城市统计年鉴》和《中国城市建设统计年鉴》、2006~2019 年的《中国林业草原统计年鉴》、各个城市的统计年鉴、绿色建筑标识网数据、各个城市的低碳工作方案以及实地调研、*Science Data* 数据库等，各指标的数据原始来源见表 5-10。

表 5-10 低碳城市建设状态水平测度的指标来源

评价指标	指标收集方式	数据原始来源
I_{11}人均 GDP	直接收集	《中国城市统计年鉴》
I_{12}工业总产值占 GDP 比例	计算得出	《中国城市统计年鉴》
I_{13}第三产业占 GDP 的比重	直接收集	《中国城市统计年鉴》
I_{14}单位工业增加值能源消费	计算得出	《中国城市统计年鉴》和各个城市的统计年鉴
I_{21}年夜间灯光总量	统计得出	*Science Data* 数据库
I_{22}煤炭占能源消费总量比重	计算得出	各个城市的统计年鉴
I_{23}燃气普及率	直接收集	《中国建设统计年鉴》
I_{31}工业固体废弃物综合利用率	直接收集	《中国城市统计年鉴》
I_{32}万人拥有公共汽车数	直接收集	《中国城市统计年鉴》
I_{33}绿色建筑个数	统计得出	绿色建筑标识网
I_{34}生活垃圾无害化处理率	直接收集	《中国建设统计年鉴》
I_{41}人均公园绿地面积	直接收集	《中国城市统计年鉴》
I_{42}建成区绿化覆盖率	直接收集	《中国城市统计年鉴》
I_{43}造林面积	直接收集	《中国林业草原统计年鉴》
I_{51}碳排放监测统计和监管机制完善度	定性评分得出	各个城市的低碳工作方案和实地调研
I_{52}低碳示范工程开展情况得分	定性评分得出	各个城市的低碳工作方案和实地调研
I_{53}科学技术支出占一般公共预算支出比例	直接收集	《中国城市统计年鉴》
I_{54}低碳政策完善度	定性评分得出	各个城市的低碳工作方案和实地调研

由表 5-10 可知，18 个评价指标的数据收集方式有以下 4 种。

（1）直接收集。I_{11}人均 GDP、I_{13}第三产业占 GDP 的比重、I_{31}工业固体废弃物综合利用率、I_{32}万人拥有公共汽车数、I_{41}人均公园绿地面积和 I_{42}建成区绿化覆盖率、I_{53}科学技术支出占一般公共预算支出比例可以由 2007~2020 年的《中国城市统计年鉴》直接收集；I_{23}燃气普及率、I_{34}生活垃圾无害化处理率可以由 2007~2020 年的《中国城市建设统计年鉴》直接收集；I_{43}造林面积则由 2006~2019 年的《中国林业草原统计年鉴》直接收集。

（2）计算得出。I_{12}工业总产值占 GDP 比例、I_{14}单位工业增加值能源消费、I_{22} 煤炭占能源消费总量比重 3 个指标在现有的年鉴中并没有直接的数据，因此需要通过计算得出。需要说明的是由于我国城市层面能源数据仅统计了规模以上工业的能源消费数据，本章计算的煤炭占能源消费总量比重是基于规模以上工业企业的数据得出。现有研究得出工业能耗占城市总能耗的 70% 以上，因此，工业能源结构在很大程度上可以代表城市的能源结构（杜小云，2018；娄营利，2019）。以上 3 个指标的计算公式如下：

$$I_{12} = \frac{\text{工业总产值}}{\text{GDP}} \tag{5.15}$$

$$I_{14} = \frac{\text{能源消费总量}}{\text{工业增加值}} \tag{5.16}$$

$$I_{22} = \frac{\text{煤炭消费量}}{\text{能源消费总量}} \tag{5.17}$$

其中，能源消费总量 N 计算公式如下：

$$N = \sum_{i=1}^{m} E_i \times O_i \tag{5.18}$$

其中，N 代表城市的工业能源消耗总量；E_i 代表该城市第 i 种能源的消耗量；O_i 代表第 i 种能源的折算标准煤系数（折标系数），该系数来自《中国能源统计年鉴 2020》。

（3）统计得出。I_{21} 年夜间灯光总量则使用 *Science Data* 数据库中校准过的全球夜间灯光数据统计得出，具体数据收集方式已在第三章第二节详细阐述，不再赘述。

指标 I_{33} 绿色建筑个数根据绿色建筑标识网的相关信息统计得出。住房城乡建设部科技与产业化发展中心在其网站公布了我国的绿色建筑标识项目名单，本书根据该名单统计了 2006～2019 年样本城市的绿色建筑个数。

（4）定性评分得出。低碳城市管理制度维度有 3 个指标的数据需要通过定性评分得出，即 I_{51} 碳排放监测统计和监管机制完善度、I_{52} 低碳示范工程开展情况得分、I_{54}低碳政策完善度。定性评分的主要依据是各个城市发改委官网、实地调研检索结果等，具体评分依据见表5-11。

表5-11　定性评分指标的评分依据

指标名称	得分点(S_i)	评分依据
I_{51}碳排放监测统计和监管机制完善度	S_{11}进行温室气体监测和评价	各个城市发改委官网、实地调研
	S_{12}建立能源数据网络	各个城市统计局官网
I_{52}低碳示范工程开展情况得分	S_{21}建设低碳试点城市	低碳试点城市名单
	S_{21}建设低碳示范城区	绿色生态城区名单
	S_{23}建设低碳工业示范园区	低碳工业园区名单
	S_{24}建设低碳旅游示范区	低碳旅游示范区名单
	S_{25}低碳示范社区	各个省的低碳示范社区名单
I_{54}低碳政策完善度	S_{41}激励性政策（新能源汽车补助）	各个城市发改委官网、实地调研
	S_{42}强制性政策（低碳发展规划或者低碳法规）	北大法宝
	S_{43}自愿性政策（低碳宣传）	各个城市发改委官网、实地调研
	S_{44}探索碳交易机制	各个城市发改委官网、实地调研

资料来源：杜小云，2018；娄营利，2019。

表5-11中，每个指标的得分点是基于该指标的得分点活动是否得到开展。每一个得分点活动如果被开展，将得到1分。以指标I_{52}为例，如果样本城市是低碳试点城市，建设有低碳示范城区、低碳工业示范园区、低碳旅游示范区、低碳示范社区，那么该城市在I_{52}的得分就是5分。

通过以上4种收集方式，本书得到了35个样本城市在2006~2019年的指标原始数据。对于个别缺失的数据，本书积极通过申请政府信息公开、电话咨询、实地调研等方法获取。对于通过以上渠道均无法获取的数据，本书采用线性插值法补齐。由于数据量较大，本书仅展示北京2006~2019年的低碳城市建设状态水平测度指标原始数据（见表5-12）。

表 5-12 北京 2006~2019 年低碳城市建设状态水平测度指标原始数据

指标	单位	2006 年	2007 年	2008 年	2009 年	2010 年	2011 年	2012 年
I_{11}	元	52042	60045	64936	72536	78047	83777	89659
I_{12}	%	20.43	19.08	17.19	16.92	18.48	17.60	17.28
I_{13}	%	71.29	72.43	73.60	75.94	75.51	76.48	76.86
I_{14}	万吨标准煤	3.14	2.89	2.85	2.75	2.44	2.24	2.13
I_{21}	$10^{-9} \mathrm{Wcm^2 sr^{-1}}$	457394	458178	448441	462090	500059	488661	508891
I_{22}	%	62.02	63.48	65.07	68.71	71.82	80.24	73.31
I_{23}	%	100.0	100.0	100.0	100.0	100.0	100.0	100.0
I_{31}	%	80.79	74.82	66.43	68.87	65.82	65.82	80.79
I_{32}	辆	18.18	16.98	18.56	18.49	18.15	18.15	18.06
I_{33}	个	0.0	0.0	1.0	2.0	8.0	23.0	42.0
I_{34}	%	74.57	95.73	97.71	98.22	96.95	96.95	99.12
I_{41}	m^2	12.00	12.60	13.60	14.50	15.00	15.30	11.87
I_{42}	%	44.34	36.50	36.50	36.70	55.10	55.10	51.92
I_{43}	万亩	13	11	9	18	14	21	36
I_{51}	分	1	1	1	1	1	1	1
I_{52}	分	0	0	0	0	0	0	1
I_{53}	%	13.51	15.94	16.14	15.77	16.57	16.03	17.06
I_{54}	分	0	0	0	0	1	2	2

指标	单位	2013 年	2014 年	2015 年	2016 年	2017 年	2018 年	2019 年
I_{11}	元	154323	102338	106497	118198	128994	140211	164220
I_{12}	%	16.85	16.52	15.03	14.16	13.87	13.65	11.99
I_{13}	%	77.26	77.82	79.65	80.23	80.56	80.98	83.52
I_{14}	万吨标准煤	2.02	1.94	1.98	1.91	1.84	1.76	1.74
I_{21}	$10^{-9} \mathrm{Wcm^2 sr^{-1}}$	527380	482674	496026	507161	562773	568210	573647*
I_{22}	%	61.53	63.71	52.59	49.79	52.96	50.38	47.80
I_{23}	%	100.0	100.0	100.0	100.0	100.0	100.0	100.0
I_{31}	%	86.58	87.67	83.33	78.99	74.01	68.93	63.93
I_{32}	辆	18.95	18.76	17.31	16.60	18.90	17.50	16.50
I_{33}	个	53.0	99.0	135.0	174.0	202.5	204.5	212.5
I_{34}	%	99.30	99.59	99.80	99.84	99.88	74.57	99.98
I_{41}	m^2	15.70	15.90	16.00	16.10	16.20	16.30	16.40
I_{42}	%	51.10	60.41	48.40	61.58	48.42	48.44	48.46
I_{43}	万亩	44	23	8	10	9	20	22
I_{51}	分	2	2	2	2	2	2	2
I_{52}	分	0	3	5	4	5	5	5
I_{53}	%	16.32	16.40	14.91	13.85	14.14	5.70	5.85
I_{54}	分	2	3	3	3	3	3	3

注：*为线性插值法补齐的数据。

二　数据处理

将收集到的原始数据代入公式 5.1～公式 5.6，可以对各指标进行标准化，得出各指标的权重值。各指标的权重计算结果见表5-13。

表 5-13　低碳城市建设评价指标权重值

指标	I_{11}	I_{12}	I_{13}	I_{14}	I_{21}	I_{22}	I_{23}	I_{31}	I_{32}
权重	0.032	0.014	0.020	0.003	0.004	0.024	0.003	0.007	0.055
指标	I_{33}	I_{34}	I_{41}	I_{42}	I_{43}	I_{51}	I_{52}	I_{53}	I_{54}
权重	0.197	0.004	0.023	0.005	0.210	0.014	0.196	0.016	0.174

第三节　我国低碳城市建设状态水平测度的计算结果

将收集到的数据代入公式 5.1 至公式 5.12，可以得出样本城市的低碳城市建设状态水平总体得分和各维度得分，总体得分见表5-14，由于篇幅有限，低碳城市建设各维度得分在附表 A6 中展示。

第四节　我国低碳城市建设状态水平的
时空演化规律分析

本书根据样本城市的低碳城市建设状态水平总体得分和各维度得分，分别分析我国低碳城市建设总体状态水平和维度状态水平的时空演化规律，从而揭示我国低碳城市建设状态水平的时间演化和空间差异。

表 5-14 2006~2019 年样本城市的低碳城市建设状态水平总体得分

单位：分

城市	2006年	2007年	2008年	2009年	2010年	2011年	2012年	2013年	2014年	2015年	2016年	2017年	2018年	2019年
北京	0.07	0.07	0.07	0.08	0.15	0.26	0.30	0.29	0.46	0.53	0.52	0.56	0.57	0.57
天津	0.04	0.04	0.05	0.06	0.17	0.18	0.28	0.28	0.49	0.52	0.49	0.51	0.42	0.54
石家庄	0.05	0.06	0.08	0.08	0.08	0.08	0.19	0.26	0.29	0.30	0.44	0.30	0.34	0.32
太原	0.05	0.05	0.05	0.06	0.06	0.06	0.07	0.07	0.12	0.24	0.24	0.24	0.19	0.24
呼和浩特	0.07	0.09	0.13	0.13	0.09	0.09	0.08	0.10	0.09	0.10	0.09	0.09	0.13	0.10
沈阳	0.04	0.05	0.05	0.05	0.05	0.07	0.05	0.18	0.18	0.18	0.23	0.31	0.28	0.31
大连	0.06	0.06	0.07	0.07	0.07	0.07	0.08	0.13	0.12	0.18	0.24	0.32	0.28	0.31
长春	0.04	0.04	0.04	0.04	0.05	0.05	0.05	0.05	0.11	0.11	0.11	0.11	0.12	0.11
哈尔滨	0.06	0.05	0.06	0.07	0.16	0.15	0.15	0.15	0.15	0.15	0.15	0.15	0.24	0.15
上海	0.05	0.05	0.05	0.05	0.06	0.08	0.14	0.19	0.42	0.54	0.52	0.60	0.49	0.60
南京	0.06	0.06	0.07	0.07	0.07	0.07	0.07	0.13	0.11	0.14	0.18	0.24	0.24	0.24
杭州	0.06	0.06	0.06	0.06	0.11	0.11	0.12	0.08	0.20	0.21	0.15	0.30	0.27	0.33
宁波	0.06	0.06	0.06	0.07	0.06	0.15	0.18	0.16	0.31	0.31	0.28	0.32	0.28	0.32
合肥	0.06	0.05	0.05	0.06	0.06	0.07	0.07	0.13	0.18	0.19	0.25	0.33	0.46	0.33
福州	0.05	0.05	0.07	0.06	0.06	0.07	0.06	0.07	0.07	0.08	0.09	0.16	0.32	0.26
厦门	0.05	0.05	0.05	0.06	0.17	0.17	0.18	0.16	0.18	0.18	0.15	0.16	0.19	0.19
南昌	0.05	0.05	0.07	0.06	0.11	0.10	0.11	0.15	0.24	0.24	0.19	0.20	0.17	0.25

续表

城市	2006年	2007年	2008年	2009年	2010年	2011年	2012年	2013年	2014年	2015年	2016年	2017年	2018年	2019年
济南	0.07	0.06	0.07	0.07	0.07	0.07	0.08	0.13	0.17	0.18	0.21	0.30	0.34	0.30
青岛	0.06	0.06	0.07	0.07	0.07	0.08	0.08	0.09	0.19	0.19	0.19	0.20	0.20	0.20
郑州	0.05	0.05	0.08	0.07	0.06	0.06	0.06	0.06	0.11	0.12	0.18	0.19	0.19	0.19
武汉	0.06	0.06	0.06	0.06	0.06	0.07	0.12	0.16	0.29	0.30	0.29	0.40	0.40	0.40
长沙	0.06	0.05	0.14	0.15	0.15	0.15	0.15	0.19	0.20	0.22	0.27	0.28	0.28	0.28
广州	0.06	0.05	0.06	0.06	0.15	0.15	0.19	0.26	0.37	0.38	0.36	0.38	0.36	0.38
深圳	0.14	0.09	0.09	0.12	0.17	0.21	0.22	0.30	0.45	0.49	0.47	0.48	0.51	0.51
南宁	0.07	0.06	0.06	0.06	0.06	0.06	0.07	0.07	0.12	0.13	0.13	0.14	0.25	0.20
海口	0.08	0.07	0.08	0.08	0.08	0.08	0.15	0.15	0.15	0.16	0.15	0.16	0.18	0.16
重庆	0.10	0.17	0.19	0.22	0.42	0.41	0.38	0.38	0.54	0.60	0.56	0.57	0.63	0.67
成都	0.06	0.06	0.06	0.06	0.06	0.06	0.07	0.12	0.08	0.09	0.13	0.28	0.41	0.28
贵阳	0.06	0.05	0.05	0.05	0.11	0.11	0.11	0.25	0.31	0.32	0.28	0.29	0.33	0.34
昆明	0.06	0.04	0.04	0.05	0.06	0.25	0.17	0.27	0.32	0.32	0.29	0.33	0.32	0.32
西安	0.07	0.05	0.05	0.06	0.06	0.05	0.06	0.15	0.20	0.27	0.31	0.36	0.39	0.36
兰州	0.07	0.06	0.06	0.06	0.06	0.06	0.06	0.11	0.07	0.07	0.12	0.18	0.24	0.19
西宁	0.07	0.05	0.05	0.06	0.08	0.06	0.07	0.11	0.12	0.12	0.20	0.24	0.24	0.24
银川	0.07	0.05	0.06	0.06	0.06	0.06	0.06	0.11	0.15	0.06	0.18	0.18	0.28	0.28
乌鲁木齐	0.07	0.06	0.05	0.05	0.05	0.05	0.11	0.06	0.23	0.35	0.31	0.35	0.40	0.36

一 低碳城市建设总体状态水平时空演化规律分析

（一）总体状态水平的时间演化分析

为了展示样本城市在研究期内低碳城市建设总体状态水平的时间演化，根据表5-14中的计算结果，低碳城市建设总体水平的四分位数分别为0.04（最小值Q_0）、0.06（上四分位数Q_1）、0.12（中位数Q_2）、0.24（下四分位数Q_3）、0.67（最大值Q_4），由此可以形成四个区间，如表5-15所示。基于表5-15中的区间划分标准，结合表5-14中的低碳城市建设状态水平总体得分，本书得到了研究期内样本城市的区间划分结果（见表5-16）。

表5-15 基于四分位数法的城市低碳总体状态水平区间划分及其区间标准

区间	总分区间标准
$A_1(\bullet)$	$[0.04, 0.06)$
$A_2(\oplus)$	$[0.06, 0.12)$
$A_3(\odot)$	$[0.12, 0.24)$
$A_4(\bigcirc)$	$[0.24, 0.67]$

如表5-17所示，A_1区间的城市数量从2006年的10个迅速降至2019年的0个；A_2区间的城市数量由2006年的24个降至2011年的22个，随后下降至2019年的2个；A_3区间的城市数量从2006年的1个上升至2016年的15个，到2019年降至7个；A_4区间的城市数量从2006年的0个上升至2019年的26个。以上数量变化表明，研究期内样本城市的低碳建设水平有所提高，这是由于我国城市采取了一系列措施来建设低碳城市。如2012~2014年，广州通过关闭314家高排放工业企业，支持600多家工业企业提高能效技术，优化产业结构（Li等，2018）。乌鲁木齐积极发展清洁能源，非化石能源占一次能源消费的比重从2010年的8.01%提高到2015年的17.69%（乌鲁

表 5-16　样本城市在 2006~2019 年的低碳城市建设状态水平区间划分结果

城市	2006 年	2007 年	2008 年	2009 年	2010 年	2011 年	2012 年	2013 年	2014 年	2015 年	2016 年	2017 年	2018 年	2019 年
北京	⊕	⊕	⊕	⊕	⊙	○	○	○	○	○	○	○	○	○
天津	●	●	●	⊕	⊙	⊙	○	○	○	○	○	○	○	○
石家庄	●	⊕	⊕	⊕	⊕	⊕	⊙	○	○	○	○	○	○	○
太原	●	●	●	⊕	⊕	⊕	⊕	⊕	⊙	⊕	⊕	⊙	⊙	○
呼和浩特	⊕	⊕	⊙	⊙	⊕	⊕	⊕	⊕	⊕	⊕	⊕	⊕	⊕	⊕
沈阳	●	●	●	●	●	●	●	⊙	⊙	⊙	⊙	○	○	○
大连	⊕	⊕	⊕	⊕	⊕	⊕	⊕	⊙	⊙	⊙	○	○	○	○
长春	●	●	●	●	●	●	⊕	●	⊕	⊕	⊕	⊕	⊕	⊕
哈尔滨	⊕	●	⊕	⊕	⊕	⊙	⊙	⊕	⊕	⊕	⊕	⊙	⊙	⊙
上海	●	●	●	●	⊕	⊕	⊕	⊕	○	○	○	○	○	○
南京	⊕	⊕	⊕	⊕	⊕	⊕	⊙	⊙	○	○	⊙	○	○	○
杭州	⊕	⊕	⊕	⊕	⊕	⊕	⊕	⊕	○	○	⊙	○	○	○
宁波	⊕	⊕	⊕	⊕	⊕	⊕	⊙	⊙	⊙	⊙	⊙	○	○	○
合肥	⊕	●	●	⊕	⊕	⊕	⊕	⊕	⊕	⊕	⊕	⊙	⊙	⊙
福州	●	●	●	⊕	⊕	⊕	⊙	⊙	⊙	⊙	⊙	⊙	⊙	○
厦门	●	●	●	⊕	⊕	⊕	⊕	⊙	○	○	○	⊙	⊙	⊙
南昌	●	●	⊕	⊕	⊕	⊕	⊕	⊙	⊙	⊙	⊙	⊙	⊙	⊙
济南	⊕	⊕	⊕	⊕	⊕	⊕	⊕	○	○	○	○	○	○	○

续表

城市	2006年	2007年	2008年	2009年	2010年	2011年	2012年	2013年	2014年	2015年	2016年	2017年	2018年	2019年
青岛	⊕	⊕	⊕	⊕	⊕	⊕	⊕	⊕	⊙	⊙	⊙	⊙	⊙	⊙
郑州	●	●	⊕	⊕	⊕	⊕	⊕	⊙	⊕	⊙	⊙	⊙	⊙	⊙
武汉	⊕	⊕	⊕	⊕	⊕	⊕	⊙	⊙	○	○	○	○	○	○
长沙	⊕	●	⊙	○	⊕	○	⊙	○	○	○	○	○	○	○
广州	⊙	●	⊙	⊕	⊕	⊕	⊕	⊙	⊙	⊙	⊙	⊙	⊙	⊙
深圳	⊕	⊕	⊕	⊕	⊕	⊕	⊕	⊕	⊙	⊙	⊙	⊙	⊙	⊙
南宁	⊙	⊕	⊕	⊕	⊕	⊕	⊙	⊙	⊙	⊙	⊙	⊙	⊙	⊙
海口	⊕	⊕	⊙	⊙	⊕	○	⊙	⊙	⊕	⊙	⊙	⊙	⊙	⊙
重庆	⊕	⊙	⊕	⊕	⊕	⊕	⊕	⊕	⊕	⊕	⊙	⊙	⊙	⊙
成都	⊕	●	⊕	⊕	⊕	⊕	⊕	⊕	⊙	⊙	⊙	⊙	⊙	⊙
贵阳	⊕	●	●	●	⊕	⊕	⊕	⊕	⊙	⊙	⊙	⊙	⊙	⊙
昆明	⊕	●	●	●	⊕	○	⊙	⊙	⊙	⊙	⊙	⊙	⊙	⊙
西安	⊕	⊕	●	●	⊕	●	⊕	⊕	⊕	⊕	⊙	⊙	⊙	⊙
兰州	⊕	●	●	⊕	⊕	⊕	⊕	⊕	⊙	⊕	⊙	⊙	⊙	⊙
西宁	⊙	●	●	⊕	⊕	⊕	⊕	⊙	⊕	⊕	⊙	⊙	⊙	⊙
银川	⊕	●	●	⊕	⊕	⊕	⊕	⊕	⊙	⊕	⊙	⊙	⊙	⊙
乌鲁木齐	⊕	⊕	●	●	●	●	⊕	⊕	⊙	⊕	○	○	○	○

注：A₁（●）；A₂（⊕）；A₃（⊙）；A₄（○）。

表 5-17 样本城市在 2006~2019 年的低碳城市建设状态水平区间数量统计

单位：个

区间	2006 年	2007 年	2008 年	2009 年	2010 年	2011 年	2012 年
A_1	10	18	12	7	3	3	2
A_2	24	16	20	24	24	22	18
A_3	1	1	3	4	7	7	12
A_4	0	0	0	0	1	3	3
区间	2013 年	2014 年	2015 年	2016 年	2017 年	2018 年	2019 年
A_1	1	0	0	0	0	0	0
A_2	11	7	6	3	2	0	2
A_3	15	16	14	15	10	8	7
A_4	8	12	15	17	23	27	26

木齐发展和改革委员会，2014）。天津市大量开发风能和电能，2018~2025 年天津风电存量投资将达到 6300 万元（天津市发展和改革委员会，2019）。低碳城市建设状态水平的整体提升表明我国城市在低碳建设工作上的诸多付出有所回报，取得了一定的成效。

对表 5-17 进一步分析可知，2006~2012 年处于 A_1 和 A_2 区间的城市数量之和多于处于 A_3 和 A_4 区间的城市数量之和，2013 年以后处于 A_3 和 A_4 区间的城市数量之和多于处于 A_1 和 A_2 区间的城市数量之和，可见，我国低碳城市建设状态水平存在"拐点现象"，2013 年是我国低碳城市建设状态水平的拐点年份。这种"拐点现象"与我国在 2012 年的第二批低碳试点政策中大力推行低碳试点城市有关。现有研究也指出低碳试点城市为提高我国低碳城市建设状态水平做出了突出贡献。Chen 等指出，低碳试点计划在中国取得了良好的效果，低碳试点城市可以推动全国的低碳实践。Cheng 等（2019）认为中国的低碳试点城市为降低碳排放做出了贡献。因此，本书建议我国在更多城市推进低碳试点，以进一步调动全国范围内低碳建设的积极性。

（二）总体状态水平的空间差异分析

为了进一步探究样本城市的低碳建设总体水平的空间差异，本书将绘制低碳城市建设总体水平 Boston 矩阵。将表 5-14 中的低碳城市建设总体状态水平得分代入公式 5.13 和公式 5.14，可分别得到 μ_{y_i} 和 α_{y_i} 的值，如表 5-18 所示。

表 5-18　样本城市低碳建设总体状态值 μ_{y_i} 和演化速度值 α_{y_i}

样本城市	μ_{y_i}	α_{y_i}	样本城市	μ_{y_i}	α_{y_i}	样本城市	μ_{y_i}	α_{y_i}
北京	0.40	9.04	宁波	0.22	4.90	南宁	0.12	2.16
天津	0.36	13.72	合肥	0.19	4.98	海口	0.14	0.96
石家庄	0.21	5.08	福州	0.12	3.99	重庆	0.30	10.48
太原	0.14	4.57	厦门	0.16	2.78	成都	0.15	3.49
呼和浩特	0.09	0.92	南昌	0.17	4.33	贵阳	0.22	4.92
沈阳	0.17	6.42	济南	0.18	3.92	昆明	0.23	4.99
大连	0.17	4.28	青岛	0.15	2.68	西安	0.21	4.94
长春	0.09	1.61	郑州	0.12	2.87	兰州	0.12	1.76
哈尔滨	0.15	2.07	武汉	0.23	6.21	西宁	0.14	2.47
上海	0.36	14.90	长沙	0.22	4.22	银川	0.13	3.24
南京	0.15	3.01	广州	0.27	5.55	乌鲁木齐	0.21	4.06
杭州	0.15	4.50	深圳	0.30	2.64			

表 5-18 中 μ_{y_i} 的平均值 $\mu_{y_i}{}^*$ 为 0.19，α_{y_i} 的平均值 $\alpha_{y_i}{}^*$ 为 4.65。基于 $\mu_{y_i}{}^*$ 和 $\alpha_{y_i}{}^*$ 可得到样本城市的低碳建设总体水平 Boston 矩阵，如图 5-4 所示。

如图 5-4 所示，处于 Category Ⅰ 类别的城市有 11 个，分别是北京、天津、石家庄、上海、宁波、武汉、广州、重庆、贵阳、昆明、西安，这些城市在研究期内具有较高的低碳建设状态值和较快的演化速度。处于 Category Ⅱ 类别的城市有 3 个，包括沈阳、杭州、合肥，这些城市的低碳建设状态值不高，但研究期内演化速度较快。处于 Category Ⅲ 类别的城市包括太原、呼和浩特、大连、长春、哈尔滨、

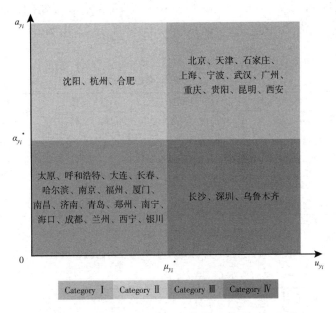

图 5-4 样本城市低碳建设总体水平的 Boston 矩阵

南京、福州、厦门、南昌、济南、青岛、郑州、南宁、海口、成都、兰州、西宁、银川 18 个城市，这些城市的低碳建设状态值和演化速度都不理想。此外，还有 3 个城市处于 Category Ⅳ 类别，分别是长沙、深圳、乌鲁木齐，它们具有较高的低碳城市建设状态值，但演化速度较慢。从城市的区间分布可知，我国低碳城市建设处于表现较差类别的城市数量较多，低碳城市建设总体水平仍需提升。

二 低碳城市建设维度状态水平时空演化规律分析

（一）维度水平的时间演化分析

基于本章构建的时间演化分析方法，本部分使用四分位法对 5 个维度的低碳城市表现进行区间划分。根据五大维度的得分可以分别计算出五大维度的分位数，也就是区间的端点值，从而得出区间划分标准（见表 5-19）。根据附表 A6 中样本城市五大维度的得分和表 5-19

的各维度区间判断标准，可以判断每一个样本城市所处的区间，进而统计出每一年处于不同区间的城市数量（见表 5-20 和图 5-5）。

表 5-19 各维度区间的判断标准

维度	A_1 区间标准	A_2 区间标准	A_3 区间标准	A_4 区间标准
D_1	[0.15~0.29)	[0.29~0.38)	[0.38~0.49)	[0.49~0.83]
D_2	[0.13~0.36)	[0.36~0.55)	[0.55~0.70)	[0.70~0.99]
D_3	[0.22~0.31)	[0.31~0.35)	[0.35~0.45)	[0.45~0.92]
D_4	[0.16~0.30)	[0.30~0.34)	[0.34~0.37)	[0.37~0.95]
D_5	[0.19~0.27)	[0.27~0.46)	[0.46~0.62)	[0.62~0.98]

表 5-20 （a） D_1 维度处于不同区间的城市数量

单位：个

D_1	2006 年	2007 年	2008 年	2009 年	2010 年	2011 年	2012 年
A_1	28	24	19	13	10	9	4
A_2	6	9	13	14	17	15	15
A_3	1	2	3	7	5	7	11
A_4	0	0	0	1	3	4	5
D_1	2013 年	2014 年	2015 年	2016 年	2017 年	2018 年	2019 年
A_1	2	1	1	0	0	0	0
A_2	6	12	7	7	1	3	2
A_3	11	16	14	15	17	9	11
A_4	16	6	13	13	17	23	22

表 5-20 （b） D_2 维度处于不同区间的城市数量

单位：个

D_2	2006 年	2007 年	2008 年	2009 年	2010 年	2011 年	2012 年
A_1	10	11	8	8	9	12	9
A_2	11	10	9	9	9	7	7
A_3	9	8	10	10	9	9	12
A_4	5	6	8	8	8	7	7

续表

D_2	2013 年	2014 年	2015 年	2016 年	2017 年	2018 年	2019 年
A_1	9	6	8	8	8	7	7
A_2	8	11	7	9	7	9	9
A_3	10	9	11	7	7	6	6
A_4	8	9	9	11	13	13	13

表 5-20 （c） D_3 维度处于不同区间的城市数量

D_3	2006 年	2007 年	2008 年	2009 年	2010 年	2011 年	2012 年
A_1	5	26	21	16	15	15	8
A_2	9	8	13	18	18	15	16
A_3	19	0	1	0	1	3	7
A_4	2	1	0	1	1	2	4
D_3	2013 年	2014 年	2015 年	2016 年	2017 年	2018 年	2019 年
A_1	4	1	0	1	0	0	0
A_2	10	9	3	2	2	2	3
A_3	15	15	16	16	11	12	10
A_4	6	10	16	16	22	21	22

表 5-20 （d） D_4 维度处于不同区间的城市数量

D_4	2006 年	2007 年	2008 年	2009 年	2010 年	2011 年	2012 年
A_1	19	19	12	10	4	2	4
A_2	7	7	9	9	15	12	9
A_3	4	5	6	6	7	6	10
A_4	5	4	8	10	9	15	12
D_4	2013 年	2014 年	2015 年	2016 年	2017 年	2018 年	2019 年
A_1	4	3	3	3	3	3	4
A_2	9	10	10	13	13	11	7
A_3	6	8	12	7	8	8	12
A_4	16	14	10	12	11	13	12

表 5-20（e） D_5 维度处于不同区间的城市数量

D_5	2006 年	2007 年	2008 年	2009 年	2010 年	2011 年	2012 年
A_1	25	11	10	15	7	7	1
A_2	10	24	24	18	17	15	16
A_3	0	0	1	2	11	12	16
A_4	0	0	0	0	0	1	2
D_5	2013 年	2014 年	2015 年	2016 年	2017 年	2018 年	2019 年
A_1	1	2	2	0	0	0	0
A_2	8	3	4	2	1	0	1
A_3	19	17	15	16	13	9	10
A_4	7	13	14	17	21	26	24

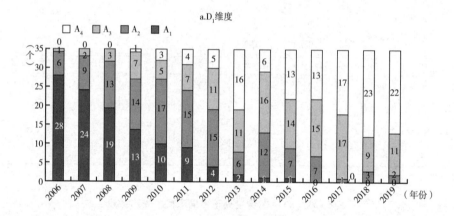

a.D_1 维度

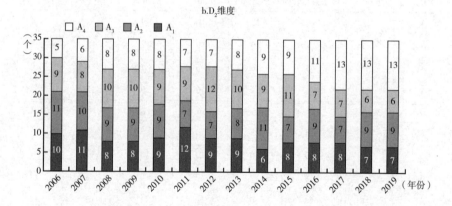

b.D_2 维度

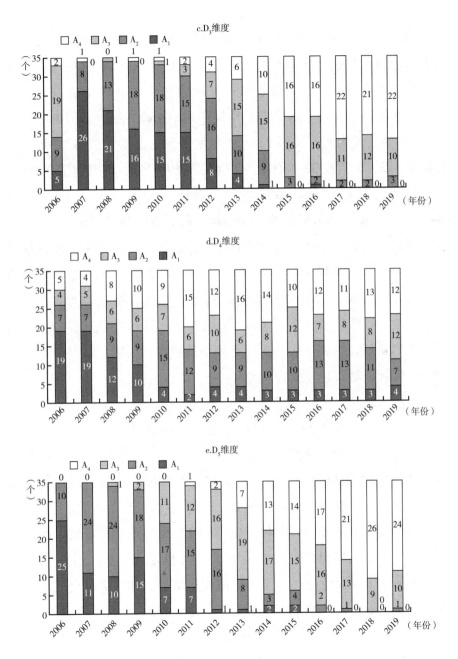

图 5-5　2006~2019 年各维度处于不同区间的城市数量

由表 5-20 图 5-5 可知，研究期内 D_1（优化产业结构）维度、D_3（提高能源效率）维度和 D_5（完善管理机制）维度处于表现较差的 A_1 区间的城市数量明显减少，处于表现较好的 A_4 区间的城市数量显著增加，这表明以上 3 个维度低碳城市建设水平在研究期内有所提高。以产业结构为例，研究期内我国产业结构稳步优化。国家统计局（2020）的数据表明，我国 35 个样本城市的工业增加值占 GDP 比重的均值从 2006 年的 38.48% 逐年下降至 2019 年的 28.95%；2006 年工业增加值占 GDP 的比重最高的天津从 50.93% 下降至 2019 年的 31.16%。可见，样本城市的产业结构在研究期内得以优化。

研究期内 D_2（调整能源结构）维度处于四个区间的城市数量一直较为稳定，表明我国的低碳城市建设中仍需持续关注能源结构调整。潘家华（2021）指出 80% 的二氧化碳是化石能源产生的，如果能够控制化石能源消费量，90% 的温室气体排放量将得到控制，因此实现碳中和最直接和可靠的方式是调整能源结构。因此，能源结构调整对我国低碳城市建设尤为重要。

虽然研究期内 D_4（提高碳汇水平）维度中处于 A_1 区间的城市数量有所减少，但是 A_4 区间的城市数量并未显著增加，可见，我国低碳城市建设过程中应重视碳汇水平的提高。特别是在我国政府提出 2030 年前实现碳达峰和 2060 年前实现碳中和的"双碳"目标下，碳汇水平的提高需要更多关注。例如，国家主席习近平在领导人气候峰会上指出实现碳达峰、碳中和是我国向世界做出的庄严承诺，我国应加强对二氧化碳等温室气体的管控，同时启动线上碳交易活动。可见，我国低碳建设应通过多渠道提高碳汇水平，如完善碳交易等制度体系、研究生态碳汇和发展生物炭等负排放技术。

（二）维度水平的空间差异分析

将附表 A6 中各样本城市各维度的得分代入公式 5.13 和公式 5.14，可得到各样本城市各维度的低碳城市建设状态值 μ_1、μ_2、μ_3、μ_4、μ_5，

以及演化速度值 α_1、α_2、α_3、α_4、α_5，见表 5-21。根据样本城市各维度低碳建设状态均值 μ_1^*、μ_2^*、μ_3^*、μ_4^*、μ_5^* 和演化速度的均值 α_1^*、α_2^*、α_3^*、α_4^*、α_5^* 可以得到样本城市在各维度四种类别的划分结果，见表 5-22。

表 5-21　样本城市各维度的低碳建设状态值 μ 和演化速度值 α

城市	μ_1	α_1	μ_2	α_2	μ_3	α_3	μ_4	α_4	μ_5	α_5
北京	0.59	0.97	0.41	0.34	0.53	1.44	0.41	0.19	0.66	2.70
天津	0.36	1.69	0.57	0.70	0.53	1.73	0.31	0.85	0.62	2.45
石家庄	0.34	0.35	0.30	0.25	0.37	0.51	0.50	0.84	0.50	1.39
太原	0.35	1.01	0.48	0.20	0.29	0.44	0.38	-0.05	0.42	1.51
呼和浩特	0.52	0.48	0.27	1.33	0.34	0.70	0.47	0.01	0.29	0.21
沈阳	0.33	0.77	0.27	-0.02	0.32	0.23	0.35	0.16	0.46	1.83
大连	0.42	0.81	0.79	0.04	0.36	0.27	0.32	-0.04	0.44	1.91
长春	0.30	1.35	0.16	-0.42	0.31	0.03	0.33	0.04	0.35	0.77
哈尔滨	0.37	0.62	0.32	-0.36	0.32	0.24	0.39	0.07	0.46	0.89
上海	0.48	1.88	0.38	0.39	0.60	1.76	0.25	0.10	0.56	2.77
南京	0.43	2.09	0.78	-0.22	0.45	1.03	0.35	0.06	0.36	1.24
杭州	0.47	1.60	0.51	-0.06	0.42	0.66	0.34	0.14	0.46	1.76
宁波	0.44	1.08	0.67	0.15	0.37	0.39	0.29	0.59	0.52	1.83
合肥	0.37	1.28	0.60	-0.12	0.38	0.49	0.34	0.50	0.46	1.84
福州	0.41	1.25	0.41	0.00	0.37	0.30	0.33	0.46	0.36	1.21
厦门	0.37	2.10	0.52	-0.27	0.37	0.20	0.30	0.40	0.46	2.02
南昌	0.31	1.18	0.44	-0.13	0.40	0.53	0.32	0.21	0.47	1.55
济南	0.42	1.07	0.77	0.01	0.41	0.58	0.34	0.11	0.43	1.61
青岛	0.46	1.50	0.66	1.24	0.39	0.30	0.37	0.06	0.40	1.12
郑州	0.34	0.87	0.52	2.90	0.36	0.24	0.32	0.31	0.39	1.21
武汉	0.42	1.54	0.73	0.22	0.46	0.77	0.31	0.29	0.48	2.58
长沙	0.49	1.15	0.55	1.21	0.44	0.63	0.32	0.48	0.53	1.56
广州	0.58	1.28	0.59	1.79	0.44	0.51	0.36	0.36	0.54	1.85
深圳	0.51	1.83	0.84	0.11	0.68	0.63	0.36	-0.04	0.56	2.09
南宁	0.34	0.30	0.59	-0.02	0.38	0.35	0.34	-0.15	0.38	1.16
海口	0.42	0.63	0.96	0.04	0.30	-0.19	0.29	0.10	0.42	0.92
重庆	0.24	1.22	0.37	1.86	0.41	0.58	0.60	0.10	0.62	3.34
成都	0.36	1.16	0.73	0.32	0.37	0.04	0.33	0.21	0.39	2.45
贵阳	0.34	1.31	0.47	-0.20	0.36	0.22	0.35	0.93	0.53	1.81

续表

城市	μ_1	α_1	μ_2	α_2	μ_3	α_3	μ_4	α_4	μ_5	α_5
昆明	0.35	1.49	0.29	5.73	0.38	0.06	0.38	0.43	0.53	1.80
西安	0.35	0.95	0.39	-0.34	0.51	1.03	0.31	-0.06	0.42	1.17
兰州	0.31	1.23	0.80	0.22	0.33	-0.05	0.29	0.24	0.37	1.11
西宁	0.31	0.52	0.69	0.50	0.36	-0.03	0.33	0.42	0.42	1.36
银川	0.32	1.02	0.33	-0.44	0.34	-0.20	0.37	0.33	0.40	1.78
乌鲁木齐	0.37	0.85	0.54	0.27	0.34	-0.17	0.26	0.87	0.50	2.09
	μ_1^*	α_1^*	μ_2^*	α_2^*	μ_3^*	α_3^*	μ_4^*	α_4^*	μ_5^*	α_5^*
均值	0.39	1.16	0.53	0.49	0.40	0.46	0.35	0.27	0.46	1.68

表 5-22 样本城市在各维度的类别划分结果统计

城市	D_1	D_2	D_3	D_4	D_5	城市	D_1	D_2	D_3	D_4	D_5
北京	◍	■	○	◍	○	青岛	○	○	■	◍	■
天津	◐	○	○	◐	○	郑州	■	○	■	◐	◐
石家庄	■	■	◐	○	◍	武汉	○	◐	○	◐	○
太原	■	◐	◐	◍	■	长沙	◐	○	○	○	◍
呼和浩特	◐	◐	◐	◍	■	广州	○	◐	◐	◐	◐
沈阳	■	■	◐	◍	◐	深圳	○	◐	◍	◐	◐
大连	◐	◍	■	■	◐	南宁	■	◐	■	■	■
长春	◐	■	◐	◍	◐	海口	◐	◐	◍	◐	◐
哈尔滨	■	■	◐	◍	■	重庆	◐	◐	○	◍	○
上海	○	■	○	■	○	成都	◐	◍	■	◐	◐
南京	○	◍	◐	■	◐	贵阳	◐	◐	◐	◐	◐
杭州	○	◐	◐	■	◐	昆明	◐	◐	■	◐	◐
宁波	◐	◍	◐	◐	◐	西安	◐	■	○	◐	◐
合肥	◐	◐	◐	◐	◐	兰州	◍	◐	■	■	■
福州	○	■	■	◐	■	西宁	■	○	■	◐	■
厦门	◐	◐	■	◐	○	银川	◐	■	■	○	◐
南昌	◐	■	◐	◐	◍	乌鲁木齐	◐	◐	◐	◐	○
济南	◐	◍	○	■	■						

注：○Category Ⅰ；◐Category Ⅱ；■Category Ⅲ；◍Category Ⅳ。

表 5-22 中，处于 Category Ⅰ 类别的城市在该维度状态值和演化速度值均很高，具有良好的表现；处于 Category Ⅲ 的城市在该维度状态值和演化速度值均较低，该维度表现较差。本书将根据表 5-22，对 5 个维度中处于 Category Ⅰ 类别和 Category Ⅲ 类别的城市空间分布进行详细讨论。

优化产业结构（D_1）维度处于 Category Ⅰ 类别的城市有上海、武汉、广州、杭州、深圳等，除了武汉外，优化产业结构维度表现较好的城市大多位于我国的东部沿海地区。以深圳为例，研究期内深圳的产业结构表现良好，大大提高了其低碳城市建设状态水平。这与徐鹏等（2016）的研究结论一致，该研究认为第三产业占 GDP 比重的提高使深圳低碳城市建设状态水平呈现上升趋势。路超君等（2014）亦指出深圳产业结构不断优化，形成了以高新技术产业、先进制造业和高端服务业为主体的产业体系。武汉虽然不是东部沿海地区城市，但依托上百所高校，高新技术产业发展迅猛，产业结构逐步优化，特别是东湖高新区发展势头强劲，《光谷指数 2020》的数据表明，2019年该区域高新技术产业增加值达 1176.7 亿元，占 GDP 的比重达到 62.7%，远高于全国平均水平（11.6%）。事实上，杨武等（2018）也指出优化产业结构对武汉控碳排放起到了很大作用。D_1 维度处于 Category Ⅲ 类别的城市有沈阳、哈尔滨、石家庄、太原、郑州、南宁、西宁、西安、银川、乌鲁木齐等，这些城市大多为我国东北地区和中西部地区的城市。可见，我国东北地区和中西部地区需要积极调整产业结构。谭灵芝和姜晓群（2020）的研究指出中西部地区应更多吸引东部地区先进技术和先进产业，促进各类资本要素向本地流动。西部地区城市贵阳的低碳发展规划中将产业结构调整作为低碳城市建设的重点议题，将 2020 年产业结构对低碳发展目标的贡献率设置为 43%（苗阳等，2016）。

调整能源结构（D_2）维度处于 Category Ⅰ 类别的城市有天津、

广州、青岛、郑州、长沙、西宁等，这些城市调整能源结构维度状态值较高，且演化速度提升较快。广州煤炭消费量在 2019 年为 1281 万吨，比 2017 年减少了 686 万吨，下降了 35%，煤炭消费量占能源消费总量比重从 27% 下降至 14%（国家发改委，2020）。王长建等的研究指出广州能源消费逐步从以煤炭为主转化为以石油为主，外购电力显著改善了广州的能源结构。D_2 维度处于 Category Ⅲ 类别的城市有北京、上海、福州、合肥、长春、南昌、石家庄、西安、沈阳、哈尔滨、银川，除上海、福州、合肥、南昌外，处于这一类别的城市均为北方城市。可见，我国北方城市以煤炭为主要能源的结构性问题依然严峻。梅林海和蔡慧敏指出我国清洁能源消费量占比排名靠前的几个省份均为南方省份，如广西、江苏、海南等，而北方城市能源结构问题日益突出。上海由于经济强度较大，能源消费量巨大，煤炭消费量占比常年居高不下，这种能源结构对城市的可持续发展是不利的，因而必须重视能源消费总量控制、煤炭消费总量控制，促进非化石能源发展（肖宏伟等，2015）。

提高能源效率（D_3）维度处于 Category Ⅰ 类别的城市有北京、广州、天津、长沙、杭州、重庆和上海等。这些城市多为经济较为发达的一线城市，在工业节能减排、发展绿色建筑和公共绿色交通等方面付出了诸多努力，提高了能源效率。以杭州为例，杭州较早建立由公共自行车、电动出租车、低碳公交车、水上公交车和地铁组成的综合绿色公共交通系统，提高了能源效率（Li 等，2018）。D_3 维度处于 Category Ⅲ 类别的城市有大连、宁波、青岛、郑州、西宁、贵阳、昆明、厦门、乌鲁木齐、南宁、福州、银川、成都等。这些城市多位于我国中西部地区，受气候或者地形的影响，这些地区在发展绿色建筑和公共绿色交通等方面存在一定的制约因素，需要提高能源利用效率。

提高碳汇水平（D_4）维度处于 Category Ⅰ 类别的城市有广州、

石家庄、贵阳、昆明、银川，碳汇水平较高的城市大多为我国的南方城市。以贵阳为例，作为中国首个国家森林城市，贵阳的森林覆盖率"十三五"期间从 2006 年的 46.5% 提高至 55%，森林覆盖率年均增速居全国第一（贵阳市林业局，2020）。石家庄重视碳汇水平的提高，并于 2017 年颁布了《河北省绿化条例》，规定新建居住区绿地率不得低于 35%；有劳动能力的适龄公民每人每年应当义务植树 3~5 棵。政府的高度重视使石家庄的碳汇水平在样本城市中表现较好（中华人民共和国中央人民政府，2017）。D_4 维度处于 Category Ⅲ 类别的城市有杭州、上海、南昌、西安、南京、济南、长春、海口、兰州等。这些城市应从多种渠道积极提高碳汇水平，如束加稳和杨文培（2019）指出杭州的绿化建设水平有待进一步提高，可通过深入开展屋顶的绿化项目、积极开展和鼓励全民义务植树活动、推广个人碳足迹计算器的使用等方式提高碳汇水平。

完善管理机制（D_5）维度处于 Category Ⅰ 类别的城市有北京、广州、贵阳、昆明、天津、武汉、厦门、乌鲁木齐、宁波、上海、重庆、深圳，这些城市均为我国第一批和第二批低碳试点城市。这一结论再次验证了低碳试点城市在低碳建设中的引领作用。陈楠和庄贵阳（2018）的研究也表明低碳试点城市具有更多的政策支持和创新举措，可见其在管理机制构建中的示范作用；其研究更进一步指出经济社会发展较好的试点城市低碳政策创新较多。这一现象在本书中也得以验证，我国经济最为发达的一线城市和新一线城市低碳管理机制较为完善。D_5 维度处于 Category Ⅲ 类别的城市有郑州、西宁、福州、西安、南京、济南、长春、海口、兰州、南宁、呼和浩特、太原、哈尔滨、青岛，这些城市应加大低碳城市建设力度，完善低碳城市管理机制，如加强低碳城市规划，完善环境立法保障。

第五节 本章小结

科学评价低碳城市建设状态水平是其准确提升的前提。本章首先基于目标管理理论构建了低碳城市建设状态水平测度指标体系，基于熵权法和 Topsis 法构建了低碳城市建设状态水平测度模型，基于四分位法和 Boston 矩阵法建立了低碳城市建设状态水平时空演化分析方法，收集我国 35 个样本城市在 2006~2019 年的数据，揭示样本城市在研究期内的时空演化规律。

基于我国低碳城市建设状态水平的时空演化分析，本章得出如下结论。第一，从时间演化角度，D_1（优化产业结构）维度、D_3（提高能源效率）维度和 D_5（完善管理机制）维度的低碳建设水平在研究期内有所提高；D_2（调整能源结构）维度提高不明显，需要持续关注；D_4（提高碳汇水平）维度表现较好的城市数量并未显著增加，在我国城市建设过程中仍需要重视提高碳汇水平。第二，从空间差异角度，D_1（优化产业结构）维度表现较好的城市有上海、武汉、广州、杭州、深圳等，多位于我国的东部沿海地区；D_1（优化产业结构）维度表现较差的城市有沈阳、哈尔滨、石家庄、太原、郑州、南宁、西宁、西安、银川、乌鲁木齐等，这些城市大多为我国东北和中西部地区的城市。D_2（调整能源结构）维度表现较好的城市有广州、青岛、长沙、郑州、西宁等；表现较差的城市有北京、上海、福州、合肥、长春、南昌、石家庄、西安、沈阳、哈尔滨、银川，除上海、福州、合肥、南昌外，这一类别城市均为北方城市。D_3（提高能源效率）维度表现较好的城市有北京、广州、天津、长沙、杭州、重庆、上海等，这些城市多为经济较为发达的一线城市；表现较差的城市有青岛、郑州、西宁、贵阳、昆明、厦门、乌鲁木齐、南宁、福州、银川、宁波、大连、成都等，这些城市多位于我国中西部地区。

D_4（提高碳汇水平）维度表现较好的城市有广州、石家庄、贵阳、昆明、银川，碳汇水平较高的城市多为我国的南方城市；表现较差的城市有杭州、上海、南昌、西安、南京、济南、长春、海口、兰州等。D_5（完善管理机制）维度表现较好的城市有北京、广州、贵阳、昆明、天津、武汉、厦门、乌鲁木齐、宁波、上海、重庆、深圳，这些城市均为我国第一批和第二批低碳试点城市；表现较差的城市有郑州、西宁等，这些城市应加大低碳城市建设力度，完善低碳城市管理机制。

第六章　我国城市低碳建设效率的
时空演化规律研究

本书第五章从状态刻画角度建立了我国城市低碳建设水平测度指标体系与测度模型，刻画了我国 35 个样本城市低碳建设状态水平的时空演化。为进一步揭示我国城市低碳建设表现，本章提出城市低碳建设效率的概念，从效率角度分析我国城市低碳建设水平，通过理论分析定义投入要素和产出要素，使用 Super-SBM 方法建立测度模型，以我国数据可达的 256 个地级市为样本开展实证研究，从而为我国政府设计具有针对性的城市低碳建设路径提供重要参考。

第一节　我国城市低碳建设效率测度方法

本书根据文献研究法界定城市低碳建设效率的概念；使用全要素生产理论识别城市低碳建设效率的投入要素；基于碳源与碳汇理论识别城市低碳建设效率的产出要素；使用 Super-SBM 模型计算城市低碳建设效率；分析我国城市低碳建设效率的时空演化。

一　我国城市低碳建设效率的概念模型

环境效率是指环境活动的投入要素与产出要素之间的效率，城市低碳建设作为一种典型的环境活动，也存在对应的投入要素和产出要素，进而形成低碳建设效率。因此，本书依据环境效率、碳排放效率和能源效率等概念，提出了城市低碳建设效率（Low Carbon City Efficiency，LCCE）这一概念，将其定义为城市低碳建设实践中的投入要素与产出要素之间的效率。识别城市低碳建设的投入要素和产出要素对于界定城市低碳建设效率的内涵至关重要。

（一）识别投入要素

环境效率相关研究基于全要素生产理论认为劳动力、资本存量和能源消耗是环境效率的三大投入要素（Du 等，2021a；Tao 等，2016；Zhang 等，2015；Cheng 等，2018；Emrouznejad 等，2016；Fang 等，2022）。城市低碳建设效率为环境效率的进一步延伸，本书亦根据全要素生产理论将劳动力、资本存量和能源消耗作为我国低碳城市建设的投入要素。

（二）识别产出要素

结合第四章识别的城市低碳建设总体目标与维度目标，本书定义了我国城市低碳建设效率的总体产出要素和维度产出要素，具体如下。

本书将经济增长和碳排放减少作为城市低碳建设的总体产出要素。朱守先和梁本凡（2012）指出城市低碳建设最重要的目标应是促进城市发展，片面追求城市碳排放减少而不发展经济是没有意义的。陈飞和褚大建（2009b）亦将追求经济增长与碳排放脱钩作为城市低碳建设的终极目标。换言之，经济发展是城市低碳建设的核心目标，应依靠技术手段实现高质量发展，寻求在不增加碳排放的情况下实现经济发展的最大化（Du 等，2022）。因此，将经济增长和碳排放减少作为城市低碳建设效率的总体产出要素既符合脱钩理论的核心诉求，也是一种连接经济增长与碳减排目标的可持续发展模式。

本书将优化产业结构、调整能源结构、提高能源效率和提高碳汇水平 4 个维度作为城市低碳建设的维度产出要素。城市低碳建设的总体产出需通过特定的可执行维度来实现，然而不同城市低碳建设实践的可执行目标的表达存在一定差异（Du 等，2021b）。为总结出我国城市低碳建设的可执行目标，本书第四章使用内容分析法将城市低碳建设维度的不同表述整合为优化产业结构、调整能源结构、提高能源效率、提高碳汇水平和完善管理机制 5 个方面，并得到已有研究的广泛认可（Du 等，2021c；Du 等，2022）。但由于完善管理机制多为定性指标，难以量化，因此本章在建立城市低碳建设效率测度模型时，仅将优化产业结构、调整能源结构、提高能源效率和提高碳汇水平 4 个维度作为城市低碳建设效率的维度产出要素。

（三）城市低碳建设效率的概念框架

通过以上讨论，本书将我国城市低碳建设效率进一步界定为：城市低碳建设的劳动力、资本存量、能源消耗 3 个投入要素，与两大总体产出要素和 4 个维度产出要素之间的相对效率值。城市低碳建设效率具体概念框架见图 6-1。

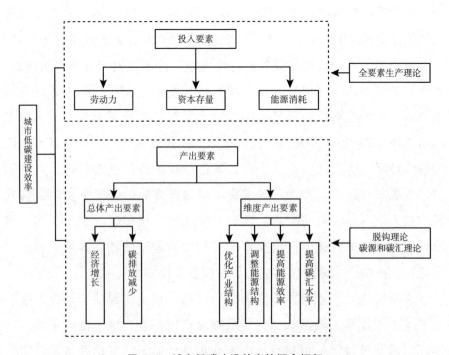

图 6-1　城市低碳建设效率的概念框架

二 我国城市低碳建设效率的投入产出指标

为了衡量我国城市低碳建设投入要素和产出要素的表现，本书采用文献研究法收集了衡量投入产出要素表现的候选指标，通过与城市低碳建设领域的专家进一步讨论指标的代表性及数据的可获得性，选定了要素的衡量指标，进而建立了我国城市低碳建设效率的投入产出指标体系，具体见表6-1。

表 6-1 我国城市低碳建设效率的投入产出指标体系

类别	要素名称	衡量指标（单位）	参考文献
投入要素	F_{I_1} 劳动力	I_{11} 地区就业人数（万人）	Zhang 和 Wei，2015；Fang 等，2022；Yu 和 Zhang，2021
		I_{12} 第三产业从业人员比例（%）	Gu，2022；Huo 等，2022
	F_{I_2} 资本存量	I_{21} 固定资产投资（亿元）	You 和 Chen，2022；Zhang 等，2020b；Zhou 等，2021；Ke 等，2014
		I_{22} 科技经费支出占总预算的比例（%）	Zhu 和 Liang，2012；You 和 Chen，2022；Yan 和 Huang，2022；Yang 等，2022
	F_{I_3} 能源消耗	I_{31} 社会用电量（万亿千瓦时）	Zhang 和 Wei，2015；Fang 等，2022；Yu 和 Zhang，2021
		I_{32} 煤炭占比（%）	Shen 等，2021；Zhang 和 Wei，2015；Fang 等，2022；Yu 和 Zhang，2021
总体产出	F_{O_1} 经济增长	O_1 GDP（亿元）	Meng 和 Thomson，2016；Zhang 等，2019；Fang 等，2022
	F_{O_2} 碳排放减少	O_2 二氧化碳总排放量（万吨）	Meng 和 Thomson，2016；Fang 等，2022
维度产出	F_{O_3} 优化产业结构	O_3 第三产业占 GDP 的比重（%）	Du 等，2021b；Tan 等，2017；Lin 等，2014；Yu 和 Zhang，2021；Du 等，2022
	F_{O_4} 调整能源结构	O_4 天然气普及率（%）	Du 等，2021b；Lin 等，2014；Du 等，2022
	F_{O_5} 提高能源效率	O_5 工业固体废物综合利用率（%）	Wang 等，2020；Lin 等，2014；Du 等，2022
	F_{O_6} 提高碳汇水平	O_6 造林面积（千公顷）	Du 等，2021b；Lin 等，2014；Du 等，2022

资料来源：笔者根据文献整理得出。

三 我国城市低碳建设效率的测度模型

数据包络分析（Data Envelopment Analysis，DEA）方法最早由 Charnes 等（1978）提出，用于评估特定决策单元的效率。DEA 方法可以衡量具有多个投入和产出要素的决策单元的相对效率，被广泛应用于能源、环境、经济、资源管理等多个学科（Cooper 等，2007；Wang 和 Huang，2007；Tone，2002；Gao 等，2022；Vlontzos 等，2014；Guo 等，2017；Chiu 等，2011）。例如，Gao 等（2022）利用 DEA 模型研究了 2000~2010 年经济合作与发展组织（OECD）国家和中国的能源效率。Vlontzos 等（2014）运用 DEA 模型评估了 2001~2008 年欧盟国家农业部门的能源环境效率。现有研究已验证了 DEA 方法是一种测度系统效率的有效方法（Moon 和 Min，2017）。然而，传统 DEA 方法并没有考虑空气污染、废水、废气等非期望产出。此外，传统 DEA 方法没有考虑决策单元可能出现投入过剩和产出不足的问题，从而导致决策单元效率低下。

为了解决传统 DEA 方法的局限性，Tone（2002）提出了一个考虑非期望产出和投入产出松弛变量的 Super-SBM 模型。与其他 DEA 模型相比，Super-SBM 模型具有两个优点。第一，它采用非径向方法来衡量效率，从而解决了因径向和角度选择不同而导致的结论偏差问题。第二，Super-SBM 模型可以有效地评估多个有效的决策单元效率值。Super-SBM 模型一经提出就得到了学者的广泛使用（Zhang 等，2019；Du 等，2023）。鉴于此，本章将应用 Super-SBM 模型测度我国城市低碳建设效率，具体步骤如下。

首先，假设存在待观察的决策单元（DMU），每个 DMU 有 m 个投入来产生期望产出 s_1 和非期望产出 s_2，分别由三个向量 $x_j \in R^m$、$y_j \in R^{s_1 \times n}$ 和 $p_j \in R^{s_2}$ 表示。可以如下表示：

$$x_j = (x_{1j}, x_{2j}, \cdots, x_{mj}) \in R^{m \times n} > 0$$
$$y_j = (y_{1j}, y_{2j}, \cdots, y_{s_1 j}) \in R^{s_1 \times n} > 0$$
$$p_j = (p_{1j}, p_{2j}, \cdots, p_{s_2 j}) \in R^{s_2 \times n} > 0$$

生产可能性集 P 定义如下：

$$p = \{(x_i, y_{s1}, p_{s2}) \mid x_i \geq X\lambda_j, y_{s1} \geq Y\lambda_j, p_{s2} \geq P\lambda_j, \lambda_j \geq 0\} \tag{6.1}$$

其中，λ_j 为非负向量，且 λ_j 的和为 1（$\lambda_j \sum\limits_{j=1}^{n} \lambda_j = 1$）。

Super-SBM 模型的建立过程如公式 6.1 构建：

$$\mathrm{Min}\rho = \frac{1 + \dfrac{1}{m}\left(\sum\limits_{i=1}^{m} \dfrac{s_i^-}{x_{ik}}\right)}{1 - \dfrac{1}{r_1 + r_2}\left(\sum\limits_{d=1}^{r_1} \dfrac{s_{r_1}^+}{y_{dk}} + \sum\limits_{u=1}^{r_2} \dfrac{s_{r_2}^+}{p_{uk}}\right)}$$

$$s.t. = \begin{cases} \sum\limits_{j=1, \neq k}^{n} x_{ij} \lambda_j - s_i^- \leq x_{ik}, i = 1, 2, \ldots, m; \\[2mm] \sum\limits_{j=1, \neq k}^{n} y_{dj} \lambda_j + s_{r_1}^+ \geq y_{dk}, d = 1, 2, \ldots, r_1; \\[2mm] \sum\limits_{j=1, \neq k}^{n} p_{uj} \lambda_j - s_{r_2}^+ \leq y_{uk}, u = 1, 2, \ldots, r_2; \\[2mm] \sum\limits_{j=1, \neq k}^{n} \lambda_j = 1, \lambda_j \geq 0; \\[2mm] s_i^- \geq 0, s_{r_1}^+ \leq 0, s_{r_2}^+ \geq 0; j = 1, 2, \ldots, n(j \neq k) \end{cases} \tag{6.2}$$

其中，ρ 为 DMU 的城市低碳建设效率得分；x_{ij}、y_{dj}、p_{uj} 分别为投入要素、期望产出要素和非期望产出要素；λ_j 是指标权重；s_i^- 是指投入的冗余变量，$s_{r_1}^+$ 是指期望产出的不足变量，$s_{r_2}^+$ 是指非期望产出的冗余变量。当且仅当 $s_i^- = s_{r_1}^+ = s_{r_2}^+ = 0$，即 $\rho = 1$ 时，DMU 是有效的，在其他情况下 DMU 均效率低下，这表明应重视城市低碳建设效率的提升。

第二节　我国城市低碳建设效率测度的数据收集与处理

一　数据收集

本章将通过开展实证研究验证城市低碳建设效率测度模型的有效性。具体而言，通过收集 2006~2019 年我国 256 个地级市的研究数据（见附表 A7），本章将刻画我国城市低碳建设效率的时空演化规律。这些城市为样本数据齐全的地级市，分布在我国各个地区，可以代表我国整体的城市低碳建设效率。

本章收集的 256 个样本城市 2006~2019 年投入产出数据的来源为 2007~2020 年《中国城市统计年鉴》、2006~2019 年《中国城市建设统计年鉴》、2007~2020 年《中国环境统计年鉴》、CEADs 等。

二　数据处理

将本章收集的数据代入本章第一节建立的模型，计算得出了 2006~2019 年 256 个样本城市低碳建设效率值。由于篇幅有限，本章以 2006 年和 2019 年样本城市低碳建设效率值为例 [见表 6-2（a）、表 6-2（b）]，城市低碳建设效率的全部数据在附表 A8 中展示。

表 6-2（a）　2006 年样本城市低碳建设效率值

编号	LCCE	编号	LCCE	编号	LCCE	编号	LCCE	编号	LCCE
C1	0.57	C6	1.05	C11	0.81	C16	0.50	C21	0.80
C2	1.15	C7	1.66	C12	0.79	C17	1.34	C22	1.12
C3	1.07	C8	1.08	C13	0.66	C18	1.01	C23	0.64
C4	1.00	C9	0.38	C14	1.08	C19	1.30	C24	1.19
C5	1.02	C10	0.12	C15	0.24	C20	1.00	C25	1.00

编号	LCCE	编号	LCCE	编号	LCCE	编号	LCCE	编号	LCCE
C26	0.56	C60	0.17	C94	0.38	C128	1.00	C162	1.04
C27	0.45	C61	1.24	C95	0.45	C129	1.00	C163	1.01
C28	0.79	C62	0.38	C96	0.49	C130	1.04	C164	1.01
C29	0.76	C63	1.04	C97	0.36	C131	1.00	C165	0.70
C30	1.02	C64	1.01	C98	1.00	C132	1.05	C166	0.33
C31	0.54	C65	0.09	C99	0.49	C133	1.10	C167	0.09
C32	0.21	C66	0.60	C100	1.04	C134	1.01	C168	0.57
C33	1.14	C67	0.41	C101	0.28	C135	0.86	C169	0.21
C34	0.68	C68	0.21	C102	0.73	C136	0.84	C170	0.59
C35	0.53	C69	0.04	C103	0.06	C137	0.12	C171	1.13
C36	1.07	C70	1.07	C104	0.19	C138	0.53	C172	1.00
C37	0.48	C71	1.03	C105	0.53	C139	1.09	C173	0.43
C38	1.01	C72	0.41	C106	1.24	C140	1.12	C174	1.05
C39	1.01	C73	1.04	C107	1.17	C141	0.88	C175	0.31
C40	1.02	C74	0.63	C108	0.63	C142	1.02	C176	1.03
C41	0.67	C75	0.16	C109	0.26	C143	0.62	C177	1.01
C42	0.61	C76	0.77	C110	1.00	C144	0.55	C178	1.01
C43	1.02	C77	0.47	C111	1.00	C145	1.01	C179	1.02
C44	0.35	C78	1.01	C112	1.28	C146	0.13	C180	1.00
C45	1.00	C79	1.01	C113	0.73	C147	1.16	C181	0.46
C46	1.13	C80	2.17	C114	0.86	C148	0.47	C182	1.00
C47	1.02	C81	1.04	C115	0.87	C149	0.64	C183	1.00
C48	0.58	C82	0.54	C116	1.00	C150	0.20	C184	1.00
C49	1.07	C83	1.03	C117	1.08	C151	1.00	C185	1.04
C50	0.07	C84	1.04	C118	1.01	C152	1.05	C186	1.00
C51	0.76	C85	1.03	C119	1.06	C153	1.01	C187	1.06
C52	1.07	C86	0.42	C120	0.39	C154	1.01	C188	0.57
C53	0.71	C87	0.90	C121	0.78	C155	1.03	C189	1.02
C54	0.76	C88	1.01	C122	1.04	C156	0.34	C190	0.62
C55	1.00	C89	1.02	C123	1.06	C157	1.09	C191	1.09
C56	1.00	C90	0.62	C124	1.01	C158	0.66	C192	1.04
C57	1.02	C91	1.16	C125	0.61	C159	0.72	C193	1.01
C58	0.54	C92	0.35	C126	1.09	C160	1.04	C194	1.08
C59	1.00	C93	1.02	C127	0.46	C161	1.13	C195	0.45

续表

编号	LCCE	编号	LCCE	编号	LCCE	编号	LCCE	编号	LCCE
C196	1.00	C210	1.01	C224	1.15	C238	0.53	C252	0.60
C197	0.66	C211	1.09	C225	0.45	C239	1.01	C253	1.06
C198	1.00	C212	1.00	C226	0.78	C240	0.70	C254	1.01
C199	1.01	C213	1.06	C227	1.04	C241	0.31	C255	1.10
C200	1.15	C214	1.04	C228	1.01	C242	1.05	C256	0.63
C201	1.80	C215	1.00	C229	1.02	C243	1.00		
C202	1.14	C216	1.06	C230	1.04	C244	1.00		
C203	1.01	C217	1.03	C231	0.67	C245	1.02		
C204	0.61	C218	1.16	C232	0.73	C246	1.02		
C205	1.00	C219	0.47	C233	1.01	C247	1.11		
C206	0.61	C220	0.71	C234	1.24	C248	1.03		
C207	1.00	C221	1.03	C235	1.01	C249	1.05		
C208	0.77	C222	0.65	C236	0.31	C250	1.06		
C209	1.00	C223	1.04	C237	1.02	C251	1.01		
均值						0.81			

表 6-2 （b）　2019 年样本城市低碳建设效率值

编号	LCCE	编号	LCCE	编号	LCCE	编号	LCCE	编号	LCCE
C1	0.43	C16	1.00	C31	0.49	C46	0.25	C61	0.35
C2	0.66	C17	0.53	C32	0.06	C47	0.17	C62	1.10
C3	0.17	C18	0.69	C33	1.03	C48	1.00	C63	1.30
C4	0.80	C19	0.20	C34	1.06	C49	1.48	C64	1.03
C5	1.07	C20	1.00	C35	1.00	C50	1.03	C65	1.00
C6	1.10	C21	1.00	C36	0.34	C51	0.58	C66	1.12
C7	1.02	C22	0.51	C37	1.01	C52	0.07	C67	0.14
C8	1.02	C23	1.04	C38	1.22	C53	0.03	C68	0.56
C9	0.45	C24	1.00	C39	1.05	C54	1.04	C69	1.01
C10	0.44	C25	1.03	C40	1.00	C55	1.02	C70	0.35
C11	0.28	C26	0.47	C41	1.05	C56	0.78	C71	1.02
C12	1.13	C27	1.03	C42	0.02	C57	0.32	C72	0.36
C13	0.28	C28	1.00	C43	1.02	C58	1.00	C73	1.02
C14	1.38	C29	0.42	C44	1.15	C59	1.00	C74	1.00
C15	0.01	C30	0.70	C45	0.64	C60	1.03	C75	1.01

编号	LCCE	编号	LCCE	编号	LCCE	编号	LCCE	编号	LCCE
C76	0.30	C114	0.26	C152	0.56	C190	0.59	C228	0.00
C77	0.73	C115	0.45	C153	0.05	C191	0.38	C229	0.57
C78	0.14	C116	0.45	C154	1.01	C192	0.51	C230	0.43
C79	1.00	C117	1.01	C155	0.15	C193	1.00	C231	0.38
C80	0.73	C118	0.49	C156	0.48	C194	1.03	C232	0.50
C81	1.00	C119	0.48	C157	1.24	C195	0.54	C233	1.04
C82	0.16	C120	1.03	C158	0.40	C196	0.42	C234	1.00
C83	1.13	C121	0.36	C159	1.07	C197	0.45	C235	0.36
C84	0.07	C122	1.06	C160	0.32	C198	0.66	C236	0.28
C85	0.31	C123	0.26	C161	0.09	C199	1.00	C237	1.12
C86	1.04	C124	0.26	C162	0.51	C200	1.02	C238	1.04
C87	1.03	C125	1.00	C163	1.06	C201	1.44	C239	1.01
C88	1.00	C126	1.01	C164	1.04	C202	0.74	C240	0.08
C89	1.00	C127	1.00	C165	0.92	C203	0.39	C241	1.01
C90	1.05	C128	0.16	C166	0.56	C204	0.28	C242	0.04
C91	0.48	C129	0.49	C167	1.01	C205	0.49	C243	1.00
C92	0.77	C130	0.28	C168	1.22	C206	1.02	C244	0.44
C93	1.03	C131	0.06	C169	0.19	C207	0.32	C245	1.03
C94	1.01	C132	1.03	C170	1.07	C208	1.02	C246	1.02
C95	1.00	C133	1.00	C171	0.51	C209	0.54	C247	1.17
C96	1.00	C134	0.03	C172	0.34	C210	1.00	C248	1.01
C97	0.56	C135	0.13	C173	1.08	C211	0.33	C249	0.64
C98	1.04	C136	0.83	C174	0.60	C212	0.38	C250	1.00
C99	0.57	C137	1.03	C175	0.63	C213	0.30	C251	0.19
C100	1.00	C138	0.76	C176	1.00	C214	0.29	C252	0.50
C101	1.00	C139	1.01	C177	1.04	C215	1.02	C253	1.15
C102	0.24	C140	0.04	C178	1.00	C216	1.00	C254	1.00
C103	1.03	C141	0.55	C179	0.37	C217	0.39	C255	1.11
C104	0.25	C142	1.40	C180	1.00	C218	1.01	C256	0.58
C105	0.41	C143	1.00	C181	1.00	C219	0.34		
C106	1.04	C144	1.00	C182	1.00	C220	1.42		
C107	1.03	C145	1.03	C183	1.06	C221	1.07		
C108	0.56	C146	1.00	C184	0.55	C222	0.56		
C109	1.16	C147	1.11	C185	1.80	C223	0.16		
C110	1.01	C148	0.35	C186	0.24	C224	0.43		
C111	0.50	C149	0.22	C187	1.03	C225	0.67		
C112	0.35	C150	1.12	C188	1.00	C226	1.00		
C113	0.52	C151	0.52	C189	1.01	C227	1.01		
均值						0.73			

第三节　我国城市低碳建设效率测度的计算结果

由城市低碳建设效率的计算结果可知，2006 年我国 256 个样本城市低碳建设效率平均值为 0.81，城市低碳建设效率值高于所有样本城市平均值的城市数量为 155 个（占比 60.5%）。根据城市低碳建设效率值的计算结果绘制出图 6-2，可直观看出城市低碳建设效率值高于平均值的城市数量在研究期内波动，从 2006 年到 2015 年城市数量有了明显的增加，而从 2015 年到 2019 年则有所下降。其中 2018 年城市低碳建设效率值高于平均值的城市数量有 122 个，在整个研究期内最少。此外，在研究期内，有 23 个城市的低碳建设效率值一直高于 256 个样本城市的平均效率值（占比 9.0%），有 3 个城市的低碳建设效率值一直低于 256 个样本城市的平均效率值（占比 1.2%），可见，我国 256 个样本城市低碳建设效率存在明显差异。

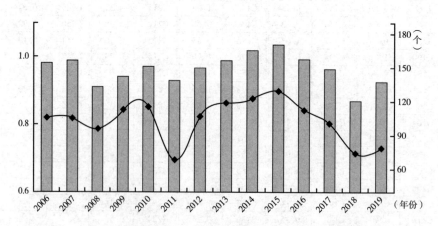

图 6-2　2006~2019 年 256 个样本城市低碳建设效率平均值（线形图）
和城市低碳建设效率高于平均水平的城市数量（条形图）

第四节 我国城市低碳建设效率时空演化规律分析

一 我国城市低碳建设效率的时间演化分析

为了准确分析不同城市低碳建设效率的时间演化规律，本章根据 Li 和 Yu（2011）的研究将 256 个样本城市按年度城市低碳建设效率值（LCCE）划分为 6 组（详见表 6-3）。城市低碳建设效率结果可以通过分组数量进行间接比较，避免了因不同时期的技术前沿不同而形成的不同时期城市低碳建设效率结果不可比较的问题（Song 等，2016）。按照标准划分后的 6 组分别为最佳组（LCCE ≥ 1）、优秀组（0.8 ≤ LCCE < 1）、良好组（0.6 ≤ LCCE < 0.8）、较差组（0.4 ≤ LCCE < 0.6）、差组（0.2 ≤ LCCE < 0.4）和最差组（LCCE < 0.2），表 6-3 显示了每组的城市数量。从表 6-3 中可以看出在研究期内每组城市数量有明显差异。2006~2019 年 256 个城市的城市低碳建设效率值分布如图 6-3 所示。

表 6-3 每组城市数量

单位：个

组别	2006 年	2007 年	2008 年	2009 年	2010 年	2011 年	2012 年
最佳	149	154	130	141	148	129	140
优秀	8	3	4	6	9	2	16
良好	38	21	44	50	46	14	40
较差	31	38	45	40	35	28	31
差	19	24	21	10	12	38	21
最差	11	16	12	9	6	45	8
组别	2013 年	2014 年	2015 年	2016 年	2017 年	2018 年	2019 年
最佳	155	165	168	150	134	112	129
优秀	6	7	11	14	16	1	3
良好	39	38	41	35	44	34	15
较差	36	31	25	28	27	66	46
差	18	11	8	15	22	24	38
最差	2	4	3	14	13	19	25

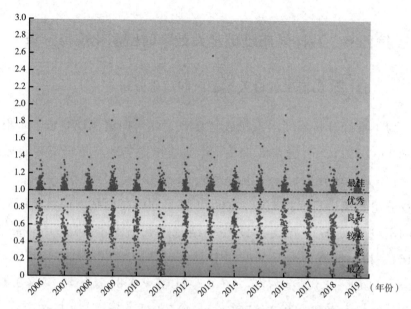

图 6-3　2006~2019 年 256 个样本城市低碳建设效率值分布

由表 6-3、图 6-3 可知，我国整体的城市低碳建设效率值是令人满意的。在研究期内，每年有约 3/4 的城市处于最佳组、优秀组和良好组（这三组的平均城市低碳建设效率值不低于 0.6），有约 1/4 的城市处于较差组、差组和最差组（城市低碳建设效率值低于 0.6）。有趣的是，在这些表现较好的城市中，超过 3/4 的城市处于最佳组。从时间演化的角度来看，2018 年只有 112 个城市低碳建设效率值超过 1（占 43.8%），在研究期内最低。此外，最佳组的城市数量在 2018 年为 112 个，2019 年为 129 个，有所下降。且较差组、差组和最差组的城市数量在 2018 年和 2019 年占比较高，均占样本城市的 42.6%。研究期内 2015 年最佳组、优秀组和良好组城市最多，有 220 个城市（占 85.9%），只有 36 个城市被列入较差组、差组和最差组。另一个有趣的结果是，在研究期内，样本城市低碳建设效率值主要处于最佳组、良好组、较差和差组，而处于优秀组和最差组的城市较少。

从样本城市低碳建设效率的时间演化分析结果来看，2011年、2018年和2019年我国城市低碳建设表现相对较差。然而，现有多项研究表明我国城市低碳建设效率正在不断提高。例如，Shen等（2021）和Wang等（2020b）的研究分别发现我国34个低碳试点城市和284个地级市的低碳建设表现得到了改善。产生不同结论的原因在于，本章从效率的角度对城市低碳建设表现进行测度，同时考虑了城市低碳建设的投入和产出要素。如果仅考虑产出指标，由于我国所有城市均采取了一系列城市节能减排措施，我国城市低碳建设效率必然持续提高（Zhu和Liang，2012）。然而，当同时考虑投入和产出要素时，对城市低碳建设效率的测度结果会有所不同。以2018年和2019年为例，由于国家发展改革委在2017年颁布了《关于开展第三批国家低碳城市试点工作的通知》，这促使各个城市从2018年开始将更多的劳动力、资金和能源投入城市低碳建设，所以，仅从2018年和2019年的投入要素来看，固定资产投资、科技经费支出等投入要素飞速增长。虽然，大力度投入后我国城市低碳建设效率的产出必然有所增长，但期望产出增速低于投入增速。换句话说，我国城市低碳建设实现的期望产出增长缓慢，被投入的快速增长所抵消。这一结论也进一步验证了从效率角度测度城市低碳建设水平的重要性，低碳建设水平测度应兼顾城市低碳建设效率的投入和产出要素。Zhang等（2019）的研究也认同了这一研究观点，指出兼顾投入和产出要素的环境效率可以指导优化资源配置，进而为提高环境表现提供有效的指导。Zhou等（2021）的研究也认为提高城市环境效率是我国实现节能减排的决定性因素和关键手段，是实现"双碳"目标的关键监测指标。因此，从效率角度测度我国的城市低碳建设水平是必要的。

二　我国城市低碳建设效率的空间异质性分析

不同城市的低碳建设效率具有明显的空间异质性，不同地区城市的低碳建设效率差异显著。为了全面分析城市低碳建设效率，本节将分析 256 个样本城市在 2006 年、2010 年、2015 年和 2019 年的城市低碳建设效率值的地理分布特征。

我国东部地区、中部地区、西部地区、东北地区四大区域的城市低碳建设效率值呈现显著的空间异质性，其均值呈现西部地区最高、东部地区较高、东北部地区较低、中部地区最低的分布趋势。2006 年最佳组的城市广泛分布在我国四大区域，西部地区的表现略好于其他 3 个地区。这是因为 2006 年我国城市基础设施建设等均处于起步阶段，工业能耗、建筑能耗和碳排放等均处于较低水平（Liu 等，2016）。然而，2010 年和 2015 年处于优秀组的中部地区和东北地区城市数量迅速减少，城市低碳建设效率处于较差组、差组和最差组的城市蚌埠、阜阳、丹东和本溪等主要集中在中部地区和东北地区。这些城市的低碳建设效率由于高投入、高非期望产出及低期望产出而产生了低效率表现。然而，2019 年四大区域都存在城市低碳建设效率较差的城市，这是因为为了获得更大的经济回报，所有地区的劳动力、资金和能源投入均大幅增加，然而碳排放等非期望产出持续上涨。此外，经济较发达的东部地区城市也投入更多资金支持其低碳城市实践，但尚未实现最理想的低碳建设目标，造成了资源的浪费（Shuai 等，2017）。因此，在 2019 年有大量东部地区城市低碳建设效率处于差或最差水平。

由以上空间差异分析的总体结果可知西部和东部地区城市的低碳建设效率较高，而中部地区和东北地区城市的城市低碳建设效率表现较差。东部地区碳排放效率较高、中部地区和东北地区碳排放效率较低的研究结果与已有研究一致，而西部地区城市低碳建设效率最高的研究结果与以往研究结果不同。以往研究多认为，经济发展水平高的地区往往环境效率表现更好，而经济发展水平低的地区往往环境效率表现较差。例如，Zhang 等（2019）对我国 283 个城市的环境效率进行研究，认为我国东部地区环境效率较高，而中西部地区环境效率较低。本书得出不同结论是因为以往研究多使用碳排放效率衡量城市低碳表现，其产出指标只考虑经济和碳减排等总体目标，而本书兼顾城市低碳建设的总体产出和维度产出。城市低碳建设的产出并不仅有经济增长和碳减排等总体目标，优化产业结构、提高能源效率和碳汇水平等低碳建设维度目标也是城市低碳建设目标的主要组成部分。事实上，经济欠发达地区的城市可能在城市低碳建设的一些维度产出上表现良好，特别是西部地区城市可能在提高碳汇水平维度上有不错的表现。例如，贵阳虽然经济发展水平不高，但政府对增加森林碳汇非常重视，该市的森林覆盖率在 2021 年达到 55%，是我国森林覆盖率较高的城市之一（Song 等，2016）。事实上，Ke 等（2014）在城市生态福祉方面研究也发现经济较发达的城市不一定具有较高的生态效率，而西部地区城市在增加碳汇等方面可能表现良好。这一发现也验证了本书提出的城市低碳建设效率测度方法的有效性。城市低碳建设效率测度既要考虑经济增长和碳减排的总体目标，又要考虑提高能源效率、提高碳汇水平等维度目标。

三　我国不同规模城市低碳建设效率特征分析

城市规模与碳排放的关系是现有研究的热点话题，并产生了各种有趣的结论。因此，本书将分析不同规模城市的低碳建设效率特征。依据《国务院关于调整城市规模划分标准的通知》，本书使用样本城市 2019 年的人口数据，将样本城市分为超大城市（1000 万人以上）、特大城市（500 万~1000 万人）、大城市（100 万~500 万人）、中等城市（50 万~100 万人）和小城市（50 万人以下）。在研究期内，不同规模城市的低碳建设效率动态分析以及不同规模城市的低碳建设效率平均值如图 6-4 所示。

从图 6-4（a）可以看出，超大城市和小城市在研究期内的低碳

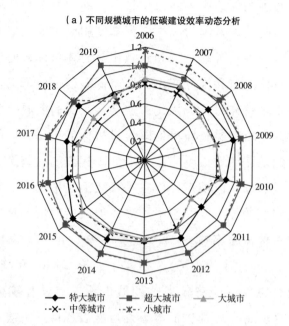

（a）不同规模城市的低碳建设效率动态分析

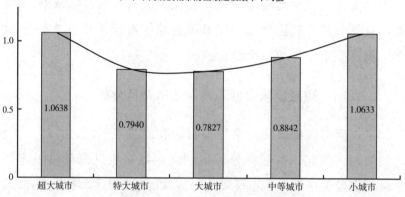

（b）不同规模城市的低碳建设效率平均值

图 6-4　不同规模城市的低碳建设效率平均值

建设效率水平较高，大城市的低碳建设效率平均值较低。从图 6-4（b）可以看出，研究期内我国超大城市、特大城市、大城市、中等城市和小城市的城市低碳建设效率平均值分别为 1.06、0.79、0.78、0.88 和 1.06。可见，我国城市低碳建设效率与城市规模呈 U 形关系，城市低碳建设效率与城市人口数量并非成正比。

通过对不同规模城市的低碳建设效率进行分析，本书发现城市低碳建设效率与城市规模呈 U 形关系。对于小城市来说，城市空间布局更加紧凑，工作场所和住宅之间的分离较少，因此其碳排放量增长相对缓慢，从而使其城市低碳建设效率更高。Li 等（2021）的研究也表明紧凑的空间布局有利于城市的空气质量提高。超大城市低碳建设效率高的原因如下。首先，这些城市优化了产业结构，有助于其碳减排等目标的实现。例如，深圳第三产业比重从 2000 年的 49.6%提高到 2020 年的 62.1%（国家统计局，2021）。其次，这些城市经济更发达，有能力在节能减排方面投入更多，更加重视城市低碳建设工作，注意城市低碳建设效率的提升。Shuai 等（2017）指出，经济发达的超大城市更愿意为节能减排买单，从而提高能源效率。

第五节　本章小结

我国在开展城市低碳建设的过程中投入了大量的人力、物力和财力，通过研究城市低碳建设投入和产出之间的关系可以更好地了解我国城市低碳建设的现状。因此，本章节基于全要素生产理论、脱钩理论以及碳源和碳汇理论，提出了一种从效率角度测度我国城市低碳建设水平的方法，并且以我国 256 个城市为样本，通过收集这 256 个城市 2006~2019 年的数据，开展案例研究以证明本章所提出方法的有效性。

基于我国城市低碳建设效率的时空演化规律研究，可得出以下结论。第一，从城市低碳建设效率的时间演化分析结果来看，2011 年、2018 年和 2019 年是我国城市低碳建设效率相对较低的年份。这是由于我国城市低碳建设的投入和期望产出均有所增加，但期望产出增速低于投入的增速，从而导致城市低碳建设效率较低。这同时进一步证明了从效率角度来评估我国城市低碳建设水平的重要性，提高城市低碳建设效率是我国实现节能减排的决定性因素，是实现"双碳"目标的关键路径。第二，从空间异质性的分析结果可知，我国西部地区城市低碳建设效率最高，其后的是我国东部地区城市，东北地区城市低碳建设效率较低，中部城市低碳建设效率最低。这一发现可以进一步证明本书提出的城市低碳建设效率测度方法的有效性，启示我们在研究城市低碳建设时，不仅要关注经济增长和碳减排的总体目标，同时也要考虑到提高能源效率、提高碳汇水平等维度目标。第三，本章通过对不同规模城市低碳建设效率进行分析，发现我国城市低碳建设效率与城市规模呈现 U 形的关系。不同城市低碳建设效率的影响因素存在地域差异，通过对不同城市低碳建设效率的实证研究，可以更好地为我国国家层面和地方政府制定因地制宜的科学减排措施提供必要的参考。

第七章　我国城市低碳建设水平的提升策略研究

　　基于"提出问题→分析问题→解决问题"的研究思路，本章是解决问题的环节。根据第五章我国城市低碳建设水平时空演化情况可知，我国城市低碳建设仍需付出更多努力。为了提升我国城市低碳建设水平，本章旨在解决"城市低碳建设怎么做"这一问题。本章将基于经验挖掘理论，整合国内外城市低碳建设经验，基于政策工具分析国内外低碳城市建设经验，进而提出城市低碳建设水平整体性提升策略；基于主题词模型对国内经验进行总结，进而提出样本城市的低碳建设水平维度性提升策略，最终形成一套兼顾我国整体和样本城市的低碳建设水平提升策略，从而保证城市低碳建设目标的全面实现，助推城市的可持续发展。

第一节　我国城市低碳建设水平提升策略提出的理论框架

　　基于实证研究结果可知，我国不同城市在低碳建设各维度的表现差异较大，短板和优势各不相同。

　　为了提高我国城市低碳建设整体水平，本章基于经验挖掘理论将学习国际先进经验，通过政策工具分析并提出我国城市低碳建设的整体性提升策略。为了优化我国城市低碳建设各维度表现，本章将采用文本挖掘方法对国内城市低碳建设经验进行总结和分析，并基于凝练的经验提出我国城市低碳建设的维度性提升策略。

一 经验挖掘理论

经验挖掘是在案例推理（Case-Based Reasoning，CBR）法的基础上提出的一种定量化的决策研究方法。案例推理是人工智能领域中一个重要的分支，其基本思想是利用过去的方法解决人们现在遇到的类似的新的问题（Aamodt 和 Plaza，1994）。它是一种模仿人类解决问题的思维过程的方法（Kolodner，2014），人类在遇到新的问题时，通常会在脑海里搜寻过去的记忆，运用曾经的类似经验来解决问题。

在案例推理法基础上发展而来的经验挖掘法应用的前提是待解决的问题与过去曾经出现的问题相同或相似，有成功解决这些相同或相似问题的经验，当管理者需要对遇到的新问题进行决策或实施措施时，可以从经验案例库中挖掘出与新问题特征相似的经验案例，并参考和分析挖掘到的经验案例中采用的政策和措施，从而直接应用于或修改后应用于解决新问题（Shen 等，2013）。经验挖掘法旨在将现有的城市可持续发展实践经验模块化，并通过计算机技术进行挖掘提取，从而为不同的城市治理"城市病"提供决策参考。

经验挖掘理论的提出为解决城市问题提供了全新的思路和方法借鉴，被广泛应用到不同领域，如 Shen 等（2017b）将经验挖掘理论用于城市绿色建筑设计中，帮助设计师在设计新的绿色建筑时，挖掘相似的绿色建筑案例作为参考，以提高绿色建筑设计的准确性和有效性。Liu 等（2019）将经验挖掘理论应用于解决国际建筑工程纠纷问题，为解决新纠纷问题提供了有效的决策参考。Huang 等（2019）和 Wu 等（2020）分别应用经验挖掘理论设计了城市低碳建设总体路径和能源结构维度路径，为解决城市低碳建设中存在的问题提供了有效的决策参考。

　　国内外城市在低碳建设中探索出了众多的实践经验，因此本书借鉴 Shen 等（2013）的经验挖掘理论的思路，集成和再利用现有的城市低碳建设实践经验，提出我国城市低碳建设水平的提升策略。

二　基于经验挖掘理论的提升策略技术路线

　　基于经验挖掘理论的基本思想，本书提出了城市低碳建设水平提升策略的技术路线，见图 7-1。

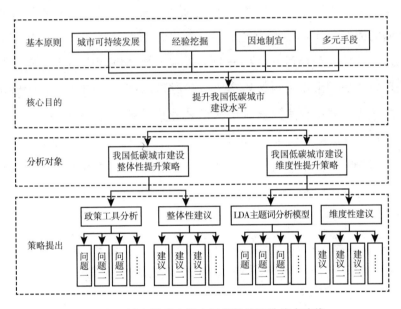

图 7-1　城市低碳建设水平提升策略的技术路线

　　根据图 7-1 可知，本书以城市可持续发展、经验挖掘、因地制宜、多元手段为基本原则，以提升我国城市低碳建设水平为核心目的，从整体性和维度性两个视角提出我国城市低碳建设水平的提升策略。通过使用政策工具分析方法，本书对国内外低碳政策工具进行对比分析，发现我国城市低碳建设存在的整体性问题，并基于国内外低碳城市建设经验提出整体性提升建议；通过文本挖掘方法，构建主题词分析模型，结合实证研究的结果，本书总结和凝练表现较好的城市的低碳建设经验，并基于短板维度对样本城市提出了提升策略。

其中，"城市可持续发展"是提升策略制定的核心思想，本书在提出城市低碳建设水平提升策略时将充分考虑城市经济、社会和环境的统筹发展，全面提升城市可持续发展水平。"经验挖掘"是指提升策略提出的依据是对国内外城市低碳建设经验的总结，基于政策工具分析对国外经验进行总结，提出整体性提升策略；基于主题词分析模型对国内经验进行总结，提出维度性提升策略。"因地制宜"是指在提出城市低碳建设提升策略时需要考虑不同城市的经济、社会、资源禀赋等要素，让不同城市以最低的投入获得最佳的提升效果。本书将各维度中城市低碳建设水平表现较差的城市作为目标城市，将各维度低碳建设表现良好的城市作为经验城市，通过收集经验城市的低碳建设政策，为目标城市提出低碳建设水平提升策略提供借鉴。"多元手段"是指城市低碳建设水平的提升策略包括强制性政策工具、混合性工具、自愿性工具等多种类型的政策工具，同时考虑国家、政府、企业、个人等多方参与主体。

第二节　基于政策工具分析的我国城市低碳建设整体性提升策略

政策工具分析是反映低碳城市政策现状的有力工具，本书将从政策工具视角提出城市低碳建设整体性提升建议。本节将梳理我国城市低碳建设政策工具的现状，找出存在的问题，为城市低碳建设水平整体性提升策略的提出奠定基础。

一　研究设计

（一）政策工具分析法

为了总结我国城市低碳建设存在的整体问题，本书使用政策工具分析法对我国城市低碳建设的政策现状进行分析。根据第二章对政策工具理论的梳理，本书使用豪利特（Howlett，2005）的政策工具分析框架，该分析框架在现有研究中广泛使用，并得到了学者的一致认可（Shen 等，2016；Lou 等，2018；Huang 等，2019）。

根据豪利特（Howlett，2005）的政策工具分类框架，政策工具分为三大类：强制性政策工具、自愿性工具和混合性工具，每种类型的政策工具反映了不同程度的强制治理。在每种政策工具类型下包含的各种具体措施如表 7-1 所示。其中，强制性政策工具（P_{I-A}）包括规制工具（P_{I-A1}）、直接供给工具（P_{I-A2}）和权威工具（P_{I-A3}）；自愿性政策工具（P_{I-B}）包括个人家庭与社区工具（P_{I-B1}）、自愿型组织和服务工具（P_{I-B2}）和市场工具（P_{I-B3}）；混合性工具（P_{I-c}）包括信息与倡导工具（P_{I-C1}）、诱因工具（P_{I-C2}）和补贴工具（P_{I-C3}）。

表 7-1 政策工具及其类型划分

政策工具类型	政策工具	常见形式
强制性政策工具（P_{I-A}）	规制工具（P_{I-A1}）	法规、条例、监管、考核、评价、制裁、许可、制定与调整体系规则与标准等
	直接供给工具（P_{I-A2}）	政府购买、公共财政支付与转移、直接服务与管理
	权威工具（P_{I-A3}）	指导、执行、计划、机构设置与改革、政府协定与实验
自愿性工具（P_{I-B}）	个人家庭与社区工具（P_{I-B1}）	个人与家庭参与、社会监督
	自愿型组织和服务工具（P_{I-B2}）	志愿者、非营利机构
	市场工具（P_{I-B3}）	市场调节、市场竞争
混合性工具（P_{I-C}）	信息与倡导工具（P_{I-C1}）	舆论建立与宣传、鼓励、引导、号召、信息发布与公开、榜样示范、教育学习
	诱因工具（P_{I-C2}）	权力下放、程序简化、社会声望、留存利益
	补贴工具（P_{I-C3}）	补助、税收、利率等优惠、捐赠、财政实物等奖励、补贴贷款

资料来源：豪利特（Howlett，2005）。

（二）研究步骤

本书将按照内容分析法的基本步骤对国内外城市低碳建设有关政策进行分析。内容分析法包括以下 5 个研究步骤：①确定研究问题；②收集文献文本；③制定分析框架维度和特征类目；④分析单元编码；⑤量化分析与结果解释（韩莹莹，2017）。基于此，结合本节的研究目的，城市低碳建设政策工具分析包括以下几个步骤：①收集城市低碳建设有关的国内外经验文件；②将经验文件编码为政策分析单元；③根据表 7-1 中的政策工具对政策分析单元进行归类；④对归类结果进行分析与讨论。本书的分析主要是基于标杆管理的思想，对比国内外低碳城市建设政策工具，找出我国政策工具存在的问题，从而为从政策工具视角提出城市低碳建设水平整体性提升策略奠定基础。

二　数据收集与处理

（一）政策分析单元收集

1. 国内城市低碳建设相关政策文本收集

由于我国城市数量众多，本书仅选取 35 个重点城市作为样本来反映我国的低碳城市建设政策工具的结构现状。通过在"北大法宝"数据库和各个城市发改委官网中以"低碳"为关键词进行检索，最终收集到政策分析单元 608 个，并按照城市顺序对经验文件进行编码，"P_{1-1}"代表第一个城市的第一个政策分析单元。由于数据量过大，本书仅在正文中展示北京的城市低碳建设的经验文件（见表 7-2），完整版低碳城市政策分析单元及其编码见附表 A9。

表 7-2　国内低碳城市政策分析单元（以北京为例）

编码	政策分析单元
P$_{1-1}$	关于组织开展 2020 年节能宣传周和低碳日活动的通知
P$_{1-2}$	关于组织开展 2019 年节能宣传周和低碳日活动的通知
P$_{1-3}$	关于组织开展 2017 年全国节能宣传周和全国低碳日北京活动的通知
P$_{1-4}$	关于印发《北京市"十三五"时期节能低碳和循环经济全民行动计划》的通知
P$_{1-5}$	关于印发北京市 2016 年节能低碳技术产品及示范案例推荐目录的通知
P$_{1-6}$	关于 2016 年全国节能宣传周和全国低碳日北京活动安排的通知
P$_{1-7}$	关于公布北京市 2016 节能环保低碳教育示范基地创建单位名单的通知
P$_{1-8}$	关于组织开展第二届中美气候智慧型/低碳城市峰会有关征集活动的通知
P$_{1-9}$	关于征集国家重点推广低碳技术目录的通知
P$_{1-10}$	关于举办 2016 北京市第四届节能环保低碳系列宣传活动的通知
P$_{1-11}$	关于印发《节能低碳和循环经济行政处罚裁量基准（试行）》的通知
P$_{1-12}$	关于印发北京经济技术开发区绿色低碳循环发展行动计划的通知
P$_{1-13}$	北京市人民政府办公厅关于印发《北京市推进节能低碳和循环经济标准化工作实施方案（2015—2022 年）》的通知
P$_{1-14}$	关于征集 2015 年度低碳榜样案例的通知
P$_{1-15}$	关于征集"十三五"期间节能低碳标准制修订需求建议的通知
P$_{1-16}$	关于印发北京市 2015 年节能低碳技术产品推荐目录的通知
P$_{1-17}$	关于公示北京市 2015 年节能低碳技术产品推荐目录的通知
P$_{1-18}$	关于征集国家重点推广低碳技术目录的通知
P$_{1-19}$	关于开展北京市节能低碳发展创新服务平台 2015 年节能低碳技术（产品）及应用示范案例征集工作的通知
P$_{1-20}$	关于印发《北京市 2014 年节能低碳技术产品推荐目录》的通告
P$_{1-21}$	关于 2014 年全国节能宣传周和全国低碳日北京活动安排的通知
P$_{1-22}$	关于组织申报低碳社区试点建设的通知
P$_{1-23}$	北京市教育委员会、北京市科学技术委员会等关于 2013 年全国节能宣传周和全国低碳日北京活动安排的通知
P$_{1-24}$	北京市发展改革委高技术处关于组织申报 2013 年低碳技术创新及产业化示范工程项目的通知
P$_{1-25}$	关于开展北京市节能低碳发展创新服务平台 2012 年节能低碳技术（产品）征集的通知
P$_{1-26}$	关于北京市 2011 年节能低碳技术（产品）目录的通告
P$_{1-27}$	北京市人民政府批转市发展改革委关于加快构建本市安全高效低碳城市供热体系有关意见的通知

续表

编码	政策分析单元
P_{1-28}	关于开展低碳城市可持续发展政策与实践研讨会通知
P_{1-29}	开展第二届中美气候智慧型/低碳城市峰会的活动安排
P_{1-30}	关于组织申报低碳社区试点建设的通知
P_{1-31}	关于北京市应对气候变化研究中心正式挂牌成立活动的通知
P_{1-32}	资源节约和环境保护处(应对气候变化处)和中国标准化研究院计划开展低碳领域的相关标准研究编制工作
P_{1-33}	关于2015年全国节能宣传周暨北京市节能宣传周的活动安排通知
P_{1-34}	关于北京市本市首座热电中心建成投产的通知
P_{1-36}	关于2012中国绿色低碳产业创新发展论坛开幕的通知
P_{1-37}	关于首届电子竞技式节能低碳益智竞赛启动安排
P_{1-38}	关于开展北京市节能低碳发展创新服务平台2015年节能低碳技术(产品)及应用示范
P_{1-39}	关于开展2016年节能低碳技术(产品)及示范案例征集工作的通知
P_{1-40}	关于申报亚太经合组织(APEC)低碳示范城镇的通知
P_{1-41}	北京市能源与经济运行调节工作领导小组办公室关于印发2015年北京市能源工作要点的通知
P_{1-42}	关于征集北京市"十二五"期间节能低碳典型案例的通知
P_{1-43}	首届京津冀及周边地区节能低碳环保产业高端研讨会在京成功举办
P_{1-44}	关于开展北京市节能低碳发展创新服务平台2012年节能低碳技术(产品)征集的通知
P_{1-45}	我市启动"节能低碳技术(产品)征集"工作
P_{1-46}	北京市推进节能低碳和循环经济标准化工作实施方案(2015—2022年)
P_{1-47}	北京市"十三五"时期新能源和可再生能源发展规划
P_{1-48}	关于节能环保低碳大篷车首站巡游路线的活动通知
P_{1-49}	北京经济技术开发区绿色低碳循环发展行动计划
P_{1-50}	关于京津冀及周边地区节能低碳环保产业联盟成立暨项目技术融资对接会工作通知
P_{1-51}	关于发展改革委联合北京环境交易所等单位开展了"我自愿每周再少开一天车"的活动通知
P_{1-52}	北京市"十三五"时期能源发展规划
P_{1-55}	关于交通行业节能减排专项资金助推低碳交通的工作开展通知

2. 国外城市低碳建设相关政策文本收集

本书选取 C40 城市气候领导联盟（简称"C40"）作为国外城市低碳建设的代表。C40 城市是国际低碳城市建设实践较为积极的城市联盟，一直致力于实现温室气体减排和降低气候变化风险，因此，C40 城市低碳建设在全球范围内十分具有代表性（吴雅，2019）。

C40 由 2005 年时任伦敦市长肯-利文斯顿发出倡议，经美国前总统克林顿支持后结成战略伙伴关系。C40 建立之初有 40 个城市成员，包括北京、河内、首尔、东京、孟买、墨尔本、纽约和莫斯科等。随后，C40 不断发展，城市成员数量不断增加。截至 2020 年，C40 共有 97 个城市成员，其中有 13 个来自中国，有 10 个来自美国，其他城市成员则来自越南、韩国、日本等国家，这些城市共拥有 6.5 亿人口，其 GDP 占全球 GDP 的 25% 以上，具有一定的影响力。

C40 搭建了分享城市低碳建设实践与经验的平台，通过收集全球城市低碳建设最佳实践案例并进行分享，帮助城市制定并实施更好的或更快的气候变化行动。根据 C40 城市官网（2021）公布的信息，C40 建立了包括能源、建筑、运输、城市规划与发展、废物和水等六大方面的 17 个服务网络，具体包括私人建筑效率网络、市政建筑效率网络、新建筑效率网络、清洁能源网络、机动管理网络、低排放车辆（LEV）网络、快速公交（BRT）网络、土地利用规划网络、面向过境的发展网络、低碳社区网络、食品系统网络、可持续固体废物系统网络、浪费资源网络、连接三角洲城市网络、气候变化风险评估网络、冷却城市网络、绿色增长网络。通过建立以上 17 个服务网络，C40 取得了以下四种效果。

第一，连接。C40 将世界各地的同行联系起来，以提供应对气候挑战的解决方案。例如，哥本哈根和纽约通过 C40 绿色增长网络建立联系之后，两个城市开始共同努力，促进绿色企业发展。2014 年底，丹麦清洁技术中心在纽约正式启用，为纽约带来丹麦的专业知识和技术，帮助纽约应对气候挑战。

第二，启发。C40 通过展示全球领先的城市低碳建设思路和方案来启发创新。例如，在 C40 的推动下，波特兰议会一致通过了支持该市发行绿色债券的决议，并在 2016 年发行第一批绿色债券，以资助 LED 改造和其他可持续性项目。

第三，建议。C40 根据类似项目和政策的经验，向城市同行提供建议。例如，C40 快速公交网络中的城市审查了亚的斯亚贝巴的 BRT 利益攸关方参与战略，并提供了针对性反馈，使亚的斯亚贝巴能够将资源引导到最需要的地方，让公民参与 BRT 的设计，并确立项目的公共所有权。

第四，影响。C40 通过影响国家和国际政策议程，展示城市合作的力量。例如，C40 低排放车辆网络中将高价格作为发展 LEV 的障碍。为解决以上问题，伦敦和波哥大等城市制定了一项清洁公共汽车宣言，通过合作降低价格，扩大了低排放车辆的潜在市场。

根据 C40 城市官网（2021）公布的信息，70% 的 C40 城市已实施了气候行动，并制定了专门的低碳建设工作方案。本节总结了 C40 的代表性城市低碳建设方案，见表 7-3。

表 7-3　C40 的代表性城市低碳建设方案

城市	城市低碳建设方案
阿姆斯特丹	阿姆斯特丹：一个不同的能源-2020 能源战略
奥斯汀	奥斯汀社区气候计划
柏林	2050 年柏林气候中和
波特兰	气候行动计划
德里	2009~2012 年德里气候变化议程
东京	东京气候变化战略：进展和东京都政府未来展望
费城	气候变化地方行动计划
哥本哈根	哥本哈根气候计划
横滨	横滨市应对全球变暖行动计划、横滨气候变化对策

续表

城市	城市低碳建设方案
旧金山	旧金山气候行动计划
鹿特丹	2015~2018年鹿特丹可持续发展和气候变化项目
伦敦	低碳伦敦:现在和未来
洛杉矶	2020年洛杉矶县社区气候行动计划
马德里	马德里市能源与气候变化马德里能源署行动计划
米兰	米兰市可持续能源和气候行动计划
纽约	气候行动计划中期
斯德哥尔摩	2010~2020年气候和能源、环境和卫生部斯德哥尔摩行动计划
西雅图	西雅图气候行动计划
香港	香港2030年气候行动计划
芝加哥	芝加哥气候行动计划

3. C40城市低碳建设政策分析单元

本书在C40城市官网中进行检索,收集C40城市低碳建设相关的政策文本,最终收集到政策分析单元155个,并将这些政策分析单元按照城市顺序进行编码。由于数据量过大,本书仅在正文中展示奥斯汀市的城市低碳建设政策分析单元,见表7-4,完整版的国外城市低碳建设政策分析单元及其编码见附表A9。

表7-4 国外低碳城市建设政策分析单元(以奥斯汀市为例)

政策编码	政策分析单元
P_{37-1}	开展"保持轮胎正确膨胀""吃更多本地种植的食物"等十几项活动,引导居民节能减排
P_{37-2}	设置社区气候变化大使;实行个人碳足迹核算,实行抵消碳排放的"碳中和试点计划"
P_{37-3}	增加可再生发电能源的数量,推进当地太阳能市场的发展,并鼓励进一步部署储能技术
P_{37-4}	制定奥斯汀能源资源、发电和气候保护计划
P_{37-5}	加强需求侧管理,促进本地太阳能发展
P_{37-6}	制定节能计划
P_{37-7}	退税
P_{37-8}	节能审计
P_{37-9}	披露条例

续表

政策编码	政策分析单元
P_{37-10}	绿色建筑计划
P_{37-11}	采用智能电网技术
P_{37-12}	能源法规以鼓励市政设施及公用建筑100%使用可再生能源
P_{37-13}	建设一个更加紧凑和连接的城市,为住房和商业提供活动中心
P_{37-14}	建立一个综合的、扩展的交通系统,支持多种交通选择
P_{37-15}	制定自行车总体规划,创建适用于不同年龄和不同能力人群的自行车交通网络
P_{37-16}	与私营部门建立合作伙伴关系进行废物管理
P_{37-17}	制定城市森林计划,为管理公共的城市森林资源提供了框架
P_{37-18}	制定建筑规范来确保最大限度地采用反射式屋顶
P_{37-19}	开展屋顶太阳能项目和能源绿色建筑项目
P_{37-20}	鼓励绿色屋顶和其他绿色基础设施

(二)政策分析单元归类

根据前文中提出的政策工具分析框架,本书在附表 A9 中标注出了政策分析单元的政策工具,并对每一个政策工具包括的政策分析单元进行了整合,部分结果见表 7-5。

表 7-5　各政策工具类别下的政策工具单元(部分)

政策工具类别	政策分析单元
规制工具 (P_{I-A1})	P_{1-11}、P_{1-13}、P_{1-15}、P_{1-22}、P_{1-27}、P_{1-32}、P_{1-47}、P_{1-52}、P_{10-14}、P_{10-15}、P_{10-25}、P_{10-32}、P_{10-45}、P_{13-1}、P_{14-12}、P_{17-1}、P_{22-22}、P_{22-26}、P_{22-33}、P_{23-25}、…、P_{45-19}、P_{45-20}
直接供给工具 (P_{I-A2})	P_{1-34}、P_{10-40}、P_{11-6}、P_{12-10}、P_{12-3}、P_{13-19}、P_{13-22}、P_{13-27}、P_{14-13}、P_{14-19}、P_{14-39}、P_{14-43}、P_{14-8}、P_{15-3}、P_{15-4}、P_{16-14}、P_{17-6}、P_{17-7}、P_{18-17}、P_{19-13}、…、P_{45-11}、P_{45-12}、P_{45-15}、P_{45-16}、P_{45-17}
权威工具 (P_{I-A3})	P_{1-12}、P_{1-30}、P_{1-4}、P_{1-40}、P_{1-41}、P_{1-46}、P_{1-49}、P_{10-1}、P_{10-12}、P_{10-16}、P_{10-17}、P_{10-20}、P_{10-22}、P_{10-24}、P_{10-26}、…、P_{40-18}、P_{42-4}、P_{42-7}、P_{44-8}、P_{45-2}、P_{45-6}、P_{45-7}、P_{45-8}、P_{45-13}、P_{45-21}、P_{45-22}、P_{45-23}、P_{45-24}
个人家庭与 社区工具 (P_{I-B1})	P_{11-3}、P_{11-5}、P_{13-11}、P_{16-11}、P_{17-17}、P_{18-20}、P_{22-16}、P_{23-30}、P_{23-35}、P_{26-10}、P_{28-16}、P_{28-9}、P_{31-16}、P_{31-5}、P_{33-2}、P_{36-2}、P_{37-1}、P_{37-2}、P_{38-6}、P_{38-16}、…、P_{40-16}、P_{40-17}、P_{43-13}、P_{43-14}

续表

政策工具类别	政策分析单元
自愿型组织和 服务工具 （P_{I-B2}）	P_{1-28}、P_{1-29}、P_{1-31}、P_{1-43}、P_{1-50}、P_{10-38}、P_{10-47}、P_{12-15}、P_{13-12}、P_{13-13}、P_{13-16}、P_{13-20}、P_{13-23}、P_{14-49}、P_{15-1}、P_{2-5}、P_{21-14}、$\cdots$、P_{45-4}、P_{45-9}、P_{45-14}
市场工具 （P_{I-B3}）	P_{11-4}、P_{13-25}、P_{13-8}、P_{14-3}、P_{14-30}、P_{14-36}、P_{22-27}、P_{23-15}、P_{23-28}、P_{24-24}、P_{29-16}、P_{37-3}、P_{38-17}、P_{41-2}
信息与倡导工具 （P_{I-C1}）	P_{1-1}、P_{1-10}、P_{1-14}、P_{1-16}、P_{1-17}、P_{1-18}、P_{1-19}、P_{1-2}、P_{1-20}、P_{1-21}、P_{1-23}、P_{1-24}、P_{1-25}、P_{1-26}、P_{1-3}、P_{1-33}、$\cdots$、P_{9-4}、P_{37-9}、P_{41-3}、P_{42-11}、P_{43-16}、P_{44-4}、P_{44-5}、P_{44-6}
诱因工具 （P_{I-C2}）	P_{10-23}、P_{17-13}、P_{17-20}、P_{18-11}、P_{21-21}、P_{24-43}、P_{24-8}、P_{27-22}、P_{29-8}、P_{34-18}
补贴工具 （P_{I-C3}）	P_{1-51}、P_{1-55}、P_{10-3}、P_{10-31}、P_{10-34}、P_{10-37}、P_{13-26}、P_{14-24}、P_{14-25}、P_{14-26}、P_{14-32}、P_{14-34}、P_{14-35}、P_{14-38}、P_{14-44}、$\cdots$、P_{44-14}、P_{45-3}

三　国内外城市低碳建设政策工具对比分析

为了展示国内外低碳城市政策工具的差异，本书将政策工具类型和表 7-5 中的政策工具在国内和国外城市的分布进行了统计分析，结果分别见图 7-2 和图 7-3。

（一）3种政策工具类型对比分析

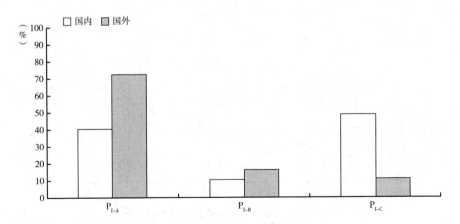

图 7-2　国内外城市低碳建设政策工具类型占比对比

从图 7-2 可知，我国城市低碳建设的 3 种政策工具类型 P_{I-A}、P_{I-B}、P_{I-C} 的占比分别是 40.46%、10.69% 和 48.85%；国外城市低碳建设方案中 3 种政策工具类型 P_{I-A}、P_{I-B}、P_{I-C} 的占比分别是 72.73%、16.23% 和 11.04%。我国城市 P_{I-A} 和 P_{I-B} 的占比均低于国外城市，P_{I-C} 占比高于国外城市。可见，我国城市低碳建设的强制性政策工具占比低于国外城市，混合性工具占比远高于国外城市。

以上数据表明，我国城市层面的低碳建设强制性政策工具（P_{I-A}）力度不足。现有研究指出 P_{I-A} 可以解决市场力量无法解决的问题，从而在短时间内实现预期目标，因此在环境保护领域应广泛使用强制性政策工具（Rosenthal 和 Kouzmin，1997）。魏媛等（2013）指出我国存在低碳经济发展法规不健全、配套政策不完善的问题，这正是我国低碳建设强制性政策工具不足的表现。以上数据同时反映了我国城市层面的低碳政策过度依赖混合性政策工具（P_{I-C}）。OECD（2001）和 Blackman 等（2013）指出由于 P_{I-e} 的强制治理程度最低，其效果无法与 P_{I-A} 和 P_{I-C} 相比，因此，自愿性政策工具（P_{I-B}）一般被认为是强制性政策工具（P_{I-A}）和混合性政策工具（P_{I-C}）的补充。

（二）9种政策工具对比分析

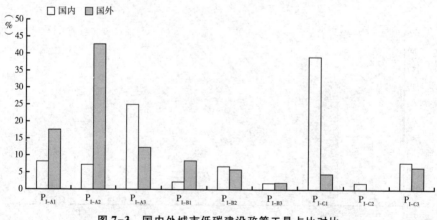

图 7-3　国内外城市低碳建设政策工具占比对比

由图 7-3 可知，我国城市的 P_{I-A1}、P_{I-A2}、P_{I-B1}、P_{I-B3} 4 种政策工具的占比低于国外城市，P_{I-A3}、P_{I-B2}、P_{I-C1}、P_{I-C2}、P_{I-C3} 5 种政策工具的占比高于国外城市。政策工具的分布结果则进一步揭示了我国城市的低碳政策过于依赖信息与倡导工具（P_{I-C1}），缺乏规制工具（P_{I-A1}）、直接供给工具（P_{I-A2}）、个人家庭与社区工具（P_{I-B1}）和市场工具（P_{I-B3}）等。

虽然我国信息与倡导工具（P_{I-C1}）数量较多，但是该工具的具体表现为采取节能减排宣传教育这一措施。罗敏等（2014a）等指出我国的节能减排宣传教育以政府提倡为主，非政府组织的资源和影响力不足，缺少非政府组织的积极实践，大大降低了这一政策工具的实施效果。因此，我国需要建立"政府—社区—家庭—个人"多位一体的低碳宣传教育体系，才能更好地发挥这一政策工具的作用。

规制工具（P_{I-A1}）缺乏表明我国需要进一步增大城市层面低碳政策实施力度，而在 2030 年前实现"碳达峰"与在 2060 年前实现"碳中和"的"双碳"目标驱动下，城市低碳建设必然会受到更多重视，规制工具在未来会所有增加。直接供给工具（P_{I-A2}）缺乏则表明各个地方政府在城市低碳建设中存在基础设施建设不足的问题，现有研究多次指出我国城市低碳基础设施不完善，如，钟伟等（2016）指出长春存在低碳交通基础设施建设不够、交通规划不合理的问题。个人家庭与社区工具（P_{I-B1}）缺乏则表明我国城市低碳建设多是自上而下的命令，缺乏自下而上的自发行动。通过对国外低碳建设政策进行分析可以发现，国外城市特别是美国城市高度重视个人家庭与社区的低碳建设，从而大大提高了低碳建设的效果。如，洛杉矶（2020）出台了2020 年洛杉矶县社区气候行动计划；奥斯汀（2017）出台了奥斯汀社区气候计划。可见，我国未来的低碳建设也应该充分发挥个人和家庭的作用，例如，可以在个人层面推出个人碳排放计量软件，用计量软件引导人们的低碳行为；可以在家庭层面营造共同节能减排的氛围，养成随手关灯等良好习惯。市场工具（P_{I-B3}）工具缺乏表明我国城市低碳建设需要市场参与，事实上国外城市低碳建设高度重视市场工具的使用，例如，《2010 年东京气候变化战略：进展和未来展望》（Tokyo Metropolitan Government，2010）指出，日本因地制宜地采取市场工具，对大型工程设施实行碳交易计划，对中小型工程设施实施碳排放制度。

四　基于政策工具分析的城市低碳建设经验总结

根据国内低碳城市政策工具现状和国内外政策工具对比分析的结果，本书发现了我国现有政策工具存在以下不足：①基于政策工具类型角度，我国城市低碳建设政策工具存在强制性政策工具（P_{I-A}）力度不足、高度依赖混合性工具（P_{I-C}）的问题。②从具体政策工具角度讲，我国低碳城市政策工具存在规制工具（P_{I-A1}）、直接供给工具（P_{I-A2}）、个人家庭与社区工具（P_{I-B1}）、市场工具（P_{I-B3}）等不足，信息与倡导工具（P_{I-C1}）重复且低效的结构性问题。因此，本节对国外城市低碳建设中 P_{I-A1}、P_{I-A2}、P_{I-B1}、P_{I-B3}、P_{I-C1} 进行总结，为整体性提升策略的提出奠定基础，结果见表 7-6。

表 7-6　国外城市低碳建设政策工具总结

政策工具	具体措施
规制工具 （P_{I-A1}）	开展节能审计。制定能源法规以鼓励市政设施及公用建筑 100% 使用可再生能源。制定城市森林计划，为管理公共的城市森林资源提供了框架。制定建筑规范来确保最大限度地采用反射式屋顶。制定"柏林太阳能之都"的总体规划。对于住房进行节能改造，提高其能源效率。城市土地使用规划应该在更大程度上设置固定的气候保护标准。要求所有家庭参加能效评级。对所有商用建筑和公寓住宅建筑对照能效基准。明确法规和政策，保护寿命最长的树木。重点控制建筑温室气体排放。实施绿色建筑制度。继续推广高效节能电器，持续实施能效领跑者制度。要求供电方设定目标提升可再生能源占比和报告。要求新建或改扩建建筑屋顶面积中的 20% 以上实现绿色化，地面开放空间面积中的 20% 以上实现绿色化。通过调整立法和能源基准，提高建筑环境的能源效率。评估费城燃气厂的运营情况，以挖掘减排潜力。淘汰煤炭发电的生产模式，改用清洁能源发电。限制燃油汽车发展，汽车电气化减少碳排放并对能源存储提供支持。对建筑的能源效率进行评定。2019 年其对所有的新建建筑执行零碳标准。通过立法来规范垃圾回收行为，例如垃圾填埋税、废旧电子设备管理条例。

续表

政策工具	具体措施
规制工具 （P_{I-A1}）	对公共交通可达性水平进行评分,减少停车位置。在所有新住宅和非住宅建筑中推广和激励一级 CALGREEN 自愿标准发展。达到参议院法案确定的 2020 年人均用水量减少目标,促进废水和中水用于农业、工业和灌溉。管理雨水,并保护地下水。减少废物,鼓励再利用和回收利用。对于该县的未合并地区,采取废物转移的措施,遵守所有州的命令,到 2020 年,至少 75% 的废物从垃圾填埋场转移
直接供给工具 （P_{I-A2}）	限制交通,有偿停车,鼓励骑行、乘坐绿色公交和清洁常规车辆。大规模使用电动汽车。将港口转变为可持续能源港口,利用太阳能和风能,鼓励可持续的商业活动(回收系统、生物燃料、转运风力涡轮机),提高工业能效。加快风电引入速度。安装太阳能电池板。通过智能电网优化可持续能源的使用。冷热储与绿色小区供热相结合。增强需求侧管理,增加本地太阳能利用。绿色建筑计划。采用智能电网技术。建立一个更加紧凑和联系紧密的城市,为住房和商业提供活动中心。建立一个综合的、扩展的交通系统,支持多种交通选择。制定自行车总体规划,创建适用于不同年龄和不同能力人群的自行车交通网络。开展屋顶太阳能项目和能源绿色建筑项目。鼓励建设绿色屋顶及其他绿色基础设施。发展水厂,使其能够准确地使用和储存电力。建立由不同技术和基础设施组成的智能网络。建立气候中立的能源系统。追求城市内部发展和再密集化。提供灵活和具有适应性的住宅空间,减少每个人的住房面积需求。新建住宅和商业建筑必须遵守相关节能标准。增加绿色和开放空间,并提高城市发展质量。恢复和维护泥炭地,以提高对城市中温室气体的吸收能力。建立行人、自行车、公共交通融合的交通组合,如,自行车和汽车共享。建设更多的火车站和公共交通站点,形成多式联运的枢纽。使用替代发动机,减少对气候的影响,通过设置"环境区"和"气候中立区"推广减少发动机的使用。增加充电站,支持充电站试点项目,方便电动汽车充电。完成商业食品废弃物强制回收的实施。鼓励树种多样化和延长树龄,在缺少绿化的地区增加树荫面积。提高家庭种植食物和地方自产自销食品的比重。提高商用废热发电系统发电量。提高可再生能源发电比例。增加光伏发电装机容量。增加步行道长度和自行车道总长度。推广使用低能耗汽车,增加燃料电池汽车,建设更多加氢站。提高废物的最终填埋处置率,将固废回收率稳步提高。在当地采购可再生能源和利用其发电,努力实现建设 100% 的清洁电力网。倡导清洁能源生产,为清洁能源开放市场。在新建筑中推广太阳能,在主要的公用事业和基础设施中探索可再生能源项目。在全市范围内推广使用 LED 路灯,降低市政能源消耗。制定全市范围内的交通计划,扩大公共交通,并增加区域交通资金。建立高质量的公交网络,改造公交和电车服务,改善公交线路。建立高质量自行车网络,实施自行车网络计划,扩大自行车共享计划,提高城市自行车骑行的安全性。基于可再生能源建造热电联产厂。使用风力发电,建立风车发电系统。建造区域供热网络,减少运输途中的热量消耗。制定积极的自行车交通政策,改善自行车车道,改善骑行环境。坚持城市公交引导紧凑开发与有机更新,提高公共交通的舒适度,改善公共交通路线。

续表

政策工具	具体措施
直接供给工具 （P_{I-A2}）	增加电动车和氢动力汽车的使用，为清洁能源车辆的车主们提供充电设施以及免费的停车位。开展节能减排的培训，增强节能改造意识。选择合理的建筑朝向和遮阳方式等以加强建筑保温。合理设计建筑结构，以充分利用自然通风实现建筑降温。重视太阳能、生物质能源、氢能的探索与利用，加快了低碳技术商业化的进程。加强企业与政府合作，加快制定太阳能电池开发方案，从而增加对太阳能的利用。形成紧凑型的城市布局，从而减少市民的日常通勤时间。对于城市的新开发区，按照低能耗标准进行设计建造。开展既有建筑节能改造项目，开展公共建筑节能减排项目。使用分布式能源，如冷热电联供等。安装城市可持续排水系统和高效率热水系统。采取需求侧措施降低供水"赤字"。增加雨水回收利用，如采用中水回用系统等。支持和鼓励低碳车辆的开发和使用。增加自行车、步行和公共交通工具使用。提高森林覆盖率，建设步行绿道，改造绿色屋顶。推广和鼓励新建和现有住宅、商业建筑等安装太阳能。建设和改善自行车基础设施。建设和改善步行基础设施。创建公交优先车道、改善公交设施、减少公交乘客通勤时间，在公交车站附近设置自行车停放处。实施汽车共享计划。提高土地使用设计的可持续性，包括城市和郊区发展的多样性，改善洛杉矶县主要街道上的交通信号网络。建设电动汽车充电设施，并确保至少 1/3 的充电站可供游客使用。减少与路面保养和修复有关的能源消耗和废物，施工项目中尽可能使用电气设备，减少使用燃气动力的园林绿化设备
个人家庭 与社区工具 （P_{I-B1}）	提高公众和企业对气候中立建筑的认识。开展基于"保持轮胎正确膨胀""吃更多本地种植的食物"等十几项活动，引导居民节能减排。设置社区气候变化大使实行个人碳足迹核算，实行抵消碳排放的"碳中和试点计划"。提高居民碳减排参与度。提高居民低碳意识，使居民更加敏感。树立良好的榜样，表明低碳消费的可行性。向居民宣传树木的益处和绿色基础设施的知识。设计本地产食品的消费量计算表。利用公共和私人土地以及屋顶种植农物。为与企业、大学、非营利组织、社区团体、公共机构等合作，发起全社区公众参与的行动，以促进碳减排。制定并宣传气候行动社区计量指标，包括家庭能耗、汽车行驶里程、步行和骑车率。鼓励使用节能电器。鼓励居民进行气候变化知识的宣传，强化居民的节能减排意识
市场工具 （P_{I-B3}）	增加可再生发电资源的数量，推进当地太阳能市场的发展，鼓励进一步部署储能技术。提供更加全面的信息或更好的报价，消除低碳由意愿转变为行动的障碍。实施针对大型设施的碳交易项目
信息与 倡导工具 （P_{I-C1}）	建立信息披露条例。形成针对中小型设施的碳排放报告制度。倡导促进公共交通和主动交通选择的发展计划和项目。建设气候科学模拟中心，进行气候变化以及温室效应等知识的普及教育。对商业建筑的能源使用情况进行披露，促进了公众对商业建筑节能改造的监督。对建筑规范包含和未包含的能源消费需求和碳排放分别进行测算。基于高能效的场地、建筑、服务设计实现碳减排

资料来源：笔者根据表 7-3 中的城市低碳建设方案翻译并整理得出。

五　基于政策工具分析的我国城市低碳建设整体性提升策略

根据国内外低碳建设政策工具的分析可知，我国低碳政策工具与国外相比，从政策工具类型角度存在强制性政策工具（P_{I-A}）力度不足，高度依赖混合性工具（P_{I-C}）的问题，具体表现为规制工具（P_{I-A1}）、直接供给工具（P_{I-A2}）、个人家庭与社区工具（P_{I-B1}）、市场工具（P_{I-B3}）等不足，信息与倡导工具（P_{I-C1}）重复且低效的结构性问题。根据以上结构性问题，结合国际先进经验，本书提出以下城市低碳建设整体性提升策略。

（一）完善低碳法律和法规，增加规制工具

我国低碳城市相关法律法规体系不完善，缺乏规制工具。因此，笔者建议我国城市建立健全与低碳发展相关的法规体系，增加规制工具，具体做法如下：第一，发挥规制工具在控制行业碳排放和淘汰高耗能行业上的优势，通过健全高耗能行业淘汰制和建立节能环保标准体系，发挥规制工具的作用。第二，提高规制工具的灵活性，根据不同地区在低碳技术、低碳消费等方面的实际情况制定政策工具，因地制宜推出"目标责任制"、"节能审查"和"技术标准"等规制工具。

（二）提高低碳相关基础设施建设水平，增加直接供给工具

城市低碳建设需要大量的基础设施建设，只有政府供给到位，配套基础设施完备，才能避免因为配套基础设施不足而产生的碳排放。与城市低碳建设最息息相关的基础设施是交通基础设施，因此，笔者建议加大直接供给力度，完善我国城市公共交通等配套设施，具体做法如下：第一，制定具有前瞻性的城市规划，统筹城市功能区布局，促进产城融合、职住平衡，减少不必要的交通出行，从而减少因职住分离而带来的交通碳排放。第二，建设旨在减少私家车出行的全市域一体化绿色交通体系。特别需要重视将公共交通线路和慢行交通线路有机联系在一起，实现不同交通方式的合理组合；优化公交线路，解

决公交"最后一公里"问题；改善步行区，利用优惠政策鼓励公众选择自行车或步行出行。第三，提高交通基础设施的信息化管理水平。交通部门应与阿里巴巴、腾讯、百度等高科技企业合作研发并推广使用智能配时的交通信号设施，提升城市交通的智能化水平，减少不必要的等候时间，从而降低交通碳排放。

（三）发挥"社区—家庭—个人"的作用，完善个人家庭与社区工具

通过对国内外低碳政策的对比分析可知，我国缺乏完善的个人家庭与社区工具。因此，笔者建议充分发挥"社区—家庭—个人"在城市低碳建设中的作用，具体做法如下。第一，社区应发挥在政府和家庭之间的纽带作用，通过开展如下行动助力低碳建设：首先设置社区气候变化大使，宣传低碳相关的活动，将政府制定的减排措施落实到家庭，同时将家庭形成的低碳经验制作成案例，以供政府部门在全社会共享；其次，以社区为单位宣传气候行动社区计量指标，包括宣传家庭能耗、汽车行驶里程、步行和骑车率等指标。第二，家庭是低碳生活的体现者，只有开展好家庭的低碳活动，才能更好地建设低碳城市。每个家庭可从以下三个方面来开展低碳建设：首先，以家庭为单位开展低碳生活交流与学习，学习低碳生活规范，形成低碳生活习惯；其次，以家庭为单位进行生活习惯自查，找出不良习惯，形成节能降碳的行为习惯；最后，开展家庭高能耗用品自查，以家庭为单位淘汰高能耗用品。第三，个人是城市低碳建设的最小单元，居民个人可从以下几个方面助力低碳建设：设计本地产食品的消费量计算表，使用节能电器，实行个人碳足迹核算，食用更多本地种植的食物，等等。

（四）建立碳交易市场，完善市场工具

我国低碳城市政策工具中缺乏市场工具，基于国际经验，笔者建议我国城市从以下几个方面来完善碳交易市场。第一，在国家层面自愿减排交易机制的框架下，积极自主研发交易机制，培育交易市场，

建立碳交易登记和信息发布机制，从而引导企业更加积极主动地参与碳减排交易活动。第二，开展多种多样的碳交易实验，为完善相关的法律法规和制定温室气体分配方案奠定基础。第三，积极开发交易产品，完善交易服务，借鉴国际先进经验来培育自己的碳交易市场，建立健全碳金融体系。

（五）建立"政府—学校—公众"多元渠道的低碳宣传机制，提高信息与倡导工具的有效性

我国现有信息与倡导工具多是政府部门开展节能宣传周等活动，效果并不明显。为提升信息与倡导工具的有效性，笔者建议我国城市建立"政府—学校—公众"多位一体的低碳宣传机制，具体措施如下：第一，政府应该加强低碳生活的宣传，以多种方式开展宣传活动，以社区和学校为单位普及低碳知识，树立低碳理念，形成节能低碳的社会风尚。第二，发挥教育在低碳生活方式宣传中的作用，形成小学—中学—大学一体化的宣传教育工作，开展各种各样的宣传教育活动，积极促进大、中、小学生加入低碳建设的行列。第三，政府应以多元化手段促进公众参与城市低碳建设，让公众参与城市低碳建设全生命周期决策，引导公众以主人翁意识加入低碳建设活动。

第三节　基于 LDA 模型的我国城市低碳建设维度性提升策略

通过政策工具分析可以提出城市低碳建设水平的整体性提升策略，通过主题词分析可以提出城市低碳建设水平维度性提升策略。因此，本书将使用 LDA 主题词模型对国内城市低碳建设进行凝练，为各维度城市低碳建设水平的提升策略奠定基础。

一 研究设计

本节将收集在第五章低碳城市建设水平时空演化中各维度表现较好的城市的相关政策，对其进行主题词分析。基于主题词分析模型的基本步骤，本节对政策文本进行分词、过滤停用词等预处理得到语料库，建立基于城市低碳建设经验主题模型的"主题—词语"矩阵，根据词语归纳出各主题的内涵，从而形成该维度低碳建设经验。

（一）文本主题词模型

本书将采用主题词模型进行城市低碳建设经验文本的主题挖掘。现有政策文本的量化研究所采用的方法和范式主要包括内容分析法、文献计量法、社会网络分析法和文本挖掘法等（盛亚和陈剑平，2013；李江等，2015）。文本挖掘是大数据应用的关键技术之一，凭借技术手段提取政策文本中的有效信息，为内容分析和文献计量分析奠定数据基础（杨慧和杨建林，2016）。其中，主题模型是对海量文本进行降维以识别主题结构的新方法，具有以下几方面的优点。第一，主题词模型具有清晰的层次结构，可以从语义的视角将高维的"文档—词语"降为低维的"文档—主题"和"主题—词语"分布，通过文档的题词项分布反映底层的文档特征，可以实现文本的降维。第二，主题词模型能够将文本的结构和分布量化，并挖掘出定性角度难以归纳出的语义关系，从而给予文本主题价值。第三，主题词模型在处理海量语料库时具有处理效率高、处理准确性佳的优势，使得大量文本的分析成为可能。

主题词模型是主题挖掘常用的方法，是自然语言处理和机器学习的中常用方法，其原理来自语义索引和概率语义索引，其中基于潜在狄利克雷分配模型（LDA）的主题词模型是现有研究使用较多的一种方法。作为非监督机器学习技术，LDA 主题词模型普遍应用在文本情感分析、微博评论解析、信息挖掘和计算机可视化等领域，从学术界不断拓展到实际应用中，逐步发展成了一种较为完善的主题分析方法（杨慧和杨建林，2016）。因此，本书将采用 LDA 主题词模型进行城市低碳建设经验文件的主题挖掘。LDA 主题词模型包含三个层面的贝叶斯模型，即文档层、主题层和词项层。该模型认为文本符合若干潜在主题的 Dirichlet 分布，LDA 定义了如下生成过程（马红和蔡永明，2017；吴雅，2019；Wu 等，2020）：

①从参数为 α 的 Dirichlet 分布第一取样获得文档主题内容向量 θ，确定每个主题被选择的概率；

②从主题内容向量 θ 中选择一个主题 φ；

③基于一个主题 φ 的词语概率分布，生成单个词语；

④重复此过程，遍历文档所有词，直到生成所有文档的主题。因此，文档中所有词语出现的概率可以拆分，如图 7-4 所示。

图 7-4 LDA 主题词模型的文档—词语概率分布

其中，"文档—词语"矩阵指的是每个文档中每个词语的词频，"主题—词语"矩阵表示每个主题中每个词语的词频，"文档—主题"矩阵为每个文档中每个主题出现的频率。在实际操作过程中，给定文档量后，运用分词工具对文档进行分词，核算文档中每个词语出现的频率，便形成"文档—词语"矩阵；通过 LDA 建模，对"文档—词语"矩阵展开训练，便可以得到"主题—词语"矩阵。

（二）LDA 主题词模型分析步骤

对关键词进行主题分析可以在海量政策文本中挖掘有用信息，揭示我国城市低碳建设的具体做法。本节将基于 Python 语言编写 LDA

主题词模型分析程序，对已有城市低碳建设关键词进行主题词建模。LDA 主题词模型分析的具体思路如图 7-5 所示。

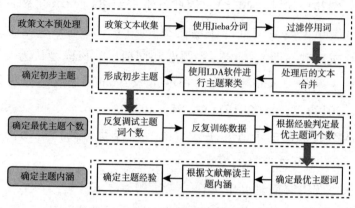

图 7-5　LDA 主题词模型分析思路

资料来源：笔者根据张涛和马海群（2018）的文献绘制。

二　基于实证结果的经验文本收集与处理

（一）基于实证结果的各维度经验城市选取

本书选取第五章的城市低碳建设水平空间演化分析中各维度处于 Category Ⅰ 类别的城市作为经验城市，由表 5-22 可以得出各维度的经验城市，结果见表 7-7。

表 7-7　各维度的经验城市

维度	经验城市
优化产业结构（D_1）	上海、南京、杭州、福州、青岛、广州、深圳、武汉
调整能源结构（D_2）	天津、青岛、郑州、长沙、广州、西宁
提高能源效率（D_3）	天津、长沙、广州、北京、上海、南昌、西安、南京、济南、武汉、深圳、杭州、重庆
提高碳汇水平（D_4）	广州、银川、贵阳、昆明、石家庄
完善管理机制（D_5）	广州、贵阳、昆明、上海、北京、深圳、重庆、天津、武汉、宁波、厦门、乌鲁木齐

（二）经验城市的低碳建设政策收集

"北大法宝"数据库是我国现行最全的政策法律数据库，本书在该数据库检索各维度的经验城市政策。如，以产业结构进行关键词检索地方性法规，在发布部门中找到北京，便可以检索得出北京在产业结构方面的政策。通过以上检索，本书收集到各维度经验城市的政策文本，由于数据量太大，本书仅展示了优化产业结构维度的部分经验政策（如表7-8所示）。

表7-8 各维度的部分经验政策文本（以优化产业结构维度为例）

编码	政策名称
1	中共广州市委、广州市人民政府贯彻《中共广东省委、广东省人民政府关于依靠科技进步推动产业结构优化升级的决定》的实施意见
2	广州市经济贸易委员会转发省经济和信息化委和财政厅关于申报2012年广东省产业结构调整专项资金技术改造项目的通知
3	南京市政府印发《关于加快发展生产性服务业促进产业结构调整升级的实施方案》的通知
4	上海市宝山区人民政府办公室关于转发区发展改革委制订的《宝山区2011年节能减排和产业结构调整重点工作安排》的通知
5	上海市宝山区人民政府办公室转发《关于服务区产业结构调整和促进经济转型的若干措施》的通知
6	上海市宝山区人民政府办公室转发《关于实施新一轮产业结构调整三年行动计划的建议》的通知
7	上海市宝山区人民政府关于印发宝山区产业结构调整三年行动计划的通知
8	上海市奉贤区人民政府办公室关于转发区经委《塘外化工区产业结构调整推进方案》的通知
9	上海市奉贤区人民政府办公室转发区经委等十一部门关于加快奉贤区产业结构调整盘活存量资源若干意见的通知
10	上海市嘉定区人民政府办公室关于印发进一步促进产业结构调整、盘活存量资源有关意见的通知

编码	政策名称
11	上海市金山区人民政府办公室关于转发区经委制订的《金山区产业结构调整专项补助办法》的通知
12	上海市经济和信息化委员会关于印发《上海市产业结构调整负面清单（2018版）》的通知
13	上海市经济信息化委、上海市发展改革委、上海市财政局关于印发《上海市促进产业结构调整差别电价实施管理办法》的通知
14	上海市经济信息化委关于印发《上海市产业结构调整负面清单（2016版）》的通知
15	上海市闵行区人民政府办公室关于转发闵行区产业结构调整专项资金扶持办法的通知
16	上海市浦东新区安全生产监督管理局关于印发《浦东新区安监局推进危险化学品企业产业结构调整工作实施办法》的通知
17	上海市普陀区人民政府印发关于加快本区产业结构调整盘活存量资源若干意见的通知
18	上海市青浦区人民政府办公室关于成立青浦区产业结构调整协调推进工作领导小组的通知
19	上海市青浦区人民政府办公室关于转发青浦区产业结构调整专项补助办法的通知
20	上海市青浦区人民政府办公室转发区经委、区计委关于青浦区调整产业结构淘汰劣势企业的若干意见的通知
21	上海市青浦区人民政府办公室转发区经委关于青浦区2008年调整产业结构、淘汰劣势企业行动方案及考核办法的通知
22	上海市人民政府办公厅关于转发市产业结构调整协调推进联席会议办公室修订的《上海市产业结构调整专项扶持暂行办法》的通知
23	上海市人民政府办公厅关于转发市产业结构调整协调推进联席会议办公室制订的《上海市产业结构调整专项扶持暂行办法》的通知
24	上海市人民政府办公厅关于转发市发展改革委等三部门制订的《上海市促进产业结构调整差别电价实施管理办法》的通知
25	上海市人民政府办公厅关于转发市经济信息化委等四部门制订的《上海市产业结构调整专项补助办法》的通知
26	上海市人民政府办公厅关于转发市经济信息化委等五部门制订的《上海市产业结构调整专项补助办法》的通知
27	上海市人民政府办公厅转发市财政局等五部门关于推进经济发展方式转变和产业结构调整若干政策意见的通知
28	上海市人民政府办公厅转发市经济信息化委等四部门制订的《关于推进上海规划产业区块外产业结构调整转型的指导意见》的通知
29	上海市人民政府办公厅转发市经委等九部门关于加快本市产业结构调整盘活存量资源若干意见的通知

续表

编码	政策名称
30	上海市人民政府关于印发《上海市 2013 年产业结构调整重点工作安排》的通知
31	上海市松江区人民政府办公室关于转发区经委《松江区产业结构调整专项补助办法》的通知
32	上海市松江区人民政府办公室关于转发区经委制定的《松江区产业结构调整专项资金使用管理暂行办法》的通知
33	上海市徐汇区人民政府办公室转发区商务委等四部门制定的关于加强节能减排促进产业结构调整专项补助资金管理办法的通知
34	深圳市发展和改革局关于印发《深圳市产业结构调整优化和产业导向目录（2007 年本）》的通知
35	深圳市发展和改革局关于印发《深圳市产业结构调整优化和产业导向目录（2009 年修订）》的通知
36	深圳市发展和改革委员会关于印发《深圳市产业结构调整优化和产业导向目录（2013 年本）》的通知
37	深圳市发展和改革委员会关于印发《深圳市产业结构调整优化和产业导向目录（2016 年修订）》的通知

（三）经验城市的低碳建设政策文本预处理

根据图 7-5，首先对经验文件进行分析分词处理。Jieba 分词是现有研究常用的一种方法，该方法具有集成的 Python 库，其使用简单、划分结果准确（吴雅，2019；Wu 等，2019）。本书采用 Jieba 分词对收集到的城市低碳建设政策文本进行分词处理。为了去除分词结果中存在很多噪声即无用的词或密度非常高的词，如"中"和"进一步"等，为保证文本分析结果的客观性和精确性，需要对分词结果进行停用词处理。因此，本书采用"百度停用词列表 . txt"对分词结果过滤停用词，以形成精准的语料库。由于数据处理量较大，本书仅展示了优化产业结构维度的分词结果，见表 7-9。

表 7-9   Jieba 分词结果（以优化产业结构维度为例）

高频词	频次	高频词	频次	高频词	频次	高频词	频次	高频词	频次
产业	1011	开发	217	物流	125	执行	99	年度	82
企业	925	国家	202	工艺	124	城市	98	区政府	80
发展	628	管理	201	工程	124	办法	98	功能	80
项目	620	上海市	198	配套	123	方式	98	符合	80
结构调整	611	服务业	195	号	121	区县	96	制造业	80
调整	608	相关	195	设计	120	禁止	96	能耗	80
生产	496	节能	194	劣势	117	设施	95	盘活	79
服务	489	规划	191	技术开发	117	电子	94	人民政府	79
技术	482	资源	190	负责	117	支持	94	列入	79
设备	369	新型	186	高新技术	116	审核	94	落后	78
区	348	行业	175	指标	115	未	94	环境	78
补助	342	单位	172	专项资金	115	科技	93	用地	78
重点	332	≥	164	政策	115	包括	93	劳动生产率	75
专项	332	加快	162	鼓励	115	增加值	93	法宝	74
年	331	部门	157	优化	114	信息化	91	平台	74
建设	330	目录	156	指导	114	检测	90	提高	74
资金	314	新	154	中	114	市级	89	海洋	73
制造	308	标准	151	办公室	113	协调	88	建筑	73
材料	307	装置	147	改革	113	万吨	88	机构	73
产品	295	生产线	146	情况	112	减排	88	产业结构	73
万元	290	工业	141	存量	110	网络	88	经营	72
淘汰	286	利用	137	经委	107	工业区	88	制定	71
类	284	联席会议	137	智能	107	外	86	型	71
市	283	研发	135	财政局	107	镇	86	深圳市	71
推进	264	吨	135	电价	107	计划	86	建立	71
工作	264	通知	132	环保	105	装备	84	控制	70
系统	252	导向	129	产业化	105	转型	84	研究	70
经济	235	土地	127	本市	103	数字	83	先进	70
实施	234	信息	127	中心	103	汽车	82	改造	70
区域	233	投资	127	差别	102	加工	82	创新	69

三　基于 LDA 主题词模型的城市低碳建设经验文本挖掘

为了进一步揭示各维度的低碳建设经验，本书对各维度经验政策文本进行 LDA 主题词分析，具体如下。

（一）确定主题词个数

主题数 K 对最终结果影响很大，当主题数目过多时，容易出现很多不具有明显语义信息的主题；当主题数目过少时，则会出现一个主题包含多层语义信息的状况。因此，科学地确定主题数 K 非常重要（廖列法和勒孚刚，2017）。现有确定 K 值的方法有人工经验判定（程晏，2020）、主题相似度判定（曹娟等，2008）、基于困惑度等。由于本书的主题词分析是为了提取经验做法，关注的并非 Topic 本身，主题词的选取主要是为了全面反映信息，因此，本书根据经验为各维度选择了可以反映主要信息同时信息又不重复的主题词。通过反复测试，本书的优化产业结构、调整能源结构、提高能源效率、提高碳汇水平、完善管理机制 5 个维度选取的主题个数分别为 20 个、20 个、15 个、10 个、20 个。

（二）各个维度主题词确定

根据图 7-5 所示的分析流程，建立训练文本的语料库之后便可以建立 LDA 主题词模型。本书构建了基于 Python 语言的 LDA 主题挖掘模型，得到各个维度的"主题—词语"矩阵如表 7-10 所示。根据每一个主题下的词语内涵，本书在表 7-10 中对各个主题进行了归纳，为维度性提升策略的提出奠定基础。

表 7-10（a）　优化产业结构维度主题词分析

主题	词语	主题归纳
T₁₋₁	企业　调整　推进　产业　规划　结构调整　工作　转型　危险　外　化学品　工业　协调　进一步　委　计划　镇　整治　工业区　安监局	制定合理产业结构规划，促进工业转型

续表

主题	词语	主题归纳
T_{1-2}	上海 产业 结构调整 相关 部门 工作 人民政府 区 县 通知 实施 淘汰 情况 政府 国家 指导 方式 制定 经济 单位 落后	淘汰落后产业,促进产业结构调整
T_{1-3}	企业 服务业 结构调整 调整 三年 土地 仓储 城 行动计划 我区 存量 工业园区 上海 转型 宝山 相 结合 年 先进 平方公里	积极发展服务业和仓储物流等产业,调整产业结构
T_{1-4}	生产 年 工艺 企业 型 标准 机 生产能力 加工 低于 制造 电镀 结构调整 汞 落后 装备 淘汰 涂 料 系列	淘汰电镀等高能源产业
T_{1-5}	产品 管理 发展 意见 规划 推进 符合 区块 超过 条件 生产 审批 生态 简称 评估 认定 停产 时 涉及 申请	进行产品的生态影响评估和审批
T_{1-6}	服务 发展 服务业 物流 网络 平台 创新 中心 机 构 信息 设计 软件 检测 文化 业务 金融 知识产 权 互联网 新 咨询	发展物流、大数据、物联网、金融等现代服务业
T_{1-7}	材料 系统 万元 数字 海洋 节能 包括 利用 装置 药物 控制 功能 高端 生产线 印刷 卫星 仪器 元 器件 精密 研发	发展经济仪器制造等高端研发产业
T_{1-8}	企业 淘汰 劣势 土地 存量 盘活 资源 区 指标 生产 调整 责令 青浦区 产业结构 类 各镇 关闭 土地利用 许可证 强制	盘活存量,淘汰劣势产业,调整用地结构
T_{1-9}	项目 调整 专项资金 办公室 区政府 标准 经委 万 元 给予 推进 列入 批准 财政 单位 街道 用于 由区 申报 行业 本区	成立产业结构调整专项资金
T_{1-10}	发展 产业 加快 经济 建设 区域 资源 实施 重点 鼓励 优化 提高 环保 利用 引导 改造 升级 提升 支持 工业	引导产业升级,积极鼓励环保产业发展
T_{1-11}	制造 项目 万元 建设 类 国家 新型 号 淘汰 资 本 劳动生产率 深圳 行业 工程 密集度 禁止 投资 全员 鼓励类 技术	禁止密集度产业,淘汰落后产能,鼓励技术密集型产业

续表

主题	词语	主题归纳
T_{1-12}	服务 新型 项目 智能 产业化 研发 管理 相关 装备 生物 投资 增加值 电视 检测 机器人 通信 工程 运营 公顷 电子	发展通信、生物、研发等产业
T_{1-13}	区 节能 工作 重点 年 单位 责任 减排 推动 目标 占 推进 做好 设施 环保局 管理 经委 能源 力度 技术	通过技术来引导到各个行业实现减排目标
T_{1-14}	技术 产品 制造 设计 治疗 信息 含 医疗 式 环保 深圳 航空 封装 传感器 集成 人工 循环 广播 电视 半导体 排放	发展航空、半导体等高新技术的环保产业
T_{1-15}	企业 高新技术 科技 技术 开发 广州 技术创新 研究 培育 农业 扶持 提供 科技进步 中 推动 大力 发展 工程 投入 成果	加大对高新技术企业的扶持力度
T_{1-16}	设备 产业 开发 类 目录 导向 技术开发 汽车 生产 建筑 设施 指标 自动 加工 电池 高性能 指导 电子 水耗 强度	制定高新技术产业目录
T_{1-17}	补助 专项 调整 资金 结构调整 产业 重点 区 企业 联席会议 区域 审核 项目 办法 吨 拨付 配套 级 年度 年	建立产业结构调整的专项基金,形成区域产业发展的联席会议
T_{1-18}	建设 新 政策 基础 先进 工业 领域 高效 配套 教育 保护 快速 按 船舶 运输 社区 推广 会展 支撑	加强对先进工业领域的配套设施
T_{1-19}	电价 差别 委 执行 经济 信息化 标准 企业 类 改革 征收 电费 办法 加价 发展 装置 国家 各区 负责 电力公司	实行差别电价,引导产业结构调整
T_{1-20}	装置 万吨 生产线 限定值 吨 能效 生产工艺 清单 负面 式 小于 产能 固定 年产 电话 单线 规模 热处理	建立产能清单,减少能源消耗

表 7-10 （b） 调整能源结构维度主题词分析

主题	词语	主题归纳
T_{2-1}	能源 统计 统计局 工作 报表 工业 数据 资源 会议 消耗 机构 调查 公共 制度 统计数据 通知 区县 企业 填报	建立能源统计制度
T_{2-2}	发展 产业 建设 推进 领域 项目 技术 重点 推动 服务 规划 研究 完善 支持 加快 创新 体系 生产	以技术创新推动重点领域的规划、研发和发展
T_{2-3}	新能源 材料 发展 企业 资源 电池 技术 研发 制造 引进 关键 生产 产业化 亿元 工业 实施 国内 人才 产品	重视新能源材料、技术开发
T_{2-4}	建设项目 工程 施工 项目 参加 部门 标段 职工 缴费 单位 办理 承包单位 水利 人力资源 铁路	重视重大基础设施的减排工作
T_{2-5}	补助 生产 企业 财政 万元 给予 销售 按 管理 负责 提供 信息化 工业 印发 部门 办法 标准 条件 奖励	以补助和补贴的形式推动信息化发展
T_{2-6}	项目 申报 资金 长沙 财政局 能源 节能 局 专项资金 示范 审核 评审 管理 相关 申报材料 专家 年度 计划 拨付 奖励	成立专项资金进行节能减排的评审、奖励和考核机制
T_{2-7}	节能 单位 机构 合同 能源管理 公共 改造 主管部门 服务 行政 项目 实施 设备 能耗 技术 发展 部门 节约能源 监督 情况	进行能源合同管理,对重点单位、部门和结构进行节能减排监督
T_{2-8}	工作 建设 部门 制定 人民政府 负责 企业 国家 推广 相关 规划 产品 管理 组织 政府 标准 社会 政策 实施 计划	制定与推广产品节能减排的相关规划和标准
T_{2-9}	能源 广州 天然气 分布式 清洁 消费 管道 电力 利用 总量 发展 燃气 光伏 电网 改造 控制 鼓励 站 保护	控制能源总量,发展天然气、燃气、分布式能源等多种形式的新能源
T_{2-10}	汽车 新能源 充电 设施 运营 推广应用 企业 车辆 单位 建设 整车 加快 委 发展 政策 汽车产业 示范 基础设施 鼓励	发展新能源汽车,建立配套的充电桩等基础设施

续表

主题	词语	主题归纳
T$_{2-11}$	天津 有限公司 滨海新区 集团 公司 西青区 有限责任 北辰区 武清区 化工 静海区 东丽区 科技 股份 中国 工业 津南区 大港	重视工业能源减排
T$_{2-12}$	单位 企业 通知 附件 年 发展 情况 改革 委员会 国家 工作 建设 各区 印发 监管	建立包括国家、地方、企业不同层级的能源管理机制
T$_{2-13}$	能源 用能 计量 单位 重点 节能 得分 管理体系 组织 文件 工作 监测 分 利用 状况 天津 主管 部门 年度	建立重点单位的能源计量、检测和机制
T$_{2-14}$	山东省 电动车 回收 企业 生产 交通运输 改革 委员会 电价 价格 废旧 西宁 用电 商务局 通知 配合	淘汰高耗能汽车,推广使用电动车
T$_{2-15}$	发电 燃煤 万吨 年 电价 项目 清洁 再生能源 电量 上网 公司 削减 期间 方案 郑州 垃圾 附加 年底 生活 责任	降低燃煤使用率,多使用清洁能源和可再生能源
T$_{2-16}$	青岛 国际 培训 产品 节能 发展 工作 中国 活动 博览会 经济 时间 参会 郑州 会议 人员 通知 中心	进行节能培训,开展节能博览会,加强节能宣传
T$_{2-17}$	建筑 再生能源 建筑节能 技术 示范 太阳能 项目 建设 绿色 供热 工程 青岛 源热泵 材料 单位 设计 既有 主管部门 标准	建筑部门推广使用太阳能等节能技术
T$_{2-18}$	能源 审计 节能 情况 分析 设备 能耗 审核 海区 指标 系统 产品 评价 能源管理 审计 技术 统计 数据 建议 计算	建立能源管理机制,统计、审核、审计等机制
T$_{2-19}$	长沙 领导小组 办公室 热水 新建 工作 委员会 主任 通知 湖南省 湖南 调整 办公厅 成员 人民政府 公布 政府 财政局 成立	成立专门领导小组进行能源管理工作
T$_{2-20}$	新能源 补贴 车辆 汽车 推广应用 资金 广州 购置 地方 公交车 财政补贴 申请 奖励 办法 信息 财政局 减排 电动	通过补贴等奖励措施,促进电动、新能源汽车的推广使用

表 7-10 （c） 提高能源效率维度主题词分析

主题	词语	主题归纳
T_{3-1}	天津 杭州 单位 西安 主任 建设 人民政府 系统 区县 通知 无害化 领导小组 设计 政府 办公厅 示范 监理	建立垃圾无害化管理工作小组
T_{3-2}	轨道 征收 管理 单位 交通 公司 公交 减排 节能 各区 政府 人民政府 部门 资金 实施 负责 统一	建立专项资金发展公共交通系统
T_{3-3}	垃圾 分类 单位 减量 推进 宣传 教育 活动 建立 区 学校 年 投放 落实 组织 指导 机关 培训 实施 知识	开展垃圾知识的培训、宣传和教育
T_{3-4}	有限公司 北京 高级 建筑 中国 研究院 建筑设计 专家 标识 委员会 暖通 公司 一级 科学 结构	重视建筑设计,减少建筑碳排放
T_{3-5}	建设 利用 建筑 体系 提高 方式 鼓励 推广 落实 提升 信息 节能 资源 综合 重点 措施 生态 运营 阶段	强化节能宣传,减少建筑运营阶段碳排放
T_{3-6}	建设 负责 区政府 回收 年 管委会 政府 城管局 工作 江北 新区 可回收 收集 集团 企业 场 配合 制定 完善	建立完善垃圾回收制度
T_{3-7}	单位 重庆 委员会 审批 办法 行政 区县 通知 服务 年月日 上海 附件 技术 时间 承诺 专业 相关	建立技术审批机制
T_{3-8}	垃圾 分类 扣分 容器 可回收 投放 收集 发现 物 点 湿 设置 单位 收运 实效 分 回收 规范 混杂 上海	设置垃圾分类处理容器,规范垃圾回收过程
T_{3-9}	绿色 建筑 项目 标识 城乡建设 住房 建筑节能 申报 单位 标准 管理 技术 建筑评价 北京 相关 设计 建筑设计 资金 奖励	建立绿色建筑标识评价及奖励机制
T_{3-10}	垃圾 生活 收集 收运 处置 部门 运输 设施 管理 垃圾处理 环卫 服务 作业 分类 吨 南京 转运站 绿化 企业	建设垃圾中转站,加大回收处理力度
T_{3-11}	技术 北京 工程 建筑 节能 结构 道路 施工 通告 保温 材料 系统 小区 排放 项目 改造 绿色	进行既有建筑改造,重视结构和保温材料
T_{3-12}	工作 生活 全社会 办公室 通知 推进 实施方案 组织 协调 做好 责任 印发 文明 相关 发展 领导 制度 机构 部门 节能	建立全社会节能减排的实施方案
T_{3-13}	建筑 农村 发展 建设 治理 改造 标准 规划 示范 部门 实施 节能 公共建筑 新建 产业化 能源 推动 推进 建立 全	制定新建建筑、公共建筑的节能标准
T_{3-14}	街道 家庭 社区 上海 服务 志愿 镇 绿化 志愿者 办公室 生活 联席会议 办事处 节能 区 管理 工作 城 队伍 全程	组织志愿者,建立联席会议制度进行家庭节能宣传
T_{3-15}	项目 县 生活 土地 建设 南昌 征收 人民政府 重庆 垃圾焚烧 实施 方案 批复 发电 核准 同意 公顷 用地	核准垃圾焚烧发电的方案

表 7-10 （d） 提高碳汇水平维度主题词分析

主题	词语	主题归纳
T₄₋₁	北京 林业 工作 碳汇 园林绿化 国际 办公室 局 培训 成立 温室 行动计划 合作 承担 项目管理 政 策 气候变化 分 志愿 普及	完善碳汇相关政策,并 宣传普及
T₄₋₂	基金 活动 增汇 减排 碳中和 交易 团体 应对 补 偿 机动车 生产 减少 拟 监测 评价 示范 功能	开展碳中和碳交易 制度
T₄₋₃	林业 推进 中 森林 建立 社会 体系 责任 提高 措施 增加 专家 力度 质量 规则 程序 内容 森林 资源 服务	增加森林,推进植树造 林的社会责任体系 构建
T₄₋₄	绿化 景观 种植 林木 苗木 秋色 芦苇 辖区 三年 河道 因地制宜 特色 抓 成效 柳树 沿线 视野 农 村 各县区	因地制宜地重视林木, 增加碳汇
T₄₋₅	碳汇 森林 碳 经营 绿色 企业 二氧化碳 知识 气 体 评估 举办 国内外 生态效益 购买 排放 变暖 气候 试验 捐资 碳捕捉	研发各项增汇技术
T₄₋₆	造林 实施 技术 指导 年 负责 生态 林 协调 制 定 强化 发动 万亩 做好 政府 月 情况 目标 重点	开展植树造林的技术 指导
T₄₋₇	植树造林 建设 工作 区域 部门 核桃 生态建设 栽 种 规划 滑坡 滇池 管养 城 成活率 检查 会议 乡土 安排 科学	制定植树造林规划
T₄₋₈	相关 组织 宣传 研究 管理 发展 领导 项目 参与 方法 计划 机制 形式 基础 模式 计量 完善 资金 植被 采用 碳汇	设置科研项目和资源, 进行碳汇的计量研究
T₄₋₉	工作 冬春季 树种 经济林 村庄 城乡 果 竹子 叶 水库 池塘 昆明 浅水区 倒逼 时间 第一 补种 相 结合 农业 种粮	各种经济作物相结合 以增加碳汇
T₄₋₁₀	工程 亩 全 确保 补植 落实 道路 管护 泥石流 产业 湿地 整治 抓好 滇 水位 湖泊 营造 开荒 存活率	增加湿地碳汇

表 7-10（e）　完善管理机制维度主题词分析

主题	词语	主题归纳
T_{5-1}	减排　项目　用能　工作　落实　机制　推进　相关　管理　国家　情况　健全　试点　监管　进一步　责任　深化　分解　总量　指标	建立碳减排责任机制
T_{5-2}	碳　排放　交易权　工作　气体　温室　核算　全国　年　数据　纳入　核查　强度　基础　厦门　培训　公布　咨询	建立温室气体核算和机制
T_{5-3}	责任　单位　管委会　牵头　林业局　领导　生态　责任人　环保局　发改委　造林　度假区　区政府　湿地　三个	建立多部门协作的管理机制
T_{5-4}	低碳　发展　工作　机制　示范　建设　试点　完善　低碳　城市　部门　试点工作　考核　温室　相关　工程　编制　中心　重点	做好低碳试点工作，建立温室气体考核机制
T_{5-5}	低碳　示范　技术　理念　森林　深圳　能耗　优势　减少　用地　太阳能　保护　固碳　空间　鼓励	依托技术，建立低碳示范
T_{5-6}	供热　中心　区域　发展　热电　燃煤　提升　燃气　天然气　优化　体系化　城区　万平方米　构建　面积　设施　机组　联产	基于热点联产，提高燃煤使用效率
T_{5-7}	技术　气候变化　应对　合作　领域　生态　鼓励　国家　排放　国际　产品　基础　机构　交流　纳入　先进　金融　落实　领导	加强与国际水平先进机构在气候变化领域的技术合作
T_{5-8}	建设　能源　重点　能力　发展　推广　管理　引导　规划　利用　提高　消费　建筑　一批　全　综合　模式　监测　标准　改造	建立重点领域节能监测机制
T_{5-9}	企业　改革　抵消　发展　量　年度　国家　上海　申请　报送　通知　试点　委员会　自愿　核证　编制　清缴　履约	实行企业自愿减排抵消政策
T_{5-10}	科技　工业　技术　塑胶制品　电路　光电　电子科技　通信　制造　半导体　微电子　高科技　玩具　科技实业　包装　电力　开发	以科技推动高新技术产业发展
T_{5-11}	建立　企业　体系　推进　研究　技术　产业　创新　制定　加快　统计　探索　资金　资源　平台　研发　系统　生活　组织　保障	建立科技研发的资源和组织保障
T_{5-12}	低碳　经济　循环　活动　倡导　组织　相关　宣传　日　企业　知识　教育　机关　对接　新理念　全培训　峰会　主题	加强低碳经济的宣传教育和培训

续表

主题	词汇	主题归纳
T_{5-13}	低碳　单位　机制　减碳　区域　提升　北京　气候　实施　碳汇　基础设施　打造　管控　行动计划　设施　风险	制定减排行动计划,提升应对气候变化风险的能力
T_{5-14}	能源　负责　减排　目标　欧盟　中国　气候　环境部　经济部　计划　亿　德国　修订　欧元　旨在　执行　指令　建议	加强国际合作,重视减排目标的划分
T_{5-15}	单位　责任　发改委　宁波　经信委　电价　建委　在线　用电　环保局　物流　财政局　审查　金融　宣传　需求　交通委　数据　经信委	通过调整电价等多元化手段,调整交通碳排放
T_{5-16}	年　提供　月　建筑　效率　经济　项目　包括　建筑物　发展　措施　面向　协议　能效　全球　降低　资金	使用资金激励,降低建筑物碳排放
T_{5-17}	节能　绿色　环保　服务　产品　完善　标准　能效　领域　示范　机构　公共　能耗　计量　鼓励　垃圾　照明　推行　第三方　监察	推行能耗计量的第三方监察机制
T_{5-18}	支持　实施　政府　政策　推动　制度　强化　社会　场　加大　方式　行业　环境　力度　参与　减排　作用　目标　部门　生产	建立节能减排的市场环境
T_{5-19}	有限公司　深圳　电子　实业　股份　精密　塑胶　科技股份　电器　发展　材料　五金　制品　印刷　管控　电池　集团　食品　比亚迪　单位名单	建立节能单位名单
T_{5-20}	单位　发展　气体　改革　温室　排放　责任　牵头　配合　区县　信息　经济　统计局　下降　试点　社区　管委会　应对	建立温室气体统计机制

四　基于 LDA 主题词模型的我国低碳建设维度提升策略

本书第五章对我国 35 个重点城市的低碳建设状态水平进行了时空演化分析,基于这一分析结果可以识别出各维度中表现较差的城市,即该维度需要重点提升的城市。根据上文对于各维度经验的挖掘结果,本部分为各维度的短板城市提出低碳建设水平提升策略,从而提升我国城市低碳建设的维度水平。

（一）以优化产业结构维度为短板城市的提升策略

根据第五章的计算结果可知，优化产业结构是一些城市低碳建设的短板维度，如石家庄、太原、沈阳、哈尔滨、郑州、南宁、西宁、西安、银川和乌鲁木齐。这些城市多分布在我国东北地区和中西部地区，优化产业结构是这些城市进行低碳建设中的重点任务。

根据优化产业结构维度城市低碳建设经验挖掘的结果，笔者建议这些城市从以下几方面优化产业结构。第一，加大落后产业淘汰力度。加快淘汰钢铁、水泥等行业落后产能，加速电石、铁合金等行业的技术升级步伐。第二，提高行业准入门槛，限制"高碳"行业发展。制定行业碳排放强度准入标准，逐步实行节能标准更加严格的产业政策，从严控制高能耗、高污染项目审批和建设。第三，对传统产业的技术实现低碳化升级，如要求煤电厂具有捕集并储存二氧化碳的能力。第四，积极发展服务业、先进制造业和高新技术产业。如，大力发展物流、大数据、物联网、金融等现代服务业；发展信息通信、生物研发、精密仪器制造等先进制造业；发展航空、半导体等高新技术产业。第五，成立产业结构调整专项资金，引导产业结构调整方向。加大对高新技术企业的资金扶持力度，侧重于为研发与使用低碳技术的企业提供金融支持（直接或间接融资）以及财政拨款支持、税收减免支持；提高已有企业的低碳技术使用及研发水平，压缩高碳技术企业的规模与产能。第六，以科技创新为支撑，推动高新技术产业发展。新兴产业发展必须有相应的低碳技术作为支撑，发挥技术优势和比较优势。因此，需要产学研结合，依托高等院校和科研院所的研究力量，以研究推动产业发展，以产业发展带动科学研究的进一步深化，形成经济发展的良性循环。

（二）以调整能源结构维度为短板城市的提升策略

根据第五章的计算结果可知，调整能源结构是一些城市低碳建设的短板维度，如北京、石家庄、沈阳、长春、哈尔滨、上海、合肥、福州、南昌、西安、银川，这些城市多分布在我国北方，调整能源结构是这些城市进行低碳建设中的重点任务。

根据调整能源结构维度城市低碳建设经验挖掘的结果，笔者建议这些城市从以下几方面调整能源结构。第一，开发适用于当地发展的新能源类型。新能源有天然气、燃气、分布式能源等多种形式，城市能源技术主管部门应牵头联合科研机构，根据当地的资源禀赋积极研发清洁能源技术并推动其落地。第二，建立能源的统计、审核和管理等机制。从能源统计角度，应建立重点单位的能源计量制度，建立能耗科学调配机制，完善能耗直报和实时监测制度，强化对高耗能企业的用能监管；应制定和完善节能减排的相关审核标准；应建立包括国家、地方、企业不同层级的能源管理机制。第三，加大清洁能源的宣传力度。通过入户、节目演出、举办节能培训、开展节能博览会、发放传单等多种形式的活动加大对清洁能源的宣传力度，使清洁低碳的能源消费理念深入人心，提高清洁能源应用潜在的市场需求。第四，对生产以清洁能源为动力的产品的企业实行税收优惠、提供融资便利，对购买清洁能源产品的用户给予贷款便利、资金奖励。如，对使用新能源汽车的单位和个人进行补贴和奖励，从而促进电动、新能源汽车的推广使用。第五，以技术创新推动新能源材料和技术开发。重点发展水电风力技术、生物质能开发、清洁能源技术、绿色煤电等低碳能源技术。

（三）以提高能源效率维度为短板城市的提升策略

根据第五章的计算结果可知，提高能源效率是一些城市低碳建设的短板维度，如大连、宁波、福州、青岛、郑州、南宁、成都、贵阳、厦门、昆明、西宁、银川和乌鲁木齐，这些城市多分布在我国中西部地区，提高能源效率是这些城市进行低碳建设中的重点任务。

根据提高能源效率维度城市低碳建设经验挖掘的结果，笔者建议这些城市从以下几方面提高能源效率。第一，重视工业领域的重点企业减排工作，如加强高耗能企业的能源审计和节能规划编制，建立企业用能年度报告制度，加强企业节能的管理与推广。第二，完善垃圾回收利用机制，建立垃圾管理小组，设置分类处理装置，张贴分类标识，建立垃圾处理和回收系统，培养居民的垃圾回收意识。第三，建立专项基金发展公共交通系统，完善公交场站，给予车辆补贴以扶持公共交通发展，减免公共交通企业的税收等。第四，建立全生命周期的建筑节能机制，在规划设计阶段执行绿色建筑理念，推广本土适用的建筑设计标准；在建成阶段开展绿色建筑标识评价，对表现良好的建筑进行奖励；在使用阶段鼓励能源服务公司对既有建筑进行节能改造，改善建筑供暖方式，淘汰燃油供暖，强化建筑节能宣传，减少使用阶段的碳排放。

（四）以提高碳汇水平维度为短板城市的提升策略

根据第五章的计算结果可知，提高碳汇水平是一些城市低碳建设的短板维度，如大连、长春、上海、南京、杭州、南昌、南宁、海口、济南、成都、西安、兰州，这些城市多分布在我国城市建设用地面积较为紧张的城市或自然条件不适于增加碳汇的城市，提高碳汇水平是这些城市进行低碳建设中的重点任务。

根据提高碳汇水平维度的城市低碳建设经验挖掘结果，笔者建议这些城市从以下几个方面来提高其碳汇水平。第一，积极发展生物固碳技术，通过增加森林、农地、草地和湿地等方式来提高碳汇水平。大力推广生态林、经济林种植，增加森林碳汇；鼓励发展循环农业，推广秸秆还田等，提高农业碳汇水平；基于自然资源保护区建立人工湿地和自然湿地，发挥湿地固碳能力。第二，改进园林绿化的方式，在整个城市范围内推广立体绿化，通过立体绿化来提高绿地的覆盖率，提高碳汇水平。第三，以技术手段来提高育苗水平。加强育苗技术的研发，开展在困难地造林和更新林技术等方面的基础研究，提高育苗效果，提高森林碳汇水平。第四，重视各种增汇技术的研发。

如，将碳捕集和碳封存技术研究纳入科技规划，给予政策倾斜；加强对探索相关技术的企业的理论和资源支持；强化技术合作，吸引国际的技术和资金支持。第五，全面推行生态产品价值 GEP 核算及积极应用其核算结果，在微观层面积极推进碳积分和碳能量等活动；在中观层面积极开发市场，建立碳标签和碳足迹等制度；在宏观层面建立全国的碳交易和碳中和市场。

（五）以完善管理机制维度为短板城市的提升策略

根据第五章的计算结果可知，完善管理机制是一些城市低碳建设的短板维度，如太原、呼和浩特、长春、哈尔滨、郑州、西安、兰州、西宁等，这些城市多分布在我国的东北地区和中西部地区，完善管理机制是这些城市进行低碳建设中的重点任务。

根据完善管理机制维度城市低碳建设经验挖掘的结果，笔者建议这些城市从以下几方面完善管理制度。第一，建立温室气体核算机制，提高碳排放核算精度。在现有的城市层面能源统计工作的基础上，从能源活动、工业生产过程、农业、土地利用变化、林业和废弃物处理等领域入手，科学设计碳统计项目，形成标准化和常态化的碳排放基础数据采集制度，并定期公布采集数据。第二，建立碳排放数据公开共享机制，建立碳减排责任机制。探索城市政府之间碳排放数据的共享机制，以保证各城市可以获得必要的涉及跨区域的碳排放数据，并进行相应的比较，以便明确自身的碳排放责任。第三，鼓励各城市探索自愿减排交易机制。例如，建立自愿减排交易登记注册系统和信息发布制度；开展碳排放权交易试验，为制定相应政策和措施、研究温室气体排放权分配方案奠定基础。第四，建立低碳技术示范。低碳技术为低碳发展的核心驱动力，因此，笔者建议对已有的节能、新能源、碳捕集与封存、CO_2 资源化利用等低碳技术进行筛选，选取已成熟的先进技术示范推广；提出新技术需求，制定系统完善的开发方案，为低碳发展和低碳指标的落实提供技术支撑。第五，加强气候变化领域的国际交流与合作。坚持共同但有区别的责任及各自能力原则和公平原则，维护我国发展权益。履行《联合国气候变化框架公约》及其《巴黎协定》，积极参与和引导国际规则与标准制定，引领和推动建立公平合理、合作共赢的全球气候治理体系。

第四节　本章小结

"城市低碳建设怎么做"是本章的核心问题，本章基于经验挖掘理论提出了城市低碳建设水平提升策略的技术路线，秉承城市可持续发展、经验挖掘、因地制宜、多元手段的基本原则，从整体和维度两个方面提出我国城市低碳建设水平的提升策略。本章基于政策工具分析框架，对比我国 35 个重点城市与国外 C40 城市低碳建设政策工具的差异，通过对国内外经验进行总结和凝练，提出我国城市低碳建设水平的整体性提升策略；基于主题词模型，对各维度表现良好城市的经验进行挖掘，从而提出我国城市低碳建设水平的维度性提升策略。

通过对国内外城市低碳建设政策工具进行对比分析，发现我国低碳城市政策工具存在以下整体性问题：强制性政策工具（P_{I-A}）力度不足，高度依赖混合性工具（P_{I-C}），具体表现为规制工具（P_{I-A1}）、直接供给工具（P_{I-A2}）、个人家庭与社区工具（P_{I-B1}）、市场工具（P_{I-B3}）等不足，信息与倡导工具（P_{I-C1}）重复且低效。根据以上结构性问题，结合国际先进经验，本书提出以下策略提高我国城市低碳建设水平：完善低碳法律和法规、提高低碳相关基础设施建设水平、充分发挥"社区—家庭—个人"的作用、建立碳交易市场和建立"政府—学校—公众"多元渠道的低碳宣传机制等。

通过对国内各维度表现良好城市的低碳建设经验进行主题词模型分析，本书为各维度的短板城市提出了以下的政策建议。①以优化产业结构维度为短板的城市应：加大落后产业淘汰力度；提高行业准入门槛，限制"高碳"行业发展；对传统产业的技术实现低碳化升级；积极发展服务业、先进制造业和高新技术产业；成立产业结构调整专项资金，引导产业结构调整方向；以科技创新为支撑，推动高新技术产业发展。②以调整能源结构维度为短板的城市应：开发适用于本地发展的新能源类型；建立能源的统计、审核和管理等机制；加大清洁能源的宣传力度；对生产以清洁能源为动力的产品的企业实行税收优惠、提供融资便利，对购买清洁能源产品的用户给予贷款便利、资金奖励；以技术创新推动新能源材料和技术开发。③以提高能源效率维度为短板的城市应：重视工业领域重点企业的减排工作；完善垃圾回收机制；建立专项资金发展公共交通系统；建立全生命周期的建筑节能机制；④以提高碳汇水平维度为短板的城市应：积极发展生物固碳技术，通过增加森林、农地、草地和湿地等方式提高碳汇能力；改进园林绿化方式，开展区域立体绿化；以技术手段提高育苗水平；重视各种增汇技术的研发；全面推行生态产品价值 GEP 核算及其结果运用。⑤以完善管理机制维度为短板的城市应：建立温室气体核算机制，提高碳排放核算精度；建立碳排放数据公开共享机制，建立碳减排责任机制；鼓励各城市探索自愿减排交易机制；建立低碳技术示范；加强气候变化领域的国际交流与合作。

第八章　总结与展望

第一节　主要结论

　　碳排放快速增长为人类社会的可持续发展带来了严峻挑战；快速城镇化给我国带来了巨大的减排压力，低碳城市建设是实现我国减排目标的主要途径。在国内经济发展需求与国内外碳减排形势的双重压力下，如何建设低碳城市，既保证城镇化的有序推进，又保证碳排放承诺得以实现，是我国政府当前亟待解决的关键问题。基于此，本书遵循"提出问题→分析问题→解决问题"的研究思路，基于"压力-状态-影响"的环境分析框架，以"文献综述→测度原理阐释→实证评价及分析→提升策略"为主线展开研究。具体来说，本书第一章的文献综述识别低碳城市建设相关研究的空白点；第二章以城市可持续发展理论、低碳经济理论等理论构建了本书的理论基础；第三章分析了我国城市碳排放与经济增长脱钩压力；第四章分析了我国城市低碳建设内涵及历程；第五章探究了我国城市低碳建设状态水平时空演化规律；第六章探究了我国城市低碳建设效率的时空演化规律；第七章提出了我国低碳城市建设水平的提升策略。本书的主要研究内容和结论如下。

　　本书基于空间自相关分析我国碳排放现状，基于 Tapio 脱钩模型分析我国经济增长与碳排放的脱钩现状，通过收集 CEADs 公布的 1997~2017 年的县级碳排放数据和 *Science Data* 数据库公布的融合后夜间灯光数据；从碳排放和经济增长与碳排放两大视角的分析我国城市碳排放压力，阐述我国开展低碳城市建设的迫切性，得出如下结论。第一，从碳排放量的时间演化角度，研究期内，我国城市碳排放量不断增长，且在 2002~2011 年增长迅速，2012 年以后增长速度有所放缓；我国西北地区的城市碳排放量增长迅速，西南地区城市次之，东北和东部沿海地区在研究期内增速最为缓慢。第二，从碳排放量的空间差异角度，研究期内我国城市碳排放呈现空间集聚特征，且这种空间集聚效应在增强。第三，从经济增长与碳排放脱钩压力时间演化角度，我国处于强脱钩（SD）状态的城市数量不多，短期内我国城市很难全部完成经济增长与碳排放强脱钩，我国城市的碳减排压力巨大；我国城市处于脱钩类别（D）的数量显著增加，经济增长与碳排放的整体脱钩表现在研究期间内有所改善；2008 年是我国城市经济经济增长和碳排放的拐点年份。第四，从经济增长与碳排放脱钩压力空间差异角度，1998 年我国四个地区的城市经济增长与碳排放脱钩状态均以 SD 状态为主，2017 年我国东部和东北地区的城市仍保持以 SD 状态为主，而中部和西部地区的城市则以 WD 状态为主；我国东部地区城市的经济增长与碳排放脱钩状态的表现优于西部地区城市，这种东部和西部地区碳排放脱钩表现的差异可能是由技术水平差异造成的。

本书采用文献研究法和内容分析法识别我国低碳城市建设的内涵，通过收集 132 份政策文本，识别了我国低碳城市的总体目标和维度目标，最终将低碳城市建设界定为以在控制城市碳排放的同时保持经济增长为总体目标，以优化产业结构（D_1）、调整能源结构（D_2）、提高能源效率（D_3）、提高碳汇水平（D_4）和完善管理机制（D_5）为维度目标的城市建设活动。根据我国低碳城市建设的内涵，界定了低碳城市建设水平测度的研究内容，阐释了我国低碳城市建设水平测度原理。

本书使用评价指标体系法测度我国低碳城市建设状态水平，根据目标管理理论构建了低碳城市建设状态水平测度指标体系，基于熵权法和 Topsis 法构建了低碳城市建设水平测度模型，采用四分位法和 Boston 矩阵法对我国低碳城市建设状态水平结果进行解析。通过收集我国 35 个重点城市在 2006~2019 年的数据，刻画了我国低碳城市建设状态水平时空演化规律，得出如下结论：第一，从总体水平的时间演化角度，我国低碳城市建设状态水平整体提升，低碳城市建设取得了一定的成效；且 2013 年是我国低碳城市建设状态水平的拐点年份。第二，从总体水平的空间差异角度，总体水平较好的城市分别是北京、天津、石家庄、上海、宁波、武汉、广州等；表现较差的有太原、呼和浩特、大连、长春、哈尔滨等东北和中西部地区城市。第三，从维度水平的时间演化角度，优化产业结构维度、提高能源效率维度和完善管理机制维度的低碳建设状态水平在研究期内有所改善；优化能源结构维度提高不明显；提高碳汇水平维度表现较好的城市数量并未显著增加。第四，从维度水平的空间差异角度，优化产业结构维度表现较好的城市有上海、武汉、广州、杭州、深圳等，多位于我国的东部沿海地区；优化产业结构维度表现较差的城市多为我国东北地区和中西部地区的城市。调整能源结构维度表现较差的城市大部分为北方城市。提高能源效率维度表现较好的城市多为经济较为发达的一线城市；表现较差的城市多位于我国中西部地区。提高碳汇水平维度表现较好的城市多为我国的南方城市。完善管理机制维度表现较好的城市均为我国第一批和第二批低碳试点城市。

本书基于投入产出理论、脱钩理论以及碳源和碳汇理论，提出了一种从效率角度衡量中国低碳城市建设效率的改进方法，并且以我国 256 个城市为样本，通过收集这 256 个城市 2006~2019 年的数据，进行了案例研究以证明本书所提出方法的有效性。基于我国低碳城市建设效率的时空演化规律研究，可得出以下结论。第一，从低碳城市建设效率的时间演化分析结果来看，2011 年、2018 年和 2019 年是我国低碳城市建设效率水平相对较低的年份。这是由于我国低碳城市建设的投入和期望产出均有所增加，但期望产出增速低于投入的增速，从而导致低碳城市建设效率较低。这同时进一步证明了从效率角度来测度我国低碳城市建设水平的重要性，提高低碳城市建设效率是我国实现节能减排的决定性因素，是实现"双碳"目标的关键路径。第二，从空间异质性的分析结果可知，我国西部地区城市低碳建设效率最高，其后的是我国东部地区城市，东北地区的城市低碳建设效率较低，中部城市低碳建设效率最低。这一发现可以进一步证明本书提出的低碳城市建设效率衡量方法的有效性，启示我们在研究低碳城市建设时，不仅要关注经济增长和碳减排，同时也要考虑到提高能源效率、碳汇水平等维度。第三，本书通过对不同规模城市的低碳城市建设效率进行分析，发现我国城市的低碳城市建设效率与城市规模呈现 U 形的关系。不同城市低碳城市建设效率的影响因素存在地域差异，通过对不同城市低碳建设效率的实证研究，可以更好地为我国整体和地方政府制定因地制宜的科学减排措施提供必要的参考。

本书基于国内外低碳城市政策工具对比分析，提出了我国低碳城市建设水平整体性提升策略；基于文本挖掘和实证结果，提出了我国低碳城市建设水平维度性提升策略，具体结论如下。第一，通过国内外政策工具的对比分析，本书发现我国低碳城市政策存在以下整体性问题：强制性政策工具力度不足，高度依赖混合性工具；具体表现为规制工具、直接供给工具、个人家庭与社区工具、市场工具等不足，信息与倡导工具重复且低效。第二，根据以上结构性问题，结合国际先进经验，本书提出以下整体性提升策略提高我国低碳城市建设水平：完善低碳法律和法规，提高低碳相关基础设施建设水平，充分发挥"社区—家庭—个人"的作用，建立碳交易市场，建立"政府—学校—公众"多元渠道的低碳宣传机制。第三，通过对国内维度表现良好城市的建设经验进行主题词分析，本书为各个维度的短板城市提出了以下的政策建议。①以优化产业结构维度为短板的城市应加大落后产业淘汰力度；提高行业准入门槛，限制"高碳"行业发展；对传统产业的技术实现低碳化升级；积极发展服务业、先进制造业和高新技术产业；成立产业结构调整专项资金，引导产业结构调整方向；以科技创新为支撑，推动高新技术产业发展。②以调整能源结构维度为短板的城市应开发适用于本地发展的新能源类型；建立能源的统计、审核和管理等机制；加大清洁能源的宣传力度；对生产以清洁能源为动力的产品的企业实行税收优惠、提供融资便利，对购买清洁能源产品的用户给予贷款便利、资金奖励；以技术创新推动新能源材料和技术开发。③以提高能源效率维度为短板的城市应重视工业领域重点企业的减排工作；建立完善垃圾回收制度；建立专项资金发展公共交通系统；以全过程管理促进建筑节能；④以提高碳汇水平维度为短板的城市应通过森林固碳、农地固碳、草地固碳和湿地固碳等方式增强碳汇能力；改进园林绿化方式，开展区域立体绿化；以技术手段提高森林碳汇水平；重视各种增汇技术的研发；全面推行生态 GEP 核算及其结果运用。⑤以完善管理机制维度为短板的城市应建立温室气体核算机制，提高碳排放核算精度。建立碳排放数据公开共享机制，建立碳减排责任机制。鼓励各城市探索自愿减排交易机制；建立低碳技术示范；加强气候变化领域的国际交流与合作。

第二节　不足与展望

本书对我国低碳城市建设水平时空演化规律和提升策略进行研究，通过海量理论文献阅读和长期的实地调研反馈，本书尽量保证每章节研究的逻辑性、创新性、规范性和严谨性。但受笔者本身研究能力和研究时间的限制，本书仍然存在一定的研究不足，可以在未来研究中进一步进行完善和提升，具体如下。

（1）经济增长与碳排放脱钩的研究尺度不够精细。由于精力有限，本书仅分析了城市层面经济增长与碳排放的脱钩情况，未来研究可以基于夜间灯光数据，从较小的尺度（如县域、街区等）分析经济增长与碳排放之间的脱钩关系；同时可以使用对数平均迪式分解（LMDI）等分解方法来分析影响不同脱钩状态的因素。

（2）低碳城市建设状态水平的样本城市选取范围还不够广泛。本书仅对我国 35 个重点城市的低碳建设状态水平进行了实证分析，这些样本城市具有较高的行政等级，低碳城市建设具有典型性。未来研究可以增加我国样本城市的数量，甚至将实证对象扩展到国外城市，探究更加广泛而深入的时空演化规律。

（3）国际经验城市选取数量不足。为了收集国内外城市低碳建设经验，本书付出了极大努力，对 C40 每一个城市的政府官网进行了检索，收集了大量一手素材并对其翻译、整理得出国外低碳城市典型建设经验。未来研究可以进一步扩展案例库，国内外城市的政府加强交流合作，同时基于情景分析等方法深入分享经验。

附　录

A. 附表

A1. 每个城市的脱钩状态判断的 Python 代码展示

```
#! /usr/bin/python
# - * - coding: UTF-8 - * -
import openpyxl
import os, sys
max_line = 6970
temp_column = 4
file_name = 'tempData. xlsx'
out_name = 'finalData. xlsx'
excel_file = os. getcwd() + '\\' + file_name
r_data = openpyxl. load_workbook(excel_file)
work_sheet = rdata['Sheet1']
for row_range in range(1, max_line): #先行再列
select_cell_EC = work_sheet. cell(row = row_range, column = 1)
select_cell_GDP = work_sheet. cell(row = row_range, column = 2)
select_cell_ST = work_sheet. cell(row = row_range, column = 3)
if select_cell_EC. value and isinstance(select_cell_EC. value, float) and select_cell_GDP. value and
isinstance(select_cell_GDP. value, float) and select_cell_ST. value and isinstance(select_cell_ST. value,
float):
if float(select_cell_GDP. value) > float(float(0)) and float(select_cell_EC. value) > float(0) and float
(select_cell_ST. value) > 1. 2:
work_sheet. cell(column = temp_column, row = row_range, value = "扩张性负脱钩")
elif float(select_cell_GDP. value) > float(0) and float(select_cell_EC. value) > float(0) and float(select_
cell_ST. value) > 0. 8:
```

```
work_sheet. cell( column = temp_column, row = row_range, value = "扩张性连接")
elif float( select_cell_GDP. value) >float( 0) and float( select_cell_EC. value) >float( 0) and float( select_
cell_ST. value) >float( 0) :
work_sheet. cell( column = temp_column, row = row_range, value = "弱脱钩")
elif float( select_cell_GDP. value) <float( 0) and float( select_cell_EC. value) <float( 0) and float( select_
cell_ST. value) >1. 2:
work_sheet. cell( column = temp_column, row = row_range, value = "衰退性脱钩")
elif float( select_cell_GDP. value) <float( 0) and float( select_cell_EC. value) <float( 0) and
float( select_cell_ST. value) >0. 8:
work_sheet. cell( column = temp_column, row = row_range, value = "衰退性连接")
elif float( select_cell_GDP. value) <float( 0) and float( select_cell_EC. value) <float( 0) and float( select_
cell_ST. value) >float( 0) :
work_sheet. cell( column = temp_column, row = row_range, value = "弱负脱钩")
elif float( select_cell_GDP. value) <float( 0) and float( select_cell_EC. value) >float( 0) and float( select_
cell_ST. value) <float( 0) :
work_sheet. cell( column = temp_column, row = row_range, value = "强负脱钩")
elif float( select_cell_GDP. value) >float( 0) and float( select_cell_EC. value) <float( 0) and float( select_
cell_ST. value) <float( 0) :
work_sheet. cell( column = temp_column, row = row_range, value = "强脱钩")
r_data. save( out_name)
r_data. close( )
```

A2. 经济增长与碳排放脱钩分析的289个地级市名单

编号	城市	编号	城市	编号	城市	编号	城市	编号	城市	编号	城市
C1	安庆	C8	淮北	C15	芜湖	C22	平凉	C29	肇庆	C36	梧州
C2	蚌埠	C9	淮南	C16	宣城	C23	庆阳	C30	贵港	C37	安顺
C3	亳州	C10	黄山	C17	龙岩	C24	天水	C31	桂林	C38	毕节
C4	永州	C11	六安	C18	定西	C25	佛山	C32	河池	C39	贵阳
C5	滁州	C12	马鞍山	C19	嘉峪关	C26	清远	C33	贺州	C40	六盘水
C6	阜阳	C13	苏州	C20	兰州	C27	韶关	C34	来宾	C41	铜仁
C7	合肥	C14	铜陵	C21	甘肃	C28	云浮	C35	柳州	C42	遵义

编号	城市	编号	城市	编号	城市	编号	城市	编号	城市	编号	城市
C43	保定	C76	郑州	C109	镇江	C142	铜川	C175	泸州	C209	秦皇岛
C44	邯郸	C77	周口	C110	福州	C143	渭南	C176	眉山	C210	大连
C45	衡水	C78	驻马店	C111	赣州	C144	西安	C177	绵阳	C211	盘锦
C46	廊坊	C79	鄂州	C112	吉安	C145	咸阳	C178	南充	C212	临沂
C47	石家庄	C80	黄冈	C113	景德镇	C146	延安	C179	内江	C213	青岛
C48	邢台	C81	黄石	C114	九江	C147	榆林	C180	攀枝花	C214	南平
C49	张家口	C82	荆门	C115	南昌	C148	德州	C181	遂宁	C215	惠州
C50	大庆	C83	荆州	C116	萍乡	C149	菏泽	C182	雅安	C216	北海
C51	哈尔滨	C84	十堰	C117	上饶	C150	济南	C183	宜宾	C217	儋州
C52	鹤岗	C85	随州	C118	新余	C151	济宁	C184	自贡	C218	海口
C53	黑河	C86	武汉	C119	伊春	C152	莱芜	C185	资阳	C219	台州
C54	佳木斯	C87	襄阳	C120	鹰潭	C153	聊城	C186	昆明	C220	锦州
C55	鸡西	C88	咸宁	C121	白山	C154	泰安	C187	丽江	C221	梅州
C56	牡丹江	C89	孝感	C122	长春	C155	枣庄	C188	曲靖	C222	三亚
C57	齐齐哈尔	C90	宜昌	C123	吉林	C156	淄博	C189	玉溪	C223	丹东
C58	七台河	C91	常德	C124	辽源	C157	长治	C190	昭通	C224	滨州
C59	双鸭山	C92	长沙	C125	四平	C158	大同	C191	衢州	C225	金华
C60	绥化	C93	郴州	C126	松原	C159	晋城	C192	福州	C226	莆田
C61	伊春	C94	衡阳	C127	通化	C160	晋中	C193	东莞	C227	潮州
C62	安阳	C95	怀化	C128	本溪	C161	临汾	C194	河源	C228	深圳
C63	鹤壁	C96	怀化	C129	抚顺	C162	吕梁	C195	江门	C229	阳江
C64	焦作	C97	邵阳	C130	阜新	C163	朔州	C196	揭阳	C230	湛江
C65	开封	C98	湘潭	C131	辽阳	C164	太原	C198	沧州	C231	中山
C66	漯河	C99	益阳	C132	沈阳	C165	忻州	C199	承德	C232	无锡
C67	洛阳	C100	永州	C133	铁岭	C166	阳泉	C200	常州	C233	朝阳
C68	南阳	C101	岳阳	C134	赤峰	C167	运城	C201	连云港	C234	日照
C69	平顶山	C102	张家界	C135	固原	C168	巴中	C202	鞍山	C235	溧水
C70	濮阳	C103	株洲	C136	海东	C169	成都	C203	东营	C236	唐山
C71	三门峡	C104	淮安	C137	西宁	C170	达州	C204	威海	C237	苏州
C72	商丘	C105	南京	C138	安康	C171	德阳	C205	杭州	C238	盐城
C73	新乡	C106	宿迁	C139	宝鸡	C172	广安	C206	宁波	C239	营口
C74	信阳	C107	徐州	C140	杭州	C173	广元	C207	厦门	C240	泉州
C75	许昌	C108	扬州	C141	商洛	C174	乐山	C208	广州	C241	汕头

编号	城市	编号	城市	编号	城市	编号	城市	编号	城市	编号	城市
C242	珠海	C251	漳州	C260	金昌	C269	防城港	C278	南宁	C287	重庆
C243	葫芦岛	C252	榆林	C261	酒泉	C270	武威	C279	鄂尔多斯	C288	天津
C244	烟台	C253	绍兴	C262	百色	C271	崇左	C280	克拉玛依	C289	上海
C245	湖州	C254	三明	C263	白城	C272	巴彦淖尔	C281	临沧		
C246	温州	C255	嘉兴	C264	包头	C273	呼和浩特	C282	乌兰察布		
C247	舟山	C256	贵州	C265	呼伦贝尔	C274	通辽	C283	普洱		
C248	宁德	C257	南通	C266	乌海	C275	石嘴山	C284	银川		
C249	钦州	C258	汕尾	C267	吴中	C276	中卫	C285	乌鲁木齐		
C250	潍坊	C259	白银	C268	保山	C277	张掖	C286	北京		

A3. 城市低碳建设相关政策文本

政策文本名称	政策文本编码	颁布年份
天津市低碳城市试点工作实施方案	P_1	2012
天津市"十三五"控制温室气体排放工作实施方案	P_2	2017
重庆市"十二五"控制温室气体排放和低碳试点工作方案	P_3	2012
重庆市"十三五"控制温室气体排放工作方案	P_4	2017
深圳市低碳发展中长期规划(2011—2020 年)	P_5	2012
深圳市能源发展"十三五"规划	P_6	2016
深圳市应对气候变化"十三五"规划	P_7	2016
深圳市工商业低碳发展实施方案(2011—2013)	P_8	2011
厦门市低碳城市试点工作实施方案	P_9	2012
厦门市低碳城市总体规划纲要	P_{10}	2010
杭州市"十三五"控制温室气体排放实施方案	P_{11}	2017
南昌市国家低碳试点工作实施方案	P_{12}	2011
南昌市 2013 年低碳试点城市推进工作实施方案	P_{13}	2013
南昌市低碳发展促进条例	P_{14}	2016
贵阳市"十三五"控制温室气体排放工作实施方案	P_{15}	2017
贵阳市低碳城市试点工作实施方案	P_{16}	2013
保定市人民政府关于建设低碳城市的意见	P_{17}	2009
晋城市"十三五"应对气候变化规划(2016—2020)	P_{18}	2016
晋城市低碳发展规划(2013—2020 年)	P_{19}	2014

续表

政策文本名称	政策文本编码	颁布年份
晋城市低碳城市试点工作实施方案	P_{20}	2013
上海市2017年节能减排和应对气候变化重点工作安排	P_{21}	2017
上海市节能和应对气候变化"十三五"规划	P_{22}	2017
上海市能源发展"十三五"规划	P_{23}	2017
上海市2018年节能减排和应对气候变化重点工作安排	P_{24}	2018
石家庄市"十二五"低碳城市试点工作要点	P_{25}	2013
石家庄市"十三五"节能减排综合工作方案	P_{26}	2017
石家庄建设低碳城市八项措施	P_{27}	2013
石家庄市低碳发展促进条例	P_{28}	2016
秦皇岛市低碳试点城市建设实施意见	P_{29}	2014
北京市推进节能低碳和循环经济标准化工作实施方案（2015—2022年）	P_{30}	2015
北京经济技术开发区绿色低碳循环发展行动计划	P_{31}	2016
北京市"十三五"时期节能低碳和循环经济全民行动计划	P_{32}	2016
北京市"十二五"时期节能降耗及应对气候变化规划	P_{33}	2011
北京市"十三五"时期节能降耗及应对气候变化规划	P_{34}	2016
北京市进一步促进能源清洁高效安全发展的实施意见	P_{35}	2015
呼伦贝尔低碳试点实施方案	P_{36}	2013
吉林市"十三五"控制温室气体排放工作方案	P_{37}	2017
大兴安岭地区"十三五"节能减排综合工作实施方案	P_{38}	2017
苏州市低碳发展规划	P_{39}	2014
淮安市2015年节能减排低碳发展行动实施方案	P_{40}	2015
淮安市"十二五"控制温室气体排放和低碳城市试点工作方案	P_{41}	2013
淮安市政府办公室关于加快绿色循环低碳交通运输发展的实施意见	P_{42}	2016
镇江市人民政府关于加快推进低碳城市建设的意见	P_{43}	2012
镇江市低碳城市建设工作计划（2014年）	P_{44}	2014
宁波市低碳城市试点工作2014年推进方案	P_{45}	2014
宁波市低碳城市试点工作2015年推进方案	P_{46}	2015
宁波市低碳城市试点工作实施方案	P_{47}	2013
宁波市"十三五"节能减排综合工作方案	P_{48}	2017
温州市能源发展"十三五"规划	P_{49}	2016
温州市低碳城市试点工作实施方案	P_{50}	2013
安徽省池州市国家低碳城市试点工作	P_{51}	2017
南平市"十三五"能源发展专项规划	P_{52}	2016

政策文本名称	政策文本编码	颁布年份
南平市"十三五"控制温室气体排放工作方案	P_{53}	2017
南平市"十二五"低碳发展规划	P_{54}	2013
景德镇市低碳试点工作实施方案	P_{55}	2012
赣州市"十三五"控制温室气体排放工作方案	P_{56}	2018
赣州市低碳城市试点工作重点及任务分工	P_{57}	2014
赣州市人民政府关于建设低碳城市的意见	P_{58}	2014
青岛市低碳城市试点碳排放权交易市场建设实施方案	P_{59}	2015
青岛市控制温室气体排放工作方案	P_{60}	2018
青岛市低碳发展规划(2014年—2020年)	P_{61}	2014
济源市人民政府关于建设低碳城市的指导意见	P_{62}	2016
武汉市低碳城市试点工作实施方案	P_{63}	2013
武汉市低碳发展"十三五"规划	P_{64}	2016
武汉市能源发展"十三五"规划	P_{65}	2017
广州市人民政府关于大力发展低碳经济的指导意见	P_{66}	2010
中共广州市委　广州市人民政府关于推进低碳发展建设生态城市的实施意见	P_{67}	2012
广州市"十二五"节能减排工作方案	P_{68}	2012
广州市节能降碳第十三个五年规划(2016—2020年)	P_{69}	2017
桂林市节能减排降碳和能源消费总量控制"十三五"规划	P_{70}	2017
桂林市低碳城市发展"十三五"规划	P_{71}	2017
广元市国家低碳城市试点工作实施方案(2013—2016年)	P_{72}	2013
广元市节能减排综合工作方案(2017—2020年)	P_{73}	2017
广元市"十三五"低碳发展规划	P_{74}	2017
遵义市低碳试点工作初步实施方案	P_{75}	2014
遵义市"十三五"应对气候变化规划	P_{76}	2017
2015年遵义市节能减排低碳发展行动方案的通知	P_{77}	2015
低碳昆明建设实施方案	P_{78}	2011
昆明市人民政府关于建设低碳昆明的意见	P_{79}	2010
延安市低碳试点工作实施方案(2012年)	P_{80}	2012
金昌市低碳城市试点工作实施方案	P_{81}	2013
金昌市国家低碳试点城市2014年度工作计划	P_{82}	2014
乌鲁木齐市低碳城市试点工作实施方案(2014年)	P_{83}	2014
乌海市"十三五"节能降碳综合工作方案	P_{84}	2017

政策文本名称	政策文本编码	颁布年份
沈阳市"十三五"控制温室气体排放工作方案	P_{85}	2017
大连市"十三五"节能减排综合工作方案	P_{86}	2017
朝阳市"十三五"控制温室气体排放工作方案	P_{87}	2017
朝阳市低碳城市试点工作实施方案	P_{88}	2017
嘉兴市节能低碳和应对气候变化"十三五"规划	P_{89}	2017
嘉兴市低碳城市试点建设三年行动计划(2017-2019)	P_{90}	2017
合肥市低碳城市试点建设工作方案	P_{91}	2017
合肥市"十三五"节能减排综合性工作方案	P_{92}	2017
合肥市控制温室气体排放工作实施方案(2018-2020年)	P_{93}	2018
淮北市气候适应型城市试点建设行动计划(2017—2020年)	P_{94}	2017
安徽六安2014~2015年节能减排低碳发展行动方案	P_{95}	2014
宣城市低碳城市试点建设实施方案	P_{96}	2017
三明市"十三五"节能减排综合工作实施方案	P_{97}	2017
三明市"十三五"能源发展专项规划	P_{98}	2017
共青城市低碳城市试点实施方案	P_{99}	2018
吉安市"十三五"节能减排综合工作方案	P_{100}	2017
抚州市"十三五"节能减排综合工作方案	P_{101}	2018
济南市"十三五"节能减排综合工作方案	P_{102}	2017
济南市低碳发展工作方案(2018-2020年)	P_{103}	2018
烟台市"十二五"节能减排综合性工作实施方案	P_{104}	2014
潍坊市节约能源"十三五"规划	P_{105}	2017
潍坊市"十三五"及2017年节能目标任务计划	P_{106}	2017
长沙市低碳发展规划(2018—2025年)(征求意见稿)	P_{107}	2019
株洲市低碳城市试点工作实施方案	P_{108}	2018
湘潭市低碳发展规划(2018—2030年)(修改稿)	P_{109}	2020
郴州市"十三五"节能规划	P_{110}	2018
郴州市"十三五"节能减排综合工作方案	P_{111}	2018
2017年中山市低碳城市试点建设工作要点	P_{112}	2017
中山市"十三五"控制温室气体排放工作实施方案的通知	P_{113}	2017
柳州市落实广西节能减排降碳和能源消费总量控制"十三五"规划主要目标和重点任务分工方案	P_{114}	2018
柳州市能源消费总量和强度"双控"及控制温室气体排放2018年工作要点	P_{115}	2018

政策文本名称	政策文本编码	颁布年份
三亚市"十三五"国家低碳试点城市建设实施方案	P_{116}	2017
三亚市"十三五"控制温室气体排放工作方案	P_{117}	2018
琼中黎族苗族自治县"十三五"节能减排综合工作实施方案	P_{118}	2018
成都低碳城市试点实施方案	P_{119}	2017
成都市节能减排降碳综合工作方案(2017—2020 年)	P_{120}	2017
成都市能源发展"十三五"规划	P_{121}	2017
成都市低碳城市建设 2017 年度计划	P_{122}	2017
玉溪市"十三五"控制温室气体排放工作方案	P_{123}	2018
玉溪市建立碳排放总量控制制度和分解落实机制工作方案	P_{124}	2018
拉萨市全力推进清洁能源示范城市建设	P_{125}	2018
拉萨市能源发展规划(2016—2025 年)	P_{126}	2017
安康市低碳发展规划(2018—2030 年)	P_{127}	2018
安康市国家低碳城市试点工作实施方案(2016—2020 年)	P_{128}	2017
兰州市"十三五"控制温室气体排放工作实施方案暨国家低碳城市试点 2017 年度工作计划	P_{129}	2017
西宁市"十三五"节能减排综合工作方案	P_{130}	2017
银川市低碳城市发展规划(2017—2020)	P_{131}	2018
银川市"十三五"控制温室气体排放实施方案	P_{132}	2018

A4. 我国城市建设相关政策分析单元

代码	政策工具分析单元	代码	政策工具分析单元
U_{1-1}	推动产业低碳化发展	U_{1-10}	创新完善政府引导体制机制
U_{1-2}	优化能源结构	U_{2-1}	强化能力建设支撑
U_{1-3}	提高能源利用效率	U_{2-2}	推动能源体系低碳转型
U_{1-4}	培育低碳生活方式	U_{2-3}	强化保障工作落实
U_{1-5}	开展低碳示范建设	U_{2-4}	完善碳排放权交易市场建设
U_{1-6}	构建促进低碳发展的能力支撑体系	U_{2-5}	加强科技创新引领
U_{1-7}	增加城市碳汇	U_{2-6}	推进产业体系低碳发展
U_{1-8}	建立完善温室气体统计、核算、考核体系	U_{2-7}	提升城镇低碳发展水平
U_{1-9}	探索建立市场运作机制	U_{2-8}	深化低碳城市试点建设

代码	政策工具分析单元	代码	政策工具分析单元
U_{3-1}	加快调整产业结构打造低碳产业体系	U_{5-3}	加大节能降耗力度提高能源利用效率
U_{3-2}	积极发展低碳能源构建低碳能源体系	U_{5-4}	推进科技创新提升低碳发展核心竞争力
U_{3-3}	推进资源节约与综合利用促进节能降耗	U_{5-5}	创新体制机制营造低碳发展环境
U_{3-4}	植树造林努力增加碳汇	U_{5-6}	挖掘碳汇潜力增强碳汇能力
U_{3-5}	推进社区建设和生活消费低碳化建设绿色低碳城市	U_{5-7}	倡导绿色消费践行低碳生活
U_{3-6}	强化科技支撑推动低碳技术创新	U_{5-8}	优化空间布局促进低碳城市建设
U_{3-7}	加快建立低碳制度体系推动碳排放交易市场建设	U_{5-9}	开展试点示范建设国家低碳试点城市
U_{3-8}	切实抓好41项行动计划和28项示范工程	U_{6-1}	控制能源消费总量全面推进低碳绿色发展
U_{4-1}	着力构建低碳能源体系	U_{6-2}	加快优化电源结构增强电力供应保障能力
U_{4-2}	控制工业领域排放	U_{6-3}	大力推进电网建设打造可靠高效城市电网
U_{4-3}	控制城乡建设领域排放	U_{6-4}	完善燃气供应体系促进天然气广泛应用
U_{4-4}	构建绿色交通运输体系	U_{6-5}	优化储运设施布局保障石油安全稳定供应
U_{4-5}	推进农林业低碳化发展	U_{6-6}	积极发展可再生能源扩大非化石能源利用
U_{4-6}	开展低碳发展试点示范	U_{6-7}	加强能源科技创新推动能源产业快速发展
U_{4-7}	积极融入全国碳排放权交易市场体系	U_{6-8}	强化能源运行协调增强能源应急抗灾能力
U_{4-8}	强化温室气体排放统计核算基础能力	U_{6-9}	深化开展能源合作拓展能源资源供应渠道
U_{4-9}	统筹区域和城乡低碳发展	U_{6-10}	推动能源体制改革提升行业服务及监管水平
U_{5-1}	调整产业结构构建以低碳排放为特征的产业体系	U_{7-1}	优化能源结构
U_{5-2}	优化能源结构建设低碳清洁能源保障体系	U_{7-2}	优化产业结构

续表

代码	政策工具分析单元	代码	政策工具分析单元
U_{7-3}	优化空间结构	U_{10-1}	城市生活低碳化
U_{7-4}	控制工业碳排放	U_{10-2}	城市空间紧凑化
U_{7-5}	控制交通碳排放	U_{10-3}	产业结构调优能源利用高效
U_{7-6}	控制建筑碳排放	U_{10-4}	可再生能源利用
U_{7-7}	加强废弃物回收利用	U_{10-5}	碳汇
U_{7-8}	促进低碳消费	U_{10-6}	CDM 清洁发展机制
U_{7-9}	提升碳汇能力	U_{11-1}	建设低碳产业集聚区构建低碳产业载体
U_{7-10}	加大技术研发力度	U_{11-2}	推广利用清洁能源构建低碳能源体系
U_{7-11}	积极推广关键技术	U_{11-3}	加强森林城市建设构建固碳减碳载体
U_{7-12}	加强创新体系建设	U_{11-4}	加强低碳技术研发应用构建低碳创新载体
U_{8-1}	倡导低碳生产生活方式	U_{11-5}	优化城市功能结构构建低碳建筑载体
U_{8-2}	建立健全低碳发展市场体系	U_{11-6}	建设低碳示范社区构建低碳生活载体
U_{8-3}	完善政策法规	U_{11-7}	发展公共交通构建低碳交通体系
U_{8-4}	积极发展资源综合利用	U_{11-8}	推行特色试点工程构建示范城市载体
U_{8-5}	建设低碳产业园	U_{12-1}	调整产业结构转变经济发展方式
U_{8-6}	加大监察力度	U_{12-2}	优化能源结构提高低碳能源比重
U_{8-7}	加强对工商业低碳发展的导向指引	U_{12-3}	推进节能降耗提高能源利用效率
U_{8-8}	发展中介服务机构	U_{12-4}	发展生态农业增加林业碳汇
U_{8-9}	优化能源供应	U_{12-5}	构建低碳社会倡导低碳生活
U_{8-10}	大力推行工商业节能减排	U_{12-6}	创新体制机制建立低碳技术支撑体系
U_{8-11}	加强组织领导	U_{12-7}	低碳示范建设
U_{8-12}	以科技创新推进低碳发展	U_{13-1}	滚动建立南昌市低碳产业重大项目库、低碳产业企业信息库和低碳技术库
U_{9-1}	推进城市建设低碳化构建低碳新城	U_{13-2}	确定十大重点低碳项目统筹协调推进项目建设
U_{9-2}	倡导低碳出行与消费推进居民生活低碳化	U_{13-3}	促进工业领域低碳产业支柱化
U_{9-3}	深化对台低碳交流与合作	U_{13-4}	编制完成低碳发展四个示范区规划并加快推进实施
U_{9-4}	推进产业结构升级构建低碳化产业体系	U_{13-5}	促进市民生活低碳化
U_{9-5}	优化能源结构提高能源利用效率	U_{13-6}	建设和完善智能交通网络
U_{9-6}	开展示范试点工程	U_{13-7}	建设覆盖城乡的垃圾无害化处理体系
U_{9-7}	创新体制机制探索建立低碳发展政策法规体系	U_{13-8}	加强低碳领域交流与合作

代码	政策工具分析单元	代码	政策工具分析单元
U_{13-9}	承办第三届世界低碳与生态经济大会暨技术博览会	U_{18-7}	优化能源结构
U_{13-10}	建立健全与低碳发展相关的统计核算制度	U_{18-8}	控制城乡建设领域排放
U_{14-1}	第三章低碳经济	U_{18-9}	控制交通领域排放
U_{14-2}	第四章低碳城市	U_{18-10}	加大资金支持
U_{14-3}	第五章低碳生活	U_{18-11}	加强能源节约
U_{15-1}	强化保障落实	U_{18-12}	提高人群健康领域适应能力
U_{15-2}	低碳引领能源革命	U_{18-13}	加强防灾减灾体系建设
U_{15-3}	建设碳排放权交易市场	U_{18-14}	强化科技支撑
U_{15-4}	强化基础能力和科技支撑	U_{18-15}	增加森林及生态系统碳汇
U_{15-5}	打造低碳产业体系	U_{18-16}	控制工业领域排放
U_{15-6}	推动城镇化低碳发展	U_{18-17}	调整产业结构
U_{15-7}	加快区域低碳发展	U_{18-18}	加强基础建设
U_{16-1}	创新低碳发展机制	U_{18-19}	提高城乡基础设施适应能力
U_{16-2}	推进重点领域低碳示范	U_{19-1}	推进转型升级构造低碳产业体系
U_{16-3}	建设绿色贵阳、避暑之都	U_{19-2}	加快气化晋城步伐建设低碳能源保障体系
U_{16-4}	大力推动服务业发展	U_{19-3}	推动重点领域低碳改造有效降低碳排放强度
U_{16-5}	降低单位工业增加值碳排放强度	U_{19-4}	挖掘碳汇潜力努力增强碳汇能力
U_{16-6}	加大可再生能源比重	U_{19-5}	强化低碳引导构建低碳社会
U_{16-7}	建立完善温室气体排放、能源统计监测和考核管理体系	U_{19-6}	积极推进试点示范建设探索低碳发展模式
U_{17-1}	树立低碳理念建设低碳社会	U_{20-1}	低碳试点示范工程
U_{17-2}	实施低碳化管理加强节能减排	U_{20-2}	完善政策体系提供政策保障
U_{17-3}	发展低碳经济培育低碳产业	U_{20-3}	加大政府投入提供资金保障
U_{18-1}	实施试点示范	U_{20-4}	开展低碳研究强化科技支撑
U_{18-2}	保障措施	U_{20-5}	加强队伍建设提供人才保障
U_{18-3}	适应气候变化影响	U_{20-6}	开展低碳宣传提供公众保障
U_{18-4}	倡导低碳生活	U_{21-1}	坚决淘汰落后产能培育绿色发展
U_{18-5}	强化统筹协调	U_{21-2}	提升工业能效促进工业减排
U_{18-6}	提高农业与林业适应能力	U_{21-3}	推进交通节能发展绿色交通

续表

代码	政策工具分析单元	代码	政策工具分析单元
U_{21-4}	提升建筑能效深化建管并举	U_{23-10}	进一步优化市内电源结构
U_{21-5}	推进减排重点工程建设强化污染源排放监督管理	U_{23-11}	推进能源规划的衔接和落实
U_{21-6}	强化节能减排技术支撑扩大推广示范应用	U_{24-1}	推动重点区域和重点行业整体调整转型
U_{21-7}	积极应对气候变化加大循环经济发展力度	U_{24-2}	强化节能减排技术支撑扩大推广示范应用
U_{21-8}	完善制度政策夯实基础工作	U_{24-3}	继续推进结构深度调整促进绿色发展
U_{21-9}	落实目标责任加强考核检查	U_{24-4}	积极应对气候变化加大循环低碳发展力度
U_{21-10}	倡导全员参与共建美丽上海	U_{24-5}	推行绿色建筑和装配式建筑提升建筑能效
U_{22-1}	继续加大结构调整力度	U_{24-6}	推进减排重点工程建设强化污染源排放监督管理
U_{22-2}	持续提升重点领域能效水平	U_{24-7}	优化能源结构保障能源安全
U_{22-3}	控制农业和废弃物处置温室气体排放提升碳汇能力	U_{24-8}	完善制度政策夯实基础工作
U_{22-4}	全面提升适应气候变化能力	U_{24-9}	倡导全员参与共建美丽上海
U_{22-5}	建设低碳社会	U_{24-10}	落实目标责任加强考核检查
U_{22-6}	大力发展节能低碳产业与技术	U_{24-11}	提升工业能效促进工业减排
U_{22-7}	创新完善重要机制制度	U_{24-12}	推进交通节能发展绿色交通
U_{22-8}	落实保障措施	U_{25-1}	优化完善配套机制构建低碳支撑体系
U_{23-1}	进一步提升电网可靠性和智能化水平	U_{25-2}	加速能源结构调整减少煤炭能源消耗
U_{23-2}	提升能源行业管理水平	U_{25-3}	提高垃圾资源化利用和无害化处理
U_{23-3}	进一步推动能源科技创新和服务创新	U_{25-4}	强化典型示范引领推进低碳新区建设
U_{23-4}	进一步提高油气供应保障能力和天然气消费比重	U_{25-5}	加强排放目标管理探索总量控制制度
		U_{25-6}	倡导低碳发展理念创新低碳生活模式
U_{23-5}	深化能源体制改革和机制创新	U_{25-7}	突出林业碳汇功能打造生态碳汇体系
U_{23-6}	进一步推动新能源发展	U_{25-8}	加快产业结构调整构建低碳产业体系
U_{23-7}	推进能源国际和区域合作	U_{26-1}	强化节能减排技术支撑和服务体系建设
U_{23-8}	加强能源人才培养	U_{26-2}	强化目标责任约束
U_{23-9}	进一步实施节能减排战略	U_{26-3}	完善节能减排支持政策

续表

代码	政策工具分析单元	代码	政策工具分析单元
U_{26-4}	大力发展循环经济	U_{30-1}	完善标准体系
U_{26-5}	实施节能减排工程	U_{30-2}	支持标准创制
U_{26-6}	优化产业和能源结构	U_{30-3}	加强标准评价
U_{26-7}	建立和完善节能减排市场化机制	U_{30-4}	强化标准运用
U_{26-8}	动员全社会参与节能减排	U_{30-5}	狠抓标准落实
U_{26-9}	强化节能减排监督检查	U_{31-1}	绿色低碳促进产业高端转型
U_{26-10}	加强重点领域节能	U_{31-2}	工程带动重点领域节能减排
U_{26-11}	强化主要污染物减排	U_{31-3}	合作共筑资源循环利用网络
U_{27-1}	构建低碳产业体系	U_{31-4}	开放共建绿色低碳生活空间
U_{27-2}	加速能源结构调整	U_{31-5}	科技助力管理模式智慧升级
U_{27-3}	加强排放目标管理	U_{31-6}	集成完善绿色发展长效机制
U_{27-4}	创新低碳生活模式	U_{31-7}	实施保障
U_{27-5}	推进节能低碳建筑	U_{32-1}	推动企业扩大绿色产品和服务供给
U_{27-6}	完善低碳交通体系	U_{32-2}	推广绿色生活方式和消费模式
U_{27-7}	推进低碳新区建设	U_{32-3}	强化各类社会主体的绿色发展责任
U_{27-8}	打造生态碳汇体系	U_{32-4}	营造节能低碳和循环经济文化环境
U_{27-9}	提高垃圾资源化利用	U_{33-1}	加强京津冀节能减碳区域合作
U_{27-10}	构建低碳支撑体系	U_{33-2}	抓好规划实施保障
U_{28-1}	节能环保产业化项目	U_{33-3}	培育发展节能低碳产业
U_{28-2}	节能降碳技改项目	U_{33-4}	有效提升气候变化应对能力
U_{28-3}	低碳能源替代、新能源和可再生能源利用项目	U_{33-5}	以疏解非首都功能推动结构性降耗
U_{28-4}	生态环境建设工程	U_{33-6}	以强化双控双降管理引领内涵促降
U_{28-5}	温室气体资源化利用	U_{33-7}	持续提升重点领域能效水平
U_{28-6}	温室气体清单编制和碳排放核查	U_{34-1}	大力推进技术创新
U_{28-7}	低碳管理能力建设	U_{34-2}	壮大绿色低碳服务业
U_{28-8}	低碳宣传、教育和培训	U_{34-3}	争建全国碳交易中心
U_{28-9}	低碳研究课题	U_{34-4}	有效提升气候变化应对能力
U_{28-10}	其他节能降碳活动	U_{34-5}	提高城市基础设施适应能力
U_{29-1}	优化能源结构提高低碳能源比重	U_{34-6}	着力提升城市系统碳汇能力
U_{29-2}	创新低碳技术强化碳汇能力建设	U_{34-7}	增强极端气候事件应急能力
U_{29-3}	倡导低碳发展理念创新低碳生活方式	U_{34-8}	加强试点示范建设
U_{29-4}	优化完善配套机制构建低碳支撑体系	U_{34-9}	加强京津冀节能减碳区域合作
U_{29-5}	调整产业结构构建低碳产业体系	U_{34-10}	抓好规划实施保障

续表

代码	政策工具分析单元	代码	政策工具分析单元
U_{35-1}	提高能源利用效率	U_{39-5}	转变能源发展方式
U_{35-2}	确保能源供应安全	U_{39-6}	低碳技术应用
U_{35-3}	强化能源运行精细化管理	U_{39-7}	引导绿色低碳消费
U_{35-4}	健全完善能源发展机制	U_{39-8}	低碳试点示范
U_{35-5}	调整优化能源结构	U_{39-9}	加快碳汇能力建设
U_{36-1}	建立以低碳为特征的产业体系	U_{39-10}	体制机制改革
U_{36-2}	优化能源结构	U_{39-11}	优化低碳发展空间布局
U_{36-3}	节能与提高能效	U_{40-1}	加快建设节能减排降碳工程
U_{36-4}	建设生态呼伦贝尔	U_{40-2}	加强监测预警和监督检查
U_{36-5}	创新体制机制	U_{40-3}	落实目标责任
U_{36-6}	完善相关基础工作	U_{40-4}	狠抓重点领域节能降碳
U_{36-7}	推进城镇化进程中低碳发展	U_{40-5}	强化技术支撑
U_{37-1}	推动能源发展利用低碳化	U_{40-6}	进一步创新体制机制
U_{37-2}	打造低碳产业体系	U_{40-7}	大力推进产业转型升级
U_{37-3}	推动城乡建设低碳化	U_{41-1}	增强低碳能力支撑
U_{37-4}	强化基础能力支撑	U_{41-2}	大力推进节能降耗
U_{37-5}	强化保障落实	U_{41-3}	努力增加碳汇
U_{38-1}	优化产业和能源结构	U_{41-4}	加快低碳试点示范建设
U_{38-2}	加强重点领域节能	U_{41-5}	积极发展低碳能源
U_{38-3}	强化主要污染物减排	U_{41-6}	构建低碳交通体系
U_{38-4}	实施节能减排工程	U_{41-7}	积极推广低碳建筑
U_{38-5}	强化节能减排技术支撑和服务体系建设	U_{41-8}	构建高效低碳产业体系
U_{38-6}	完善节能减排支持政策	U_{42-1}	加快推广绿色低碳交通运输装备
U_{38-7}	建立和完善节能减排市场化机制	U_{42-2}	完善配套政策
U_{38-8}	落实节能减排目标责任	U_{42-3}	加大对绿色低碳交通运输的政策扶持
U_{38-9}	强化节能减排监督检查	U_{42-4}	加快推进交通运输组织向绿色低碳转型
U_{38-10}	动员全社会参与节能减排	U_{42-5}	强化目标评比
U_{39-1}	低碳制度创新	U_{42-6}	加快建设绿色低碳交通运输技术创新与服务体系
U_{39-2}	加快产业低碳化发展	U_{42-7}	加快提升绿色低碳交通运输管理能力
U_{39-3}	提升气候变化适应能力	U_{42-8}	加快建设绿色低碳交通运输基础设施
U_{39-4}	低碳能力建设	U_{42-9}	加强组织领导

代码	政策工具分析单元	代码	政策工具分析单元
U_{43-1}	低碳能力建设行动	U_{47-5}	大力发展低碳新兴产业
U_{43-2}	低碳产业行动	U_{47-6}	强化低碳支撑能力建设
U_{43-3}	构建低碳生活方式行动	U_{47-7}	低碳示范行动
U_{43-4}	低碳能源行动	U_{48-1}	强化节能减排目标责任
U_{43-5}	低碳交通行动	U_{48-2}	调整优化产业结构
U_{43-6}	构建低碳生产模式行动	U_{48-3}	加强重点领域节能
U_{43-7}	碳汇建设行动	U_{48-4}	强化主要污染物减排
U_{43-8}	低碳建筑行动	U_{48-5}	大力发展循环经济
U_{43-9}	优化空间布局行动	U_{48-6}	实施节能减排工程
U_{44-1}	注重低碳示范建设	U_{48-7}	强化节能减排技术支持和服务体系
U_{44-2}	促进农业低打造金华低碳农业	U_{48-8}	完善节能减排支持政策
U_{44-3}	建立低碳经济体制	U_{48-9}	建立和完善节能减排市场化机制
U_{44-4}	加强资源循环利用	U_{48-10}	动员全社会参与节能减排
U_{44-5}	强化氢氟碳化物消减	U_{49-1}	推进协调发展提升能源系统效率
U_{44-6}	推进现代服务业	U_{49-2}	推进绿色发展加快清洁低碳进程
U_{44-7}	以新能源汽车产业为支柱倡导低碳交通	U_{49-3}	推进开放发展加强能源交流合作
U_{45-1}	推进产业低碳化	U_{49-4}	推进共享发展实施能源民生工程
U_{45-2}	做好低碳宣传推介	U_{49-5}	推进创新发展转换能源发展动力
U_{45-3}	推进能源结构调整	U_{50-1}	充分认识重要意义
U_{45-4}	加快提升能效水平	U_{50-2}	注重加强规划引领
U_{45-5}	强化宣传引导	U_{50-3}	大力调整能源结构
U_{45-6}	提高生态碳汇水平	U_{50-4}	深入开展低碳宣传
U_{45-7}	加快低碳能力建设	U_{50-5}	切实加强组织领导
U_{46-1}	加快产业低碳化发展	U_{51-1}	推进能源结构优化和节能降耗
U_{46-2}	持续优化能源结构	U_{51-2}	着力构建低碳社会
U_{46-3}	着力提升综合能效	U_{51-3}	加快技术创新和人才培养
U_{46-4}	提高生态碳汇水平	U_{51-4}	构建低碳发展支撑体系
U_{46-5}	强化低碳能力建设	U_{51-5}	推广使用非化石能源
U_{47-1}	推进产业低碳化发展	U_{51-6}	建立完善温室气体统计、核算、考核体系
U_{47-2}	优化调整能源结构	U_{51-7}	建设低碳示范园区、低碳社区、低碳风景区
U_{47-3}	持续提升能效水平	U_{51-8}	增加农林碳汇
U_{47-4}	提高生态碳汇水平	U_{51-9}	建立以低碳为特征的产业体系和消费模式

续表

代码	政策工具分析单元	代码	政策工具分析单元
U_{52-1}	着力提升能源开发利用水平	U_{55-3}	强化示范带动推进低碳试点建设
U_{52-2}	重点实施能源基础设施重大项目	U_{55-4}	发展低碳交通推进建筑节能
U_{52-3}	积极发展能源设备制造产业	U_{55-5}	发展低碳农业提高碳汇能力
U_{52-4}	加快完善成品油供应保障体系	U_{55-6}	构建低碳社会倡导低碳生活
U_{52-5}	积极构建节能型社会	U_{55-7}	转变经济发展方式推动产业低碳发展
U_{52-6}	促进能源建设与生态保护协调发展	U_{56-1}	打造低碳产业体系
U_{53-1}	引领低碳能源转型	U_{56-2}	推动城镇化低碳发展
U_{53-2}	低碳基础设施建设	U_{56-3}	加快区域低碳发展
U_{53-3}	强化基础能力支撑	U_{56-4}	加强宣传引导
U_{53-4}	低碳试点示范建设	U_{56-5}	加强基础能力建设
U_{53-5}	推进社会共治	U_{56-6}	低碳引领能源革命
U_{53-6}	强化保障措施	U_{57-1}	发展低碳农业
U_{54-1}	建立完善温室气体统计、核算、考核体系	U_{57-2}	推进低碳工业发展
U_{54-2}	创新政府引导和市场运作相结合的体制机制	U_{57-3}	积极开展低碳宣传
U_{54-3}	培育低碳生活方式	U_{57-4}	保障工作经费
U_{54-4}	构建促进低碳经济发展的能力支撑体系	U_{57-5}	建设林业生态体系
		U_{57-6}	加强公共机构节能减排
U_{54-5}	构建促进低碳发展的能力支撑体系	U_{57-7}	建立低碳交通运输体系
U_{54-6}	优化能源结构	U_{57-8}	新能源开发利用
U_{54-7}	加快生态市建设增加林业碳汇	U_{57-9}	培育生态旅游
U_{54-8}	提高能源资源利用效率	U_{57-10}	探索建立碳排放控制指标分解和考核体系
U_{54-9}	建立完善的温室气体统计、核算和考核体系	U_{57-11}	完善低碳城市基础设施
U_{54-10}	开展低碳示范建设	U_{57-12}	构建低碳支撑体系
U_{54-11}	编制南平市"十二五"低碳发展规划	U_{57-13}	探索建立温室气体排放数据统计、核算和管理体系
U_{54-12}	建立以低碳为特征的产业体系和消费模式	U_{57-14}	编制赣州市温室气体排放清单
U_{55-1}	优化能源结构强化节能降耗	U_{57-15}	开展低碳示范园区建设
U_{55-2}	创新体制机制建立低碳技术支撑体系	U_{57-16}	推进低碳示范社区(村镇)

续表

代码	政策工具分析单元	代码	政策工具分析单元
U_{57-17}	加快低碳示范县(市、区)	U_{60-5}	加强低碳科技创新
U_{57-18}	实施环保工程	U_{60-6}	打造低碳产业体系
U_{57-19}	强化工业节能减排	U_{60-7}	强化保障落实
U_{57-20}	推动建筑节能减排	U_{60-8}	推动城镇化低碳发展
U_{57-21}	编制发展规划	U_{60-9}	支持重点领域开展低碳发展试点示范
U_{58-1}	推进建筑节能打造低碳建筑	U_{61-1}	优化城市空间布局建设紧凑型城市
U_{58-2}	创新体制机制完善支撑体系	U_{61-2}	推进产业转型升级构建绿色低碳产业体系
U_{58-3}	优化能源结构提高低碳能源比重	U_{61-3}	优化能源结构建设低碳能源供应体系
U_{58-4}	发展生态农业增强碳汇能力	U_{61-4}	推进低碳交通运输试点构建低碳交通体系
U_{58-5}	构建低碳社会打造示范试点	U_{61-5}	提高建筑能效发展低碳建筑
U_{58-6}	推进节能降耗提高能源利用效率	U_{61-6}	推进低碳城镇化倡导低碳生活方式
U_{58-7}	倡导绿色出行发展低碳交通	U_{61-7}	加强生态保护与建设增强碳汇能力
U_{58-8}	调整产业结构加快低碳转型	U_{61-8}	支撑保障
U_{59-1}	出台碳排放权交易管理办法	U_{61-9}	推进低碳交流与合作
U_{59-2}	确定交易范围	U_{62-1}	推进节能降碳体系建设
U_{59-3}	设定总量目标	U_{62-2}	推进重点领域能源节约
U_{59-4}	制定配额分配方案	U_{62-3}	加快构建低碳产业体系
U_{59-5}	建立核算、报告和核查体系	U_{62-4}	启动碳排放权交易和用能权交易
U_{59-6}	建立注册登记系统	U_{62-5}	加强节能降碳基础支撑能力建设
U_{59-7}	建设交易系统	U_{63-1}	加快产业结构优化升级构建低碳型现代化产业体系
U_{59-8}	确立监管、评估机制	U_{63-2}	推进节能减碳全面控制能源消费和碳排放量
U_{59-9}	部署专题研究	U_{63-3}	发展新能源产业不断优化能源结构
U_{60-1}	强化基础能力支撑	U_{63-4}	发展绿色交通建设低碳智慧交通体系
U_{60-2}	优化能源消费结构	U_{63-5}	推行绿色建筑控制建筑领域温室气体排放
U_{60-3}	广泛开展国际合作	U_{63-6}	不断拓展低碳发展模式提升资源使用效率
U_{60-4}	参与全国碳排放权交易市场建设	U_{63-7}	建立完善温室气体排放统计、核算和考核体系

代码	政策工具分析单元	代码	政策工具分析单元
U_{63-8}	发挥碳汇潜力建设滨江滨湖生态武汉	U_{67-3}	实施绿地计划,建设花园城市
U_{63-9}	强化低碳示范效应倡导低碳生活方式与消费模式	U_{67-4}	实施碧水计划,建设岭南水城
U_{63-10}	创新低碳发展体制机制打造低碳发展的武汉模式	U_{67-5}	实施清洁计划,妥善处理固体废弃物
U_{64-1}	调整产业结构助力经济低碳转型	U_{67-6}	实施低碳计划,保障绿色发展
U_{64-2}	发展低碳能源不断优化能源结构	U_{67-7}	坚持先行先试,推进示范建设
U_{64-3}	发展绿色工业推进工业节能降耗	U_{68-1}	加强交通节能减排
U_{64-4}	推广绿色建筑实现建筑低碳发展	U_{68-2}	强化节能减排目标责任
U_{64-5}	发展绿色交通构建低碳交通体系	U_{68-3}	促进农业和农村节能减排
U_{64-6}	提升城市碳汇打造生态低碳城市	U_{68-4}	强化工商业节能减排
U_{64-7}	倡导低碳生活努力构建低碳社会	U_{68-5}	推进城市建设节能减排
U_{64-8}	深化国际合作搭建交流合作平台	U_{68-6}	优化产业结构
U_{65-1}	推进全面合作战略保障能源持续稳定供应	U_{68-7}	推进公共机构节能减排
U_{65-2}	按照低碳环保要求调整优化能源结构	U_{68-8}	完善监督和激励机制
U_{65-3}	树立绿色发展理念促进能源清洁高效利用	U_{68-9}	开展全民节能减排行动
U_{65-4}	实施智慧能源行动促进能源生产消费协调匹配	U_{68-10}	大力发展循环经济
U_{65-5}	依靠科技创新驱动助推能源技术装备提档升级	U_{68-11}	调整能源结构
U_{66-1}	低碳产业促进工程	U_{68-12}	促进节能环保产业发展
U_{66-2}	能源高效利用工程	U_{69-1}	构建低碳能源供给体系
U_{66-3}	低碳技术开发应用工程	U_{69-2}	推动经济结构低碳转型
U_{66-4}	碳汇产业发展工程	U_{69-3}	深化工业节能降碳
U_{66-5}	资源综合利用效率提升工程	U_{69-4}	推动服务业绿色发展
U_{66-6}	绿色建筑推广工程	U_{69-5}	打造低碳交通体系
U_{66-7}	低碳交通出行工程	U_{69-6}	推进建筑绿色化发展
U_{66-8}	低碳园区示范工程	U_{69-7}	促进废弃物综合利用
U_{66-9}	碳市场培育工程	U_{69-8}	增强林业碳汇能力
U_{66-10}	低碳型消费模式创建工程	U_{69-9}	打造绿色公共机构
U_{67-1}	实施节地计划,提高用地效率	U_{69-10}	倡导绿色生活方式
U_{67-2}	实施蓝天计划,改善空气质量	U_{69-11}	保障措施

续表

代码	政策工具分析单元	代码	政策工具分析单元
U_{70-1}	实施节能减排降碳重点工程	U_{73-2}	提升重点领域能效水平
U_{70-2}	绿色发展保障措施	U_{73-3}	强化主要污染物减排
U_{70-3}	促进节能环保低碳产业发展	U_{73-4}	促进资源综合循环利用
U_{70-4}	实施节能减排降碳全民行动计划	U_{73-5}	实施节能减排重点工程
U_{70-5}	优化能源结构控制消费总量	U_{73-6}	完善政策支持体系
U_{70-6}	加强重点领域节能减排降碳	U_{73-7}	建立完善市场化机制
U_{71-1}	引导低碳消费倡导低碳生活	U_{73-8}	强化目标责任落实
U_{71-2}	保障措施	U_{73-9}	加强节能减排监督检查
U_{71-3}	优化城市功能布局构建绿色建筑体系	U_{73-10}	动员全社会参与
U_{71-4}	加强生态建设增强碳汇能力	U_{74-1}	"低碳+工业"产业体系
U_{71-5}	优化产业结构构建低碳产业体系	U_{74-2}	倡导低碳消费文化
U_{71-6}	优化能源结构控制能源消费总量	U_{74-3}	与供给侧结构性改革相融合
U_{71-7}	优化公共交通网络构建低碳交通体系	U_{74-4}	"低碳+能源"清洁结构
U_{72-1}	创新低碳发展管理体制	U_{74-5}	"低碳+林业"生态体系
U_{72-2}	优化能源结构	U_{74-6}	"低碳+旅游"全域规划
U_{72-3}	建立完善温室气体排放统计、核算和管理体系	U_{74-7}	构建低碳社会体系
U_{72-4}	建设生态广元	U_{74-8}	与大众创业、万众创新相融合
U_{72-5}	构建温室气体统计、核算和考核体系	U_{74-9}	"低碳+建筑"建造标准
U_{72-6}	推动科技创新、促进成果转化	U_{74-10}	拓展低碳交往合作
U_{72-7}	节能与提高能效	U_{74-11}	与美丽广元、城乡统筹发展相融合
U_{72-8}	提高能效	U_{74-12}	"低碳+交通"发展战略
U_{72-9}	完善激励机制	U_{74-13}	"低碳+农业"生产体系
U_{72-10}	创新节能管理机制	U_{74-14}	开展低碳绩效考核
U_{72-11}	空间布局与基础设施	U_{74-15}	与全面小康、精准扶贫相融合
U_{72-12}	增强碳汇	U_{75-1}	降低单位产业增加值碳排放强度
U_{72-13}	加强资金保障	U_{75-2}	努力降低产业碳排放强度
U_{72-14}	建设低碳社会	U_{75-3}	建立温室气体排放能源统计监测体系
U_{72-15}	绿色小城镇和生态小康新村建设	U_{75-4}	建立温室气体排放能源考核管理体系
U_{72-16}	构建低碳产业体系	U_{75-5}	创新低碳发展机制
U_{72-17}	推动产业低碳化发展	U_{75-6}	调整优化能源结构
U_{73-1}	调整优化产业和能源结构	U_{75-7}	推进重点领域低碳示范

代码	政策工具分析单元	代码	政策工具分析单元
U_{75-8}	建设绿色宜居遵义	U_{79-3}	培养低碳意识营造低碳生活氛围
U_{75-9}	大力推动服务业发展	U_{79-4}	倡导绿色消费推行低碳生活方式
U_{76-1}	控制温室气体排放	U_{79-5}	创建"生态村"推进社会主义新农村建设
U_{76-2}	调整产业结构构建低碳产业体系	U_{80-1}	抓好重点企业能耗管理
U_{76-3}	优化能源结构构建高效清洁能源保障体系	U_{80-2}	发展低碳产业
U_{76-4}	推进生态建设增强森林及生态系统碳汇	U_{80-3}	依法开展项目节能评估审查制度
U_{76-5}	控制工业领域排放	U_{80-4}	建立温室气体排放统计监测和管理体系
U_{76-6}	控制城乡建设领域排放	U_{80-5}	优化能源结构
U_{76-7}	控制交通领域排放	U_{80-6}	节能和提高能效
U_{76-8}	控制农业、商业和废弃物处理领域排放	U_{80-7}	建设绿色延安
U_{76-9}	倡导低碳生活促进低碳消费	U_{80-8}	加快低碳技术开发和推广
U_{77-1}	加强监测预警和监督检查	U_{81-1}	构建促进低碳发展的能力支撑体系
U_{77-2}	大力推进产业结构调整	U_{81-2}	推动产业低碳化发展
U_{77-3}	落实目标责任	U_{81-3}	创新低碳发展的体制机制
U_{77-4}	进一步加强政策扶持	U_{81-4}	建立完善温室气体统计、核算、考核体系
U_{77-5}	积极推进市场化节能减排机制	U_{81-5}	大力推动全社会低碳行动
U_{77-6}	加快建设节能减排降碳工程	U_{81-6}	优化能源结构
U_{77-7}	狠抓重点领域节能降碳	U_{81-7}	提高能源利用效率
U_{77-8}	强化技术支撑	U_{81-8}	增加城市碳汇
U_{78-1}	调整用能提高能效优化结构	U_{81-9}	编制低碳发展规划
U_{78-2}	建筑、交通、生活低碳化	U_{82-1}	编制低碳发展规划充分发挥规划引领作用
U_{78-3}	创新机制加强保障广泛宣传	U_{82-2}	高度重视国家低碳试点城市建设工作
U_{78-4}	碳汇建设	U_{83-1}	交通低碳化工程
U_{78-5}	深入调研科学规划完善体系	U_{83-2}	产业低碳改造工程
U_{79-1}	加大新能源开发与利用推动新能源产业发展	U_{83-3}	推进能源结构优化和节能降耗
U_{79-2}	普及太阳能建筑一体化构建绿色低碳阳光春城	U_{83-4}	低碳试点示范工程

续表

代码	政策工具分析单元	代码	政策工具分析单元
U_{83-5}	创新低碳技术	U_{85-10}	加强废弃物资源化利用和低碳化处置
U_{83-6}	碳汇产业发展工程	U_{85-11}	倡导低碳生活方式
U_{83-7}	编制专项规划发挥规划指导性作用	U_{85-12}	扎实推进国家低碳城市试点建设
U_{83-8}	低碳生活消费模式创建工程	U_{85-13}	积极开展低碳工业园区等试点示范
U_{83-9}	构建促进低碳发展的能力支撑体系	U_{85-14}	积极推进低碳社区试点
U_{83-10}	能源结构调整工程	U_{85-15}	稳步推进低碳商业、低碳企业、低碳校园试点
U_{83-11}	低碳发展支撑体系建设工程	U_{85-16}	建立完善的碳排放交易制度
U_{83-12}	建筑低碳节能工程	U_{85-17}	启动运行碳排放权交易市场
U_{83-13}	提高城市碳汇能力	U_{85-18}	强化碳排放权交易基础支撑能力
U_{83-14}	建立完善温室气体统计和管理体系	U_{85-19}	加强温室气体排放监测、统计与核算
U_{83-15}	资源节约和综合利用工程	U_{85-20}	构建地方、企业温室气体排放报告与核查工作体系
U_{83-16}	构建低碳排放为特征的产业体系和消费模式	U_{85-21}	建立温室气体排放信息披露制度
U_{83-17}	培育发展新能源工程	U_{85-22}	广泛开展国际合作
U_{84-1}	优化产业和能源结构	U_{86-1}	优化产业和能源结构
U_{84-2}	完善政策体制机制	U_{86-2}	实施节能减排工程
U_{84-3}	实施节能降碳重点工程	U_{86-3}	强化节能减排技术支撑和服务体系建设
U_{84-4}	适应气候变化	U_{86-4}	加强重点领域节能
U_{84-5}	加强重点领域节能降碳	U_{86-5}	落实节能减排目标责任
U_{84-6}	强化保障措施	U_{86-6}	动员全社会参与节能减排
U_{84-7}	强化重点单位能耗和碳排放管控	U_{86-7}	强化节能减排监督检查
U_{84-8}	大力发展循环经济	U_{86-8}	大力发展循环经济
U_{85-1}	促进节能和提高能效	U_{87-1}	加快推广低碳建筑
U_{85-2}	优化利用化石能源	U_{87-2}	促进节能和提高能效
U_{85-3}	积极发展非化石能源	U_{87-3}	积极推进低碳交通
U_{85-4}	加快产业结构调整	U_{87-4}	大力发展低碳农业
U_{85-5}	控制工业领域排放	U_{87-5}	增加生态系统碳汇
U_{85-6}	大力发展低碳农业	U_{87-6}	优化利用化石能源
U_{85-7}	增加生态系统碳汇	U_{87-7}	加强废弃物资源化利用和低碳化处置
U_{85-8}	加快推广低碳建筑	U_{87-8}	开展低碳试点典型示范建设
U_{85-9}	积极推进低碳交通	U_{87-9}	推进碳排放权交易市场建设

续表

代码	政策工具分析单元	代码	政策工具分析单元
U_{87-10}	加强控制温室气体排放基础能力建设	U_{91-6}	持续推进资源高效循环利用
U_{87-11}	广泛开展国际合作	U_{91-7}	构建低碳发展政策制度体系
U_{87-12}	倡导低碳生活方式	U_{92-1}	加强节能减排支持政策引导
U_{87-13}	积极发展非化石能源	U_{92-2}	强化节能减排目标管理
U_{87-14}	控制工业领域排放	U_{92-3}	发挥节能减排市场调节作用
U_{87-15}	加快产业结构调整	U_{92-4}	大力发展循环经济
U_{88-1}	调整优化产业结构着力构建低碳产业	U_{92-5}	实施节能减排工程
U_{88-2}	加强能力建设构建低碳发展技术支撑体系	U_{92-6}	优化调整产业结构和能源消费结构
U_{88-3}	积极先行先试推进低碳示范建设	U_{92-7}	加强节能减排技术服务和基础能力建设
U_{88-4}	优化能源结构发展低碳能源	U_{92-8}	动员全社会参与节能减排
U_{88-5}	实施建筑节能改造大力发展绿色建筑	U_{92-9}	强化节能减排监督检查
U_{88-6}	推进转型升级建设绿色低碳交通示范城市	U_{92-10}	深入推进重点领域节能
U_{88-7}	规划编制	U_{92-11}	强化主要污染物减排
U_{88-8}	规划编制	U_{93-1}	积极推动国际国内合作
U_{89-1}	实施"低碳+城镇建设"行动	U_{93-2}	打造低碳产业体系
U_{89-2}	实施"低碳+生活消费"行动	U_{93-3}	加强低碳科技创新
U_{89-3}	实施"低碳+金融"行动	U_{93-4}	强化基础能力支撑
U_{89-4}	实施"低碳+产业"行动	U_{93-5}	推动城镇化低碳发展
U_{90-1}	严控能源消费与碳排放	U_{93-6}	加快区域低碳发展
U_{90-2}	完善节能低碳发展制度环境	U_{93-7}	积极参与全国碳排放权交易市场
U_{90-3}	营造节能低碳社会氛围	U_{93-8}	优化能源消费结构
U_{90-4}	加大生态碳汇能力	U_{94-1}	实施低碳意识提升行动
U_{90-5}	提高适应气候变化能力	U_{94-2}	实施能源结构优化调整行动
U_{90-6}	推动低碳示范试点建设	U_{94-3}	实施低碳制度创新行动
U_{90-7}	加快推动产业结构调整	U_{94-4}	实施低碳能力建设行动
U_{91-1}	加快产业低碳化发展	U_{94-5}	实施低碳智慧交通行动
U_{91-2}	深入开展生态环境综合治理	U_{94-6}	实施低碳节能建筑推广行动
U_{91-3}	倡导低碳绿色生活方式和消费模式	U_{94-7}	实施增加城市碳汇行动
U_{91-4}	构建现代低碳能源体系	U_{94-8}	实施发展低碳产业行动
U_{91-5}	推动低碳公共体系建设	U_{95-1}	实施节能减排工程

代码	政策工具分析单元	代码	政策工具分析单元
U_{95-2}	抓好抓实重点领域	U_{99-6}	发展低碳交通推进建筑节能
U_{95-3}	推进产业结构调整	U_{99-7}	健全体制机制强化示范带动
U_{96-1}	完善城镇生活基础设施	U_{99-8}	发展低碳农业提高碳汇能力
U_{96-2}	构建低碳产业体系	U_{99-9}	创建海绵城市建设智慧共青
U_{96-3}	倡导低碳生活方式	U_{99-10}	转变经济发展方式推动产业低碳发展
U_{96-4}	增强碳汇能力	U_{100-1}	完善节能减排支持政策
U_{96-5}	扩大低碳试点示范建设	U_{100-2}	强化产业和能源结构调整
U_{96-6}	优化能源结构	U_{100-3}	建立和完善节能减排市场化机制
U_{96-7}	积极适应气候变化	U_{100-4}	实施节能减排工程
U_{96-8}	打造低碳交通	U_{100-5}	强化节能减排技术支撑和服务体系建设
U_{96-9}	推广低碳建筑	U_{100-6}	加强重点领域节能
U_{96-10}	完善国土空间开发格局	U_{100-7}	落实节能减排目标责任
U_{97-1}	完善激励和约束政策	U_{100-8}	动员全社会参与节能减排
U_{97-2}	优化产业和能源结构	U_{100-9}	强化节能减排监督检查
U_{97-3}	建立和完善市场化机制	U_{100-10}	强化主要污染物减排
U_{97-4}	实施节能减排重点工程	U_{100-11}	大力发展循环经济
U_{97-5}	强化技术支撑和服务体系建设	U_{101-1}	加强节能减排政策支持
U_{97-6}	加强重点领域节能	U_{101-2}	优化产业和能源结构
U_{97-7}	落实节能减排目标责任	U_{101-3}	构建并完善节能减排市场体系
U_{97-8}	加强节能减排宣传引导	U_{101-4}	实施节能减排工程
U_{97-9}	强化节能减排监督检查	U_{101-5}	加快节能减排技术和服务体系建设
U_{97-10}	强化主要污染物减排	U_{101-6}	加强重点领域节能
U_{97-11}	大力发展循环经济	U_{101-7}	落实节能减排目标责任
U_{98-1}	优化能源结构	U_{101-8}	动员全社会参与节能减排
U_{98-2}	加快发展可再生能源	U_{101-9}	强化节能减排监督检查
U_{98-3}	建设坚强智能电网	U_{101-10}	强化主要污染物减排
U_{99-1}	创新河湖保护制度加强防灾减灾建设	U_{101-11}	大力发展循环经济
U_{99-2}	优化能源结构强化节能降耗	U_{102-1}	强化保障落实
U_{99-3}	构建低碳社会倡导低碳生活	U_{102-2}	构建现代低碳经济体系
U_{99-4}	加强湿地修复保护生物多样性	U_{102-3}	加强低碳科技创新
U_{99-5}	建立生态补偿机制开展保护区补偿试点	U_{102-4}	完善低碳发展体制机制

续表

代码	政策工具分析单元	代码	政策工具分析单元
U_{102-5}	建设低碳高效能源体系	U_{107-8}	普及低碳生活方式
U_{102-6}	打造低碳品质生活	U_{107-9}	推进资源综合利用
U_{102-7}	构建低碳生态环境	U_{107-10}	低碳示范推进工程
U_{103-1}	完善节能减排支持政策	U_{108-1}	推进清水塘老工业基地低碳转型
U_{103-2}	优化产业和能源结构	U_{108-2}	构建促进低碳发展的能力支撑体系
U_{103-3}	建立完善节能减排市场化机制	U_{108-3}	创建城市智慧交通体系
U_{103-4}	实施节能减排工程	U_{108-4}	构建低碳现代产业体系
U_{103-5}	强化节能减排技术支持和服务体系建设	U_{108-5}	优化能源结构提高用能效率
U_{103-6}	加强重点领域节能	U_{108-6}	推进绿色建筑建设
U_{103-7}	落实节能减排目标责任	U_{108-7}	提升林业碳汇能力
U_{103-8}	动员全社会参与节能减排	U_{108-8}	普及低碳生活方式
U_{103-9}	强化节能减排监督检查	U_{108-9}	推进资源综合利用
U_{103-10}	强化主要污染物减排	U_{108-10}	低碳示范推进工程
U_{103-11}	大力发展循环经济	U_{109-1}	优化低碳发展空间布局
U_{104-1}	加快推进科技进步	U_{109-2}	构建低碳产业体系
U_{104-2}	加强重点领域节能减排管理	U_{109-3}	转变能源发展方式
U_{104-3}	大力发展循环经济	U_{109-4}	构建低碳交通方式
U_{104-4}	调整优化产业结构	U_{109-5}	推广绿色低碳建筑
U_{105-1}	工业节能	U_{109-6}	提升碳汇能力和生态环境保护
U_{105-2}	建筑节能	U_{109-7}	倡导绿色消费方式
U_{105-3}	交通运输节能	U_{109-8}	推进资源综合利用
U_{105-4}	公共机构节能	U_{109-9}	提升气候变化适应能力
U_{105-5}	农业和农村节能	U_{109-10}	构建低碳发展支撑体系
U_{105-6}	商业与民用节能	U_{110-1}	加强重点领域节能
U_{106-1}	"十三五"及2017年节能目标任务计划	U_{110-2}	大力培育节能产业和推广节能新技术
U_{107-1}	推进清水塘老工业基地低碳转型	U_{110-3}	健全完善节能市场化机制
U_{107-2}	构建促进低碳发展的能力支撑体系	U_{110-4}	提升能耗监管能力
U_{107-3}	创建城市智慧交通体系	U_{110-5}	调整优化产业结构
U_{107-4}	构建低碳现代产业体系	U_{111-1}	完善节能减排支持政策
U_{107-5}	优化能源结构提高用能效率	U_{111-2}	优化产业和能源结构
U_{107-6}	推进绿色建筑建设	U_{111-3}	建立和完善节能减排市场化机制
U_{107-7}	提升林业碳汇能力	U_{111-4}	实施节能减排工程

代码	政策工具分析单元	代码	政策工具分析单元
U_{111-5}	强化节能减排技术支撑和服务体系建设	U_{117-1}	强化基础能力支撑
U_{111-6}	加强重点领域节能	U_{117-2}	低碳引领能源改革
U_{111-7}	落实节能减排目标责任	U_{117-3}	广泛开展国内国际合作
U_{111-8}	动员全社会参与节能减排	U_{117-4}	参与全国碳排放权交易市场
U_{111-9}	强化节能减排监督检查	U_{117-5}	低碳促进产业发展
U_{111-10}	强化主要污染物减排	U_{117-6}	推动城镇化绿色低碳发展
U_{111-11}	大力发展循环经济	U_{117-7}	加强低碳科技创新
U_{112-1}	创新开展低碳试点示范	U_{117-8}	强化保障落实
U_{112-2}	加快推进低碳相关领域重点工作	U_{117-9}	加快区域低碳发展
U_{112-3}	持续夯实低碳发展基础	U_{118-1}	完善节能减排支持政策
U_{113-1}	着力打造低碳产业体系	U_{118-2}	建立和完善节能减排市场化机制
U_{113-2}	强化保障落实	U_{118-3}	实施节能减排工程
U_{113-3}	推动城镇化低碳发展	U_{118-4}	强化节能减排技术支撑
U_{113-4}	深入推进低碳试点示范	U_{118-5}	落实节能减排目标责任
U_{113-5}	持续夯实低碳发展基础	U_{118-6}	动员全社会参与节能减排
U_{113-6}	加快建设低碳能源体系	U_{118-7}	强化节能减排监督检查
U_{114-1}	优化产业结构和能源结构	U_{118-8}	强化主要污染物减排
U_{114-2}	工作要求	U_{118-9}	大力发展循环经济
U_{114-3}	全力推进污染减排	U_{118-10}	加强重点领域节能
U_{114-4}	降低二氧化碳排放强度	U_{119-1}	构建6大绿色低碳体系
U_{114-5}	大力发展循环经济	U_{119-2}	提升低碳发展基础能力
U_{115-1}	进一步推动能源结构优化	U_{119-3}	在构建绿色低碳消费体系上将实施节能降碳全民参与行动
U_{115-2}	完善市场化机制和法制保障	U_{119-4}	落实具体负责单位 开展十大重点工程
U_{115-3}	强化重点领域节能降碳	U_{119-5}	实行差别化资源价格
U_{115-4}	稳步推进低碳发展	U_{119-6}	加快低碳产品和技术推广
U_{115-5}	大力推进产业结构优化升级	U_{119-7}	新建民用建筑
U_{115-6}	合理控制能源消费	U_{119-8}	全面执行绿色建筑标准
U_{116-1}	调整优化能源结构	U_{119-9}	推进绿色建筑发展是我市低碳城市试点十大重点工程之一
U_{116-2}	强化低碳基础能力建设	U_{119-10}	在全市房建工程项目和市政工程项目中全面推进装配式建设方式
U_{116-3}	推进重点领域节能降碳	U_{119-11}	鼓励共享单车等共享交通发展
U_{116-4}	提升生态系统碳汇能力	U_{119-12}	推广居民生活垃圾分类收集

续表

代码	政策工具分析单元	代码	政策工具分析单元
U_{119-1}	城市固碳增汇	U_{122-10}	绿色低碳城市体系
U_{119-2}	全力建设西部碳排放权交易中心	U_{122-11}	建设信息化智能交通
U_{119-3}	温室气体排放纳入目标考核	U_{122-12}	绿色低碳能源体系
U_{119-4}	碳排放相关领域的数据监测、管理、开发、服务等信息化建设	U_{122-13}	推进全域快速减煤
		U_{122-14}	绿色低碳消费体系
U_{119-5}	完善低碳发展监督考核体系	U_{122-15}	推进生活垃圾分类收集
U_{120-1}	完善政策体系和市场机制	U_{122-16}	低碳发展基础能力
U_{120-2}	实施节能减排重点工程	U_{123-1}	加强基础能力支撑
U_{120-3}	积极应对气候变化	U_{123-2}	贯彻能源政策
U_{120-4}	强化目标责任落实	U_{123-3}	强化保障落实
U_{120-5}	动员全社会参与	U_{123-4}	强化配合全国碳排放权交易能力
U_{120-6}	加强节能减排监督检查	U_{123-5}	加强低碳科技创新
U_{120-7}	强化主要污染物减排	U_{123-6}	加快构建低碳产业体系
U_{120-8}	调整优化产业和能源结构	U_{123-7}	推动低碳城镇化建设进程
U_{120-9}	提升重点领域能效水平	U_{123-8}	加快区域低碳发展
U_{120-10}	促进资源节约有效利用	U_{124-1}	建立碳排放总量目标分解落实机制
U_{120-11}	强化技术支撑和服务体系建设	U_{124-2}	落实碳排放权交易制度和配额分配制度
U_{121-1}	能源保障能力提升工程	U_{124-3}	建立碳排放总量控制制度
U_{121-2}	能源消费总量控制工程	U_{125-1}	加大地热能利用
U_{121-3}	能源消费结构优化工程	U_{125-2}	因地制宜发展生物质能
U_{121-4}	能源供需机制改革工程	U_{125-3}	加快天然气利用
U_{121-5}	重点领域节能工程	U_{125-4}	全面推进应用示范
U_{121-6}	能源基础设施建设工程	U_{125-5}	完善清洁能源基础设施
U_{122-1}	启动碳交易	U_{126-1}	完善能源基础设施
U_{122-2}	完善低碳发展市场机制	U_{126-2}	稳慎开发小水电
U_{122-3}	推进建立低碳认证制度	U_{126-3}	加快天然气利用
U_{122-4}	绿色低碳产业体系	U_{126-4}	全面推进应用示范
U_{122-5}	构建低碳排放的工业体系	U_{126-5}	加大地热能利用
U_{122-6}	大力发展现代服务业	U_{126-6}	因地制宜发展生物质能
U_{122-7}	推进农业绿色化发展	U_{126-7}	试点发展风电
U_{122-8}	积极推广循环经济模式	U_{126-8}	大力推广太阳能
U_{122-9}	绿色碳汇体系	U_{127-1}	低碳发展重点工程与行动

续表

代码	政策工具分析单元	代码	政策工具分析单元
U$_{127-2}$	促进资源节约集约利用转变能源利用方式	U$_{130-1}$	建立和完善节能减排市场化机制
U$_{127-3}$	开展低碳产业扶贫助力安康脱贫攻坚	U$_{130-2}$	优化产业和能源结构
U$_{127-4}$	完善低碳发展支撑体系	U$_{130-3}$	落实节能减排目标责任
U$_{127-5}$	推动产业提质增效大力发展低碳产业	U$_{130-4}$	实施节能减排工程
U$_{127-6}$	推动城乡建设领域低碳发展	U$_{130-5}$	完善节能减排支持政策
U$_{127-7}$	加快林业发展增加森林碳汇	U$_{130-6}$	加强重点领域节能
U$_{127-8}$	推进主体功能区建设优化低碳发展空间布局	U$_{130-7}$	强化节能减排监督检查
		U$_{130-8}$	动员全社会参与节能减排
U$_{128-1}$	优化空间布局严格执行主体功能区规划	U$_{130-9}$	强化主要污染物减排
U$_{128-2}$	推动产业转型升级大力发展低碳产业	U$_{130-10}$	大力发展循环经济
U$_{128-3}$	优化能源结构提高用能效率	U$_{131-1}$	打造试点示范工程鼓励低碳生活方式
U$_{128-4}$	构筑生态屏障增加碳汇容量	U$_{131-2}$	加快优化能源结构构建低碳能源体系
U$_{128-5}$	推动低碳城乡建设打造绿色生活	U$_{131-3}$	建立统计核算制度构建低碳发展支撑体系
U$_{128-6}$	完善温室气体排放管理体系加强低碳发展能力建设	U$_{131-4}$	探索低碳技术推广机制加强低碳创新平台建设
U$_{128-7}$	开展低碳示范试点建设	U$_{131-5}$	加强建筑节能减排力促建低碳减排
U$_{129-1}$	调整产业结构构建低碳产业体系	U$_{131-6}$	完善交通基础设施构建低碳交通体系
U$_{129-2}$	加强政策扶持支持低碳产业发展	U$_{131-7}$	推进生态立市提升固碳增汇能力
U$_{129-3}$	开展体制创新多领域协同推进	U$_{131-8}$	推动产业转型升级发展低碳产业体系
U$_{129-4}$	深化要素资源化配置推进低碳市场化改革	U$_{132-1}$	大力实施产业转型升级
U$_{129-5}$	加强低碳理念宣传倡导绿色生活方式	U$_{132-2}$	着力构建低碳能源体系
U$_{129-6}$	优化能源消费结构提高能源利用效率	U$_{132-3}$	严格控制工业领域排放
U$_{129-7}$	完善低碳基础设施打造低碳交通体系	U$_{132-4}$	全力构建低碳交通运输体系
U$_{129-8}$	结合城市提质改造积极推广绿色建筑	U$_{132-5}$	积极推进低碳农业发展
U$_{129-9}$	实施污染物减量化工程推动治污向低碳转化提升	U$_{132-6}$	不断增加生态系统碳汇
U$_{129-10}$	加大森林资源保护增强森林碳汇能力	U$_{132-7}$	有序推进低碳发展试点示范
U$_{129-11}$	加强分类指导做好试点示范建设	U$_{132-8}$	积极倡导低碳生活方式
U$_{129-12}$	强化科学技术支撑做好低碳应用推广	U$_{132-9}$	启动建立碳排放权交易市场体系
U$_{129-13}$	加强低碳队伍建设强化人才支撑	U$_{132-10}$	加强温室气体排放统计与核算

A5. 低碳城市建设水平测度原始指标库

表 A5 （a） CNKI 数据库中文献的低碳城市建设水平评价维度和指标

参考文献	评价维度	指标
丁丁等（2015）	碳排放相关指标	人均二氧化碳排放量、GDP 二氧化碳排放、能源碳排放、非化石能源比重、森林覆盖率
	社会经济指标	人口、人均 GDP、城市化率、第三产业比例
	排放目标	峰值年
付允等（2010）	经济	人均 GDP 人均 GDP、GDP 增长速度、第三产业比例、能源消耗/GDP、能耗弹性系数、二氧化碳排放/GDP、新能源比、热电联产比、研发投入占财政支出比重、低碳技术研发投入占研发总投入的比例
	社会	节能家电利用率、低碳消费理念培育程度、低碳消费宣传、人均可支配收入、恩格尔系数、城市化率、步行至 BRT 站的平均距离、1 万人拥有的公共汽车数量
	环境	森林覆盖率、人均绿地面积、建成区的绿地覆盖率、低能耗建筑比例、二氧化碳捕获与储存
辛玲（2011）	经济高效集约化水平	单位 GDP 能耗、人均 GDP 能耗、能源消耗弹性系数、单位 GDP 水资源消耗、单位 GDP 建设用地占地
	产业结构合理度	非农产值比重、第三产业比重、高技术产业比重、产业结构高度化
	交通低碳化水平	万人拥有公共汽车数、公共建筑节能改造比重、节能建筑开发比重、万人拥有公共汽车数
	公共建筑节能	公共建筑节能改造比重、节能建筑开发比重
	生活方式低碳化指标	低碳生活了解度、节约消费赞同度、低碳生活知识普及度、人均城市建设用地、人均家庭生活用水、人均生活燃气用量、人均生活用电量、节能住宅购买率、绿色出行方式使用率、清洁能源使用比例、节能家用电器普及率、一次性物品使用率、初级食品消费比重、教育支出比重、文化娱乐服务支出比重

续表

参考文献	评价维度	指标
辛玲(2011)	低碳技术发展指标	R&D投入占财政支出比重、万人科技人员数量、千名科技人员低碳论文发表数万人低碳专利授权量、新能源比例、热电联产比例
	低碳政策完善度指标	资源回收利用率、碳税政策完善度、低碳激励监督机制健全度
	生态环境优良指标	森林覆盖率、人均绿地面积、建成区绿地覆盖率、生活垃圾无害化处理率、城镇生活污水处理率、工业废水达标率
杨艳芳(2012)	低碳生产	碳生产力、单位GDP能耗、第三产业占GDP比重
	低碳消费	人均碳排放、能源消费弹性系数、人均生活碳排放
	低碳环境	绿化覆盖率、污水处理率、生活垃圾无害化处理率、空气质量达到和好于二级比例
	低碳城市规划	清洁能源比例、建筑节能设计标准、低碳观念普及率、公共交通出行比例、保护土地，建成区林业，政策，精明增长指数，生态足迹，农业土地
	人口和社会卫生	健康、教育、公众、非政府组织和学术参与、美学、协同努力的城市领导力、风险和犯罪、股本、其他、噪声
朱守先和梁本凡(2012)	经济转型	单位GDP碳排放强度、人均碳排放水平
	社会转型	城市居民低碳消费支出比重、单位碳排放提供的结业岗位数
	设施低碳	建筑物能耗密度、出行公交偏好与公交效率
	资源低碳	非化石能源比例、森林覆盖率
	环境低碳	COD的排放强度、SO_2的排放强度
吴健生等(2016)	低碳开发	建成区面积、城市建设用地面积、人均建成区面积、人均建设用地面积、地均GDP
	低碳经济	地区生产总值、人均地区生产总值、单位GDP工业用电量、第二产业占GDP的比重、第三产业占GDP的比重
	低碳环境	建成区绿化覆盖面积、人均绿地面积、建成区绿化覆盖率、工业烟尘排放量、工业二氧化硫排放量、年平均PM2.5浓度
	城市规模	人口密度、土地面积、市辖区总人口
	能源消耗	市辖区用电量总和、年夜间灯光总量、人均居民生活用电

参考文献	评价维度	指标
连玉明和王波（2012）	经济发展	人均 GDP、第三产业增加值占 GDP 比重、研发投入占财政收入比重、城镇居民人均可支配收入、碳生产率、低碳产业政策完善度
	社会进步	城市化率、城乡收入比、教育投入占财政支出比重、万人医师数、人均预期寿命、低碳宣传教育普及度
	资源承载	土地开发强度、人均城市建设用地、建成区绿化覆盖率、人均道路面积、非化石能源比例、碳税政策完善度
	环境保护	生活垃圾无害化处理率、人均用水量、工业固体废弃物综合利用率、万人公共汽车拥有量、低碳消费系数、公众低碳生活参与度
	生活质量	恩格尔系数、人均绿地面积、人均住房面积、空气质量达到和好于二级比例、节能建筑比重、幸福指数
庄贵阳等（2014）	低碳产出	单位 GDP 碳排放
	低碳消费	人均碳排放、人均生活碳排放
	低碳资源	非化石能源占一次能源消费比例、森林覆盖率
	低碳政策	低碳经济发展战略与规划、碳排放监测统计和管理体系、建筑、交通、新能源产业
王锋等（2016）	低碳产出	单位 GDP 能耗、污水处理率、工业固体废弃物综合利用率、年生活垃圾无害化处理能力、第三产业比重
	低碳水平	建成区绿化覆盖率、API ≤ 100 的天数、自然保护区比重、单位 GDP 的 SO_2 排放、人均绿地面积
	低碳社会	万人拥有公交车数量、城市化率、恩格尔系数、人均预期寿命、万人科技人员数量、燃气普及率、非农业人口比例
	低碳政策	环境保护投资占 GDP 的比重；R&D 投入占 GDP 比重；低碳经济规划完善程度包括：①是否具有具体排放目标，②是否具有完善的评价指标体系，③是否具有低碳经济规划，④是否具有低碳发展实施方案
程纪华和冯峰（2015）	经济发展	人均 GDP、城镇固定资产投资占 GDP 比重、城镇居民可支配收入、居民消费价格上涨率
	社会发展	城镇登记失业率、基本养老保险覆盖率、城镇居民恩格尔系数、非农业人口比例
	生态环境	城区绿化覆盖率、城市生活污水处理率、城市生活垃圾无害化处理率、每公顷耕地施用化肥量
	低碳发展	单位 GDP 能耗、空气质量达到国家二级标准天数、工业固体废弃物综合利用率、第三产业占 GDP 比重

续表

参考文献	评价维度	指标
宋伟轩(2012)	社会经济	人均GDP、GDP增长率、地均GDP、第三产业占GDP比重、人均全社会固定资产投资额、人均社会消费品零售总额、非农业人口比例
	生产生活碳排放	人均建设用地面积、全市人均客运总量、全市人均货运总量、万人拥有公共汽车数、单位GDP水消耗量、人均居民生活用水量、单位GDP工业用电量、人均城镇生活用电量、人均煤气供应量、单位GDP工业废水排放量、单位GDP工业SO_2排放量、单位GDP工业烟尘排放量、人均道路面积
	碳减排与碳捕集	人均三废综合利用产品产值、工业固体废物综合利用率、生活垃圾无害化处理率、人均绿地面积、建成区绿化覆盖率
关海玲和孙玉军(2014)	低碳生产	碳生产力、单位GDP能耗、第三产业占GDP比重
	低碳消费	人均碳排放、能源消费弹性系数、人均生活碳排放
	低碳环境	绿化覆盖率、污水处理率、生活垃圾无害化处理率、空气质量达到和好于二级比例
	低碳城市规划	清洁能源比例、建筑节能设计标准、公共交通出行比例、低碳观念普及率
朱婧等(2012)	驱动力	人均GDP、城镇居民人均可支配收入、农民人均纯收入、城镇化水平、碳生产力
	压力	单位工业增加值能耗、单位GDP能耗、单位GDP水耗、万人公共交通车辆拥有量
	状态	第三产业占GDP比重、碳排放强度、人均碳排放、单位GDP COD排放量、单位GDP SO_2排放量
	影响	环境空气质量优良天数、年平均气温变化率、城市空气质量达标率、空气平均综合污染指数
	响应	工业固体废物综合利用率,工业废水排放达标率,城市污水集中处理率,人均公共绿地面积,人均城市道路面积,森林覆盖率,城镇集中供水率,城镇集中供气率,低碳经济发展规划,节能减排监测、统计、监管和考核体系

续表

参考文献	评价维度	指标
刘竹等（2011）	经济发展	GDP 总量
	碳排放	CO_2 排放量
	工业污染物排放	规模以上工业固废排放量、规模以上工业废气排放量、规模以上工业废水排放量、规模以上工业能源消耗总量
	社会资源消耗	全年供水量、全社会用电量、单位经济能耗指标
仇保兴（2011）	低碳生产力	单位经济产出的碳排放指标、单位经济能耗指标
	低碳消费	人均能源消费、家庭人均能源消费
	低碳资源	零碳能源在一次能源中所占比例、森林覆盖率、单位能源消耗的 CO_2 排放系数
	低碳政策	低碳经济发展规划、建立碳排放监测统计和监管机制、公众对低碳经济的认知度、非商业性能源的激励措施、符合建筑物能效标准
李平（2011）	经济发展	人均工业总产值、人均 GDP
	能源消耗	单位 GDP 能耗、地均能耗、人均能耗
	生态环境	万人工业 SO_2 排放量、万人工业烟尘排放量
	科技水平	万人工业废水排放量、万人科技人员数量、财政科学支出占财政收入的比重
	CO_2 排放量	市辖区地均 CO_2 排放量、市辖区人均 CO_2 排放量

表 A5（b）　Wos 数据库中文献的低碳城市建设水平评价维度和指标

参考文献	评价维度	指标
Tan 等（2017）；Hossny 和 Valid，（2018）	经济	人均 GDP、第三产业占 GDP 的比重、碳生产率
	能源	可再生能源比例、能源强度
	土地使用	公共绿地比例、人口密度
	碳和环境	人均二氧化碳排放量、人均二氧化氮排放量、每日二氧化硫水平、每日悬浮特定物质水平
	交通	人均公共汽车数量、人均铁路长度、人均汽车数量
	废物处理	人均固体废物产生量、收集及妥善处置的废物比例、废物占能源的比例、物料回收份额
	水	污水处理比例、用水量强度

参考文献	评价维度	指标
Dhakal(2009)	关键指标及能源、二氧化碳估算(中国重点35个城市)	总人口、GRP、人均商业能源消耗、人均GDP/GDP、二氧化碳排放总量、人均二氧化碳排放量
	北京、上海、天津、重庆(样本城市)基本指标	区域、常住人口、户籍人口、城市占常住人口的比例、地区生产总值、能源消耗总量、与能源相关的二氧化碳排放总量
Yang等(2018)		人均碳排放量、单位GDP碳排放量、人均GDP、人口、城市化率、第三产业比重、主要功能区域
Li等(2018)	国家对城市试点的要求和配套政策	标准的候选人、低碳试点任务、支持政策
	当地进展	管理系统、碳排放统计系统、行业政策、政策与制度探讨
Li	有效利用资源	循环用水、工业水循环利用、非化石能源使用率、单位GDP碳排放量、单位GDP能耗、人均建设用地、绿色建筑百分比
	友好的环境	空气质量达标天数、每年符合PM2.5标准天数、集中式饮用水源的水质合格率、城市水环境功能区地表水水质合格率、家居废物再用率、噪声声级符合范围、公园和绿地500米半径服务覆盖范围、生物多样性
	可持续的经济	第三产业增加值占GDP的比重、城镇失业率、R&D投入占GDP的比重、恩格尔系数
	和谐的社会	经济适用房百分比、房价收入比、基尼系数、城镇居民/农村居民收入比、绿色运输百分比、社会保障覆盖率、人均公共服务及公用事业用地面积、平均通勤时间、城市防灾减灾、治安满意度
Lin等(2013)		能源结构、产业结构、部门单位增加值能耗GDP、人均GDP、固体废物处置、过程相关产业人均生产、人均森林面积
Price等(2013)	宏观指标/最终用途部门指标	一次能源消费/GDP;居民最终能源/人数、最终能耗/GDP;商业及最终能源/第三产业雇员、最终使用二氧化碳/GDP;工业最终能源/工业GDP、一次能源消费/人数;运输最终能源/人数、最终能耗/人数;每发电产生的二氧化碳、最终用途低碳指标

续表

参考文献	评价维度	指标
Qu 等(2017)	驱动力	人口自然增长率、城市化率、实际人均 GDP、恩格尔系数
	压力	可再生能源消费比例、人均生活能耗、能耗弹性系数、单位 GDP 能耗
	状态	人均可支配收入、建筑人均住房面积、城市每万居民公共汽车数、公园人均绿地面积
	影响	单位 GDP 碳排放量、单位 GDP 二氧化硫排放量、单位 GDP 工业废水排放量、人均能源消耗碳排放
	回应	污水处理符合率、城市生活垃圾无害化处理比例、环境管理占 GDP 的比重、城区绿化率
Shen 等(2018)		单位能耗碳排放量、单位 GDP 能耗、工业增加值占内生产总值的比例、人均 GDP、总人口
Shi 等(2018)	碳排放	碳排放总量、人均碳排放量、单位 GDP 碳排放量
	低碳产品	单位碳排放能耗、单位碳排放用水量、单位碳排放用电量、单位碳排放量氨氮排放量、每单位碳排放的化学需氧量、每单位碳排放量的氮氧化物排放量、每单位碳排放量的二氧化硫排放量、非化石能源占一次能源消费比重、单位碳排放 GDP
	低碳消费	清洁能源汽车比例、乘坐公共交通工具的比例、万人公共交通工具拥有量、人均家庭用水量、人均家庭用电量、人均生活垃圾产生量
	低碳政策	人均绿地、建成区的绿化覆盖率、森林覆盖率
	社会和经济发展	城市化率、恩格尔系数、平均预期寿命、城镇登记失业率、人均 GDP、城镇居民年人均可支配收入
Song 等(2018)	经济	单位 GDP 能耗
	人口	人均二氧化碳排放量
	住宅	住宅最终能耗/人均
	商务	商用最终能源/员工
	行业	工业最终能源/工业 GDP
	运输	交通最终能源/资本
	电	发电量

续表

参考文献	评价维度	指标
Su 等（2013）	经济发展和社会进步	人均 GDP、GDP 增长率、第三产业占 GDP 的比重、城市化率、研发经费占 GDP 的百分比
	能源结构和利用效率	非煤炭能源比重、碳生产率、能耗弹性系数
	生活消费	恩格尔系数、万人公共交通车辆拥有量、人均碳排放量
	发展环境	人均公共绿地面积、森林覆盖率、建成区绿地覆盖率、环境保护投资占 GDP 比重
Wang 等（2020）	低碳经济	人均 GDP、第二产业占 GDP 的百分比、第三产业占 GDP 的百分比、社会劳动生产率、自然增长率
	低碳社会	万人公共交通车辆拥有量、私家车数量、城市化水平
	低碳规划	建成区面积、居住用地比例、城镇居民人均居住面积、人均路面面积、吨位里程
	能源使用率	能源强度、每万元 GDP 用电量、每万元 GDP 用水量
	低碳环境	绿化面积占建成区面积的百分比、人均公共绿地面积、PM2.5 年平均浓度、工业烟尘、工业二氧化硫排放量、工业废水排放、工业固体废物综合利用率、废水集中处理率、生活垃圾无害化处理率
Zhou 等（2015a）	驱动力	改善绿色经济和就业、更新产业、提高能源效率、使用可再生能源、减少输电损耗、清洁能源运输方式、发展公共交通系统、改善非机动车交通、交通与土地利用一体化、高密度开发、混合土地利用、改善低能耗建筑、提供废物管理、减少家庭消费、提高当地农业、构建基础设施
	压力	计算温室气体清单、制定温室气体减排目标
	状态	保护生态系统
	影响	增加树木、森林和绿地，改善空气质量，改善水质量
	响应	应对气候变化的影响，资本投资，城市管理局，政策和立法，测量、监视和报告性能，引入碳税和碳交易系统，部门规划及合作，国际合作，利益相关者参与，社区教育及外展

续表

参考文献	评价维度	指标
Zhou 等（2015b）	能源和气候	当量二氧化碳/单位 GDP、一次能源使用/单位 GDP、人均绿色建筑数量、一次能源中可再生能源的比例、每英里行驶能耗、是否存在碳减排目标、各部门能源使用比例
	水质、可用性和处理	水的消耗强度、水质、污水处理连接和费率、按承载能力计算的水可用性、水、其他；水政策成就
	空气质量	可吸入颗粒物浓度、NOx 浓度和总排放量、其他类型的排放；多种空气污染物浓度指数；超过空气质素基准；SO_2 浓度和排放；O_3 浓度及排放；其他
	废物处理	废物产生强度，废料回收处理，废物处理——从堆填区转移；全部按比例处理；垃圾填埋处理；垃圾捕获率；其他治疗；其他垃圾指标
	交通	交通设施和基础设施、模态、交通选择的便利性、政策；其他；航空运输
	经济健康	就业、绿色或创新行业、生活成本、其他、GDP 和收入、债务、储蓄和投资水平；政府融资；有环境管理系统的企业；资源生产率
	土地用途和城市形态	公共绿地、人口密度、生物多样性、其他；保护土地；建成区林业；政策；精明增长指数；生态足迹；农业土地
	人口和社会卫生	健康、教育、公众、非政府组织和学术参与、美学、协同努力的城市领导力、风险和犯罪；股本；其他；噪声
Du 等（2018）	社会	城镇居民年人均可支配收入、消费者价格指数、人均生活能源消耗、人均生活用水量、人均私家车数量、每万人口公共交通车辆
	经济	单位 GDP 能耗、单位 GDP 用电量、能耗弹性比、工业污染治理投资占 GDP 的比重
	能源	主要能源种类占一次能源输出的百分比、人均能源消耗、人均用电量、煤炭消耗量、原油消耗、火电发电量占总发电量的百分比
	环境	绿色覆盖面积占完工面积的百分比、人均工业固体废物产量、二氧化碳排放、人均二氧化碳排放量、人均污水排放量、污水处理率、工业固体废物综合利用率、森林覆盖率

续表

参考文献	评价维度	指标
Wang 和 Sun (2011)		制造业/矿业增长率、单位 GDP 能耗、单位 GDP 用水量、人均绿地面积、百万人公共汽车拥有量
Hu 等(2016)	经济增长	人均 GDP、GDP 增长率、服务业占 GDP 的比重
	能源利用率	单位 GDP 能耗、化石能源在能源消费总量中的份额、人均二氧化碳排放量、碳生产率
	城市建设	万人公共交通车辆拥有量、节能建筑占比、建成区绿化覆盖率、建成区占城市总用地面积的比例
	政府的支持	政府空气污染控制程度、生活垃圾处理率、一般工业固体废物综合利用率、城市污水处理率
	居民消费	城镇人均用电量、人均日用水量

表 A5（c）　政策文本中的低碳城市建设水平评价维度和指标

政策文本	评价维度	指标
深圳(P$_5$)	低碳产出	单位 GDP 二氧化碳排放下降率、单位 GDP 二氧化碳排放、单位 GDP 能耗、高新技术产业增加值占 GDP 比重、现代服务业增加值占第三产业比重、战略性新兴产业增加值占 GDP 比重、单位工业增加值能耗、绿色建筑占新建筑比重、公共交通占机动化出行分担率、新能源汽车保有量
	低碳资源	非化石能源占一次能源比重、清洁能源占能源消费比重、森林覆盖率、单位面积绿道里程、人均公园绿地面积
	低碳环境	研发投入占 GDP 比重、低碳技术投入占研发投入比重、碳排放统计、核算和考核体系
	灾害管理	内涝防治标准、灾害预警信息发布覆盖率

政策文本	评价维度	指标
杭州（P₁₁）		单位地区生产总值二氧化碳排放、第三产业的比重、单位地区生产总值能耗、低碳技术研发经费占总研发经费比重、非化石能源在初始能源消费结构的比重、新能源与节能型汽车比例、既有建筑节能改造比例、应用可再生能源的建筑面积在新建建筑面积中的比例、森林蓄积量、建成区绿化覆盖率、绿色出行所占比例、垃圾分类率
南昌（P₁₂）	总体目标	单位 GDP 二氧化
		碳排放比 2005 年下降率
	产业结构调整目标	高新技术产业增加值占全市规模以上工业增加值的比重
		服务业占生产总值的比重
	能源结构调整目标	非化石能源占一次能源消费比重
	其他	森林覆盖率
		活立木蓄积量
晋城（P₁₉）		GDP 年均增长速率、单位 GDP 二氧化碳排放降低率、碳排放总量、单位 GDP 能源消耗降低率、服务业增加值占 GDP 比重、高新技术产业增加值占 GDP 比重、战略性新兴产业增加值占 GDP 比重、非化石能源占一次能源消费比重、燃煤占一次能源消费的比重、天然气占一次能源消费的比重、可再生能源建筑占新建建筑的比重、绿色建筑占城镇新建建筑比重、公共汽车能源汽车保有比例、公交出行分担率、万人公交车拥有量、森林蓄积量、森林覆盖率、城市建成区绿化覆盖率
苏州（P₃₉）		万元 GDP 二氧化碳排放下降率（较 2010 年）、人均二氧化碳排放量、GDP 年均增长率、第三产业比重、单位工业增加值二氧化碳排放量、战略性新兴产业产值占规上工业产值比重、能源产出率（万元 GDP/吨标煤）、清洁能源比例、重点企业能源审计进度、新建建筑中节能 65% 设计标准的执行情况、公交分担率、市级低碳试点示范社区个数、建成区绿化覆盖率、温室气体排放数据管理平台、低碳产品认证制度、重点企业碳排放报告制度、碳排放交易平台、公众对低碳发展的认知度、低碳发展绩效评估机制、适应气候变化机制

续表

政策文本	评价维度	指标
镇江（P_{43}）	碳排放下降	单位地区生产总值二氧化碳排放量
		二氧化碳排放总量
	非化石能源占比	非化石能源占一次能源消费比重
	节能降耗	单位地区生产总值能耗下降
	主要污染物减排	单位地区生产总值主要污染物排放下降率
	新兴产业发展水平	新兴产业销售占规模工业销售比重
	服务业发展水平	服务业增加值占地区生产总值比重
	农业现代化发展水平	农业基本现代化综合得分
	公共交通服务水平	城市居民公共交通出行分担率
	绿化水平	林木覆盖率、全市建成区绿化覆盖率
	空气质量	空气质量平均优及良以上天数占比
	水环境质量	地表水好于Ⅲ类水质的比例
	成品住房率	中心城区新建住房中成品房比例
金华（P_{45}）		碳排放总量、单位 GDP 二氧化碳排放、单位 GDP 能源消耗、非化石能源占一次能源消费比重、第三产业增加值比重、城镇化率、森林覆盖率、城市建成区绿化覆盖衣、年均空气质量指数（AQI）、PM2.5 平均浓度、新建绿色建筑比例、公共交通出行比例、国家低碳园区、低碳社区数量、城区居住小区生活垃圾分类达标率、森林蓄积量
景德镇（P_{55}）	总体目标	单位 GDP 二氧化碳排放比 2005 年下降
	节能减排目标	万元 GDP 能耗较基年下降
	产业结构调整目标	高新技术产业增加值占全市工业增加值总量的比重、第三产业占 GDP 的比重
	能源结构调整目标	非化石能源占一次能源消费比重
	其他	森林覆盖率、活立木蓄积量
青岛（P_{61}）	综合	单位 GDP 二氧化碳排放强度（未考虑外调电）、单位 GDP 二氧化碳排放强度相对于 2010 年水平下降（未考虑外调电）、单位 GDP 二氧化碳排放强度相对于 2005 年水平下降（未考虑外调电）
	调整产业结构	第三产业增加值占 GDP 的比重、战略性新兴产业增加值占 GDP 的比重
	节约能源与提高能效	单位 GDP 能源消耗相对于 2010 年水平下降、规模以上工业单位增加值能耗相对于 2010 年水平下降
	发展非化石能源	非化石能源占一次能源比重
	发展低碳交通	中心城区公共交通占机动化出行比例
	增加森林碳汇	森林覆盖率、森林蓄积量

续表

政策文本	评价维度	指标
武汉（P_{64}）	经济持续发展	地区生产总值（GDP）
	产业结构优化	服务业增加值占 GDP 比重、高新技术产业增加值占 GDP 比重
	能源结构优化	能源消费总量、煤炭占能源消费总量比重、非化石能源占一次能源消费比重、农村清洁能源入户率
	碳排放有效控制	二氧化碳排放总量、工业领域二氧化碳排放总量、建筑领域二氧化碳排放总量、交通领域二氧化碳排放总量
	资源节约高效	单位 GDP 二氧化碳排放降低率、规模以上单位工业增加值能耗降低率
	城市环境协调	森林覆盖率、建成区绿化覆盖率、人均公园绿地面积、湿地面积、绿道长度
	建筑绿色节能	绿色建筑面积
	交通出行低碳	公交出行占机动化出行比例、新能源汽车推广量
	公共机构示范	公共机构人均能耗降低率
乌鲁木齐（P_{83}）		GDP 年均增速，单位 GDP 能耗五年下降幅度，煤炭比重，石油比重，天然气比重，水电、风电、光电等一次电力比重，常住人口总量
嘉兴（P_{89}）	控制	全市能源消费量、全市煤炭消费量
	产业优化	服务业增加值占地区生产总值比重、七大万亿级产业增加值年均增长
	能效提升	规上工业单位增加值能耗下降、货运单位运输周转量能耗下降、公共机构单位建筑面积能耗下降
	能源结构	非化石能源占一次能源消费比重、清洁能源装机容量（不含核电）
	低碳生活	城镇新建民用建筑实施绿色建筑比例、全市城市公交分担率
	碳汇能力	林木覆盖率、林木蓄积量、湿地保有量、城市建成区绿化覆盖率
淮北（P_{94}）		单位 GDP 二氧化碳排放、单位 GDP 能源消耗、人均二氧化碳排放、非化石能源占一次能源消费比重、第三产业增加值比重、城镇化率、森林覆盖率、城市建成区绿化覆盖率、年均空气质量指数（AQI）、PM2.5 平均浓度、新建绿色建筑比例、公共交通出行比例、国家低碳园区、低碳社区数量、城区居住小区生活垃圾

续表

政策文本	评价维度	指标
潍坊（P₁₀₅）	工业领域	规模以上工业单位增加值能耗降低、一般工业固体废物综合利用率
	建筑领域	中心城区供热管网"汽改水"改造、中心城区集中供热普及率
	交通领域	营运客运车辆单位运输周转量能耗降低、营运货运车辆单位运输周转量能耗降低、港口生产单位吞吐量综合能耗降低
	公共机构领域	公共机构人均综合能耗降低、公共机构人均水耗降低、公共机构单位建筑面积能耗降低
	农业领域	秸秆综合利用率
长沙（P₁₀₇）		碳排放总量、单位 GDP 二氧化碳排放、单位 GDP 能耗、非化石能源占一次能源消费比重、第三产业增加值比重、常住人口城镇化率、森林覆盖率、城市建成区绿化覆盖率、空气质量优良率、PM2.5 平均浓度、新建绿色建筑比例、公共交通机动化出行分担率、城区居住小区生活垃圾分类知晓率、人均 GDP、人均碳排放
株洲（P₁₀₈）		碳排放总量，单位 GDP 二氧化碳排放，单位 GDP 能源消耗，常住人口城镇化率，非化石能源占一次性能源消费比重，第三产业增加值比重，高新技术产业增加值占 GDP 比重，森林覆盖率，新建绿色建筑比例（市区），公共交通出行比例，交通运输业综合能耗，国家低碳园区、低碳社区数量，空气质量优良率，PM2.5 浓度，城市垃圾资源化利用率
安康（P₁₂₇）		单位地区生产总值二氧化碳排放、单位地区生产总值能耗、三次产业结构、一次能源消费总量、万元 GDP 能耗、非化石能源占一次能源消费比重、天然气占能源消费总量比重、农作物秸秆综合利用率、农业灌溉水有效系数、新建绿色建筑比例、营运车辆单位运输周转能耗、营运车辆单位运输周转二氧化碳排放、公共交通机动化出行分担率、城镇污水集中处理率、城镇生活垃圾无害化处理率、活立木蓄积量、森林覆盖率

A6. 低碳城市建设各维度得分

表 A6（a）　2006~2019 年样本城市的低碳城市建设 D_1 维度得分

城市	2006年	2007年	2008年	2009年	2010年	2011年	2012年	2013年	2014年	2015年	2016年	2017年	2018年	2019年
北京	0.42	0.45	0.47	0.50	0.51	0.53	0.55	0.77	0.59	0.61	0.66	0.69	0.73	0.83
天津	0.17	0.17	0.19	0.30	0.29	0.31	0.34	0.55	0.40	0.43	0.48	0.51	0.51	0.46
石家庄	0.28	0.29	0.30	0.35	0.36	0.35	0.39	0.42	0.29	0.31	0.33	0.36	0.37	0.38
太原	0.23	0.20	0.23	0.30	0.31	0.30	0.32	0.38	0.37	0.41	0.43	0.45	0.50	0.46
呼和浩特	0.35	0.37	0.40	0.45	0.49	0.60	0.49	0.75	0.58	0.60	0.61	0.55	0.57	0.52
沈阳	0.24	0.25	0.27	0.26	0.27	0.29	0.32	0.41	0.35	0.38	0.37	0.38	0.41	0.42
大连	0.24	0.27	0.31	0.36	0.38	0.43	0.43	0.59	0.48	0.50	0.43	0.50	0.51	0.44
长春	0.15	0.16	0.17	0.19	0.22	0.28	0.32	0.34	0.38	0.36	0.38	0.42	0.49	0.35
哈尔滨	0.27	0.28	0.29	0.30	0.31	0.33	0.37	0.39	0.41	0.42	0.44	0.47	0.50	0.43
上海	0.26	0.30	0.33	0.39	0.36	0.39	0.41	0.65	0.49	0.53	0.58	0.61	0.64	0.74
南京	0.22	0.25	0.28	0.32	0.30	0.34	0.39	0.50	0.46	0.50	0.54	0.60	0.64	0.69
杭州	0.27	0.25	0.35	0.32	0.33	0.37	0.41	0.58	0.48	0.54	0.60	0.63	0.66	0.69
宁波	0.26	0.31	0.36	0.45	0.32	0.36	0.40	0.61	0.46	0.49	0.49	0.53	0.56	0.55
合肥	0.24	0.25	0.26	0.24	0.35	0.38	0.30	0.46	0.32	0.39	0.45	0.49	0.56	0.54
福州	0.25	0.27	0.28	0.34	0.34	0.36	0.38	0.53	0.42	0.47	0.51	0.52	0.56	0.56
厦门	0.19	0.22	0.26	0.30	0.25	0.28	0.32	0.57	0.38	0.39	0.44	0.48	0.51	0.59
南昌	0.19	0.22	0.23	0.23	0.25	0.27	0.29	0.38	0.34	0.33	0.36	0.39	0.44	0.42
济南	0.25	0.28	0.30	0.33	0.37	0.39	0.42	0.52	0.48	0.50	0.49	0.53	0.53	0.52
青岛	0.23	0.28	0.34	0.38	0.44	0.51	0.49	0.53	0.48	0.52	0.56	0.56	0.60	0.58
郑州	0.28	0.31	0.30	0.33	0.31	0.28	0.28	0.27	0.32	0.33	0.38	0.44	0.47	0.52
武汉	0.25	0.25	0.28	0.29	0.31	0.33	0.39	0.54	0.47	0.49	0.53	0.50	0.55	0.63
长沙	0.34	0.35	0.33	0.38	0.39	0.38	0.42	0.55	0.51	0.54	0.59	0.64	0.70	0.73
广州	0.35	0.38	0.42	0.46	0.51	0.49	0.54	0.79	0.59	0.63	0.66	0.70	0.73	0.80
深圳	0.26	0.31	0.35	0.38	0.42	0.44	0.50	0.55	0.59	0.62	0.66	0.68	0.70	0.73
南宁	0.29	0.29	0.30	0.32	0.32	0.34	0.36	0.36	0.39	0.36	0.37	0.38	0.35	0.38
海口	0.32	0.34	0.36	0.37	0.38	0.39	0.39	0.43	0.45	0.46	0.47	0.50	0.50	0.52
重庆	0.17	0.16	0.17	0.19	0.16	0.15	0.21	0.23	0.27	0.28	0.29	0.31	0.35	0.37
成都	0.25	0.25	0.23	0.27	0.35	0.31	0.34	0.46	0.38	0.40	0.40	0.44	0.48	0.55
贵阳	0.19	0.23	0.25	0.27	0.30	0.31	0.31	0.39	0.37	0.41	0.42	0.44	0.46	0.45
昆明	0.21	0.23	0.27	0.26	0.28	0.29	0.32	0.34	0.36	0.40	0.43	0.45	0.48	0.52
西安	0.25	0.21	0.26	0.28	0.29	0.31	0.31	0.35	0.36	0.39	0.43	0.46	0.52	0.49
兰州	0.20	0.22	0.21	0.23	0.24	0.24	0.24	0.30	0.35	0.39	0.42	0.44	0.47	0.45
西宁	0.27	0.24	0.21	0.25	0.26	0.25	0.29	0.29	0.32	0.34	0.36	0.39	0.43	0.41
银川	0.25	0.25	0.26	0.27	0.27	0.27	0.27	0.34	0.31	0.34	0.37	0.40	0.45	0.50
乌鲁木齐	0.29	0.28	0.24	0.27	0.25	0.27	0.32	0.41	0.40	0.46	0.46	0.45	0.50	0.54

表 A6（b）　2006~2019 年样本城市的低碳城市建设 D_2 维度得分

城市	2006年	2007年	2008年	2009年	2010年	2011年	2012年	2013年	2014年	2015年	2016年	2017年	2018年	2019年
北京	0.40	0.39	0.37	0.34	0.31	0.23	0.29	0.40	0.38	0.49	0.52	0.49	0.51	0.54
天津	0.42	0.45	0.49	0.52	0.52	0.52	0.56	0.54	0.58	0.63	0.65	0.67	0.69	0.71
石家庄	0.25	0.22	0.23	0.22	0.52	0.22	0.36	0.28	0.32	0.30	0.31	0.31	0.31	0.31
太原	0.43	0.46	0.46	0.47	0.47	0.47	0.47	0.49	0.48	0.47	0.46	0.55	0.52	0.52
呼和浩特	0.19	0.20	0.21	0.22	0.23	0.25	0.26	0.27	0.30	0.29	0.25	0.24	0.38	0.43
沈阳	0.27	0.25	0.25	0.33	0.34	0.26	0.24	0.28	0.26	0.27	0.27	0.27	0.26	0.26
大连	0.82	0.80	0.80	0.80	0.81	0.77	0.78	0.76	0.75	0.79	0.80	0.78	0.81	0.85
长春	0.28	0.16	0.20	0.14	0.13	0.15	0.14	0.14	0.14	0.14	0.14	0.13	0.14	0.16
哈尔滨	0.43	0.42	0.38	0.40	0.31	0.29	0.29	0.29	0.25	0.25	0.30	0.30	0.30	0.27
上海	0.32	0.34	0.33	0.34	0.33	0.30	0.33	0.35	0.42	0.44	0.45	0.44	0.44	0.45
南京	0.79	0.80	0.84	0.85	0.81	0.78	0.78	0.79	0.80	0.59	0.81	0.81	0.83	0.62
杭州	0.55	0.57	0.52	0.51	0.49	0.47	0.46	0.46	0.50	0.54	0.50	0.51	0.51	0.52
宁波	0.65	0.61	0.62	0.62	0.62	0.60	0.60	0.60	0.60	0.65	0.95	0.74	0.74	0.74
合肥	0.66	0.65	0.63	0.62	0.61	0.60	0.59	0.57	0.60	0.60	0.58	0.58	0.58	0.58
福州	0.42	0.22	0.94	0.43	0.41	0.17	0.37	0.36	0.38	0.39	0.41	0.40	0.41	0.42
厦门	0.56	0.57	0.57	0.58	0.58	0.46	0.57	0.55	0.55	0.50	0.45	0.45	0.43	0.41
南昌	0.46	0.48	0.62	0.82	0.49	0.17	0.52	0.32	0.36	0.37	0.44	0.35	0.39	0.40
济南	0.75	0.75	0.75	0.77	0.77	0.78	0.79	0.81	0.78	0.79	0.80	0.74	0.70	0.76
青岛	0.36	0.45	0.54	0.64	0.66	0.65	0.68	0.70	0.72	0.70	0.78	0.79	0.79	0.80
郑州	0.15	0.15	0.58	0.59	0.59	0.59	0.58	0.58	0.59	0.58	0.58	0.58	0.59	0.59
武汉	0.62	0.63	0.71	0.70	0.73	0.75	0.73	0.76	0.77	0.76	0.74	0.76	0.76	0.76
长沙	0.27	0.24	0.61	0.60	0.60	0.60	0.60	0.60	0.60	0.60	0.61	0.60	0.60	0.59
广州	0.26	0.26	0.57	0.59	0.58	0.58	0.63	0.65	0.66	0.68	0.69	0.70	0.71	0.73
深圳	0.79	0.83	0.77	0.90	0.78	0.77	0.82	0.83	0.86	0.86	0.86	0.87	0.86	0.88
南宁	0.60	0.60	0.60	0.59	0.59	0.59	0.59	0.59	0.59	0.59	0.59	0.59	0.59	0.58
海口	0.95	0.91	0.93	0.95	0.95	0.95	0.95	0.95	0.97	0.98	0.98	0.98	0.98	0.99
重庆	0.18	0.23	0.24	0.24	0.24	0.24	0.32	0.45	0.45	0.56	0.51	0.53	0.51	0.52
成都	0.65	0.65	0.65	0.64	0.64	0.63	0.63	0.63	0.82	0.85	0.85	0.86	0.85	0.85
贵阳	0.44	0.49	0.51	0.52	0.52	0.53	0.61	0.56	0.51	0.46	0.45	0.37	0.32	0.35
昆明	0.13	0.16	0.15	0.15	0.15	0.15	0.13	0.14	0.13	0.14	0.14	0.76	0.83	0.90
西安	0.47	0.46	0.45	0.48	0.45	0.44	0.48	0.41	0.36	0.29	0.29	0.25	0.26	0.31
兰州	0.67	0.74	0.81	0.74	0.84	0.85	0.85	0.86	0.85	0.84	0.79	0.80	0.81	0.82
西宁	0.55	0.50	0.57	0.61	0.95	0.63	0.67	0.66	0.67	0.70	0.73	0.76	0.79	0.82
银川	0.51	0.42	0.35	0.36	0.35	0.23	0.32	0.34	0.36	0.32	0.26	0.25	0.26	0.29
乌鲁木齐	0.54	0.55	0.53	0.51	0.48	0.43	0.45	0.42	0.50	0.55	0.63	0.60	0.64	0.69

表 A6（c）　2006~2019 年样本城市的低碳城市建设 D₃ 维度得分

城市	2006年	2007年	2008年	2009年	2010年	2011年	2012年	2013年	2014年	2015年	2016年	2017年	2018年	2019年
北京	0.32	0.32	0.33	0.33	0.34	0.40	0.47	0.50	0.61	0.68	0.74	0.78	0.78	0.79
天津	0.29	0.29	0.29	0.29	0.31	0.40	0.45	0.57	0.66	0.74	0.76	0.79	0.79	0.79
石家庄	0.30	0.29	0.29	0.33	0.33	0.33	0.33	0.37	0.41	0.44	0.44	0.45	0.45	0.45
太原	0.25	0.22	0.23	0.24	0.25	0.25	0.27	0.29	0.32	0.35	0.34	0.36	0.35	0.36
呼和浩特	0.26	0.26	0.30	0.32	0.30	0.30	0.32	0.38	0.35	0.34	0.36	0.37	0.38	0.45
沈阳	0.31	0.28	0.29	0.29	0.29	0.29	0.30	0.32	0.32	0.35	0.35	0.37	0.37	0.38
大连	0.32	0.32	0.32	0.32	0.32	0.32	0.33	0.35	0.38	0.40	0.40	0.40	0.40	0.40
长春	0.31	0.29	0.30	0.30	0.30	0.30	0.31	0.31	0.31	0.31	0.32	0.33	0.32	0.32
哈尔滨	0.30	0.29	0.28	0.27	0.29	0.29	0.28	0.31	0.33	0.35	0.35	0.35	0.35	0.37
上海	0.33	0.29	0.31	0.33	0.40	0.48	0.54	0.58	0.71	0.84	0.86	0.89	0.89	0.90
南京	0.32	0.30	0.29	0.29	0.29	0.30	0.36	0.46	0.52	0.59	0.61	0.64	0.64	0.65
杭州	0.33	0.31	0.32	0.33	0.33	0.35	0.37	0.38	0.44	0.52	0.53	0.55	0.56	0.55
宁波	0.34	0.29	0.31	0.31	0.32	0.32	0.33	0.34	0.35	0.41	0.43	0.47	0.47	0.47
合肥	0.35	0.29	0.30	0.31	0.30	0.30	0.33	0.33	0.37	0.46	0.46	0.51	0.51	0.52
福州	0.34	0.29	0.30	0.31	0.34	0.34	0.34	0.37	0.37	0.43	0.44	0.45	0.45	0.45
厦门	0.36	0.30	0.31	0.33	0.33	0.33	0.35	0.36	0.38	0.41	0.42	0.43	0.43	0.44
南昌	0.35	0.30	0.30	0.30	0.30	0.30	0.34	0.37	0.43	0.49	0.51	0.54	0.54	0.54
济南	0.36	0.27	0.30	0.30	0.30	0.30	0.32	0.39	0.47	0.54	0.54	0.57	0.57	0.57
青岛	0.38	0.31	0.33	0.32	0.33	0.33	0.35	0.40	0.44	0.45	0.46	0.46	0.47	0.49
郑州	0.37	0.30	0.31	0.31	0.28	0.28	0.28	0.31	0.34	0.42	0.43	0.45	0.45	0.45
武汉	0.37	0.29	0.30	0.30	0.31	0.32	0.41	0.45	0.51	0.58	0.63	0.66	0.66	0.66
长沙	0.38	0.30	0.31	0.31	0.32	0.33	0.33	0.36	0.47	0.58	0.59	0.62	0.62	0.62
广州	0.39	0.31	0.31	0.30	0.33	0.34	0.38	0.39	0.48	0.55	0.56	0.59	0.59	0.59
深圳	0.56	0.45	0.44	0.50	0.55	0.55	0.57	0.64	0.75	0.86	0.87	0.92	0.92	0.91
南宁	0.39	0.29	0.28	0.28	0.28	0.28	0.30	0.33	0.40	0.48	0.48	0.51	0.52	0.52
海口	0.39	0.26	0.28	0.28	0.28	0.28	0.30	0.29	0.30	0.31	0.30	0.32	0.32	0.32
重庆	0.39	0.28	0.26	0.26	0.26	0.27	0.29	0.35	0.44	0.56	0.58	0.62	0.62	0.62
成都	0.40	0.29	0.31	0.31	0.31	0.33	0.35	0.38	0.42	0.43	0.43	0.41	0.41	0.42
贵阳	0.40	0.30	0.27	0.27	0.27	0.27	0.27	0.28	0.34	0.44	0.44	0.48	0.48	0.49
昆明	0.42	0.34	0.29	0.34	0.34	0.34	0.31	0.33	0.39	0.42	0.43	0.45	0.44	0.44
西安	0.42	0.29	0.29	0.30	0.31	0.31	0.32	0.38	0.53	0.72	0.77	0.84	0.84	0.85
兰州	0.42	0.28	0.27	0.27	0.28	0.28	0.31	0.29	0.31	0.36	0.37	0.40	0.40	0.40
西宁	0.43	0.31	0.31	0.31	0.33	0.33	0.33	0.32	0.37	0.40	0.39	0.38	0.38	0.42
银川	0.43	0.30	0.30	0.31	0.31	0.31	0.32	0.35	0.34	0.35	0.35	0.36	0.35	0.34
乌鲁木齐	0.45	0.33	0.32	0.31	0.31	0.31	0.31	0.32	0.34	0.35	0.35	0.37	0.36	0.37

表 A6（d） 2006～2019 年样本城市的低碳城市建设 D_4 维度得分

城市	2006年	2007年	2008年	2009年	2010年	2011年	2012年	2013年	2014年	2015年	2016年	2017年	2018年	2019年
北京	0.37	0.36	0.36	0.41	0.39	0.43	0.48	0.52	0.44	0.38	0.39	0.38	0.43	0.43
天津	0.20	0.22	0.31	0.36	0.33	0.31	0.30	0.31	0.31	0.32	0.33	0.38	0.32	0.37
石家庄	0.33	0.41	0.45	0.45	0.41	0.44	0.45	0.47	0.47	0.53	0.95	0.54	0.54	0.61
太原	0.36	0.35	0.36	0.39	0.39	0.40	0.42	0.41	0.38	0.39	0.34	0.36	0.39	0.34
呼和浩特	0.43	0.51	0.58	0.58	0.48	0.45	0.43	0.43	0.44	0.50	0.44	0.44	0.42	0.44
沈阳	0.30	0.33	0.33	0.37	0.35	0.45	0.35	0.39	0.36	0.36	0.31	0.32	0.36	0.34
大连	0.30	0.30	0.32	0.37	0.35	0.34	0.35	0.41	0.31	0.30	0.30	0.29	0.30	0.28
长春	0.31	0.30	0.31	0.33	0.33	0.33	0.34	0.34	0.34	0.35	0.38	0.32	0.35	0.32
哈尔滨	0.36	0.25	0.39	0.44	0.47	0.45	0.43	0.39	0.41	0.36	0.35	0.38	0.39	0.39
上海	0.25	0.20	0.22	0.23	0.33	0.33	0.23	0.22	0.23	0.24	0.26	0.25	0.26	0.27
南京	0.34	0.33	0.33	0.36	0.34	0.34	0.34	0.35	0.35	0.36	0.35	0.36	0.35	0.36
杭州	0.29	0.32	0.34	0.36	0.35	0.36	0.36	0.36	0.36	0.35	0.34	0.33	0.33	0.33
宁波	0.21	0.29	0.29	0.28	0.29	0.30	0.29	0.29	0.29	0.30	0.31	0.30	0.32	0.34
合肥	0.24	0.26	0.28	0.31	0.31	0.36	0.37	0.43	0.39	0.36	0.35	0.35	0.34	0.35
福州	0.24	0.28	0.28	0.31	0.31	0.31	0.30	0.33	0.34	0.35	0.35	0.37	0.35
厦门	0.26	0.25	0.30	0.29	0.28	0.30	0.30	0.30	0.30	0.30	0.30	0.33	0.35	0.36
南昌	0.26	0.24	0.43	0.30	0.31	0.30	0.33	0.32	0.31	0.32	0.31	0.33	0.33	0.31
济南	0.33	0.33	0.35	0.33	0.36	0.37	0.36	0.36	0.37	0.35	0.31	0.31	0.33	0.36
青岛	0.37	0.36	0.36	0.36	0.36	0.37	0.37	0.37	0.37	0.37	0.39	0.38	0.38	0.39
郑州	0.28	0.26	0.43	0.40	0.33	0.33	0.32	0.28	0.28	0.24	0.24	0.34	0.35	0.37
武汉	0.28	0.29	0.29	0.31	0.31	0.33	0.35	0.30	0.30	0.31	0.30	0.28	0.32	0.36
长沙	0.22	0.25	0.25	0.28	0.33	0.37	0.37	0.36	0.36	0.32	0.31	0.32	0.33
广州	0.31	0.23	0.28	0.28	0.31	0.35	0.39	0.39	0.40	0.41	0.41	0.42	0.42	0.43
深圳	0.36	0.37	0.37	0.36	0.37	0.37	0.37	0.37	0.37	0.37	0.37	0.36	0.35	0.35
南宁	0.37	0.35	0.35	0.33	0.31	0.37	0.36	0.35	0.35	0.33	0.31	0.32	0.31	0.31
海口	0.25	0.26	0.27	0.29	0.31	0.31	0.30	0.32	0.32	0.32	0.27	0.32	0.26	0.28
重庆	0.53	0.66	0.69	0.66	0.96	0.95	0.88	0.92	0.86	0.95	0.92	0.92	0.98	0.98
成都	0.29	0.31	0.31	0.33	0.33	0.34	0.33	0.33	0.33	0.35	0.35	0.34	0.33	0.35
贵阳	0.24	0.29	0.33	0.28	0.30	0.33	0.36	0.39	0.38	0.37	0.39	0.40	0.41	0.47
昆明	0.22	0.22	0.27	0.35	0.36	0.72	0.36	0.53	0.41	0.35	0.48	0.43	0.37	0.32
西安	0.30	0.25	0.27	0.32	0.33	0.31	0.31	0.33	0.34	0.32	0.31	0.32	0.28	0.28
兰州	0.28	0.26	0.27	0.25	0.27	0.26	0.26	0.30	0.32	0.29	0.33	0.33	0.35	0.34
西宁	0.27	0.29	0.27	0.27	0.37	0.33	0.33	0.32	0.35	0.35	0.38	0.36	0.37	0.39
银川	0.29	0.34	0.39	0.39	0.38	0.38	0.38	0.37	0.37	0.37	0.37	0.38	0.38	0.38
乌鲁木齐	0.16	0.20	0.20	0.22	0.23	0.27	0.28	0.28	0.30	0.30	0.30	0.32	0.33	0.30

表 A6（e）　2006~2019 年样本城市的低碳城市建设 D_5 维度得分

城市	2006年	2007年	2008年	2009年	2010年	2011年	2012年	2013年	2014年	2015年	2016年	2017年	2018年	2019年
北京	0.26	0.27	0.27	0.27	0.52	0.62	0.68	0.63	0.85	0.98	0.92	0.98	0.97	0.97
天津	0.27	0.27	0.27	0.27	0.58	0.58	0.68	0.63	0.92	0.92	0.85	0.85	0.68	0.92
石家庄	0.28	0.29	0.29	0.29	0.29	0.28	0.58	0.63	0.68	0.68	0.63	0.68	0.74	0.68
太原	0.26	0.26	0.27	0.27	0.28	0.28	0.28	0.27	0.46	0.66	0.66	0.66	0.58	0.66
呼和浩特	0.26	0.27	0.26	0.26	0.26	0.26	0.26	0.26	0.26	0.26	0.32	0.32	0.47	0.31
沈阳	0.26	0.27	0.27	0.26	0.27	0.27	0.27	0.58	0.58	0.58	0.65	0.74	0.68	0.74
大连	0.25	0.26	0.26	0.26	0.26	0.26	0.27	0.46	0.46	0.58	0.66	0.74	0.68	0.74
长春	0.26	0.27	0.27	0.27	0.27	0.26	0.28	0.27	0.46	0.46	0.46	0.47	0.47	0.47
哈尔滨	0.27	0.28	0.28	0.28	0.52	0.52	0.52	0.52	0.52	0.52	0.52	0.51	0.65	0.51
上海	0.26	0.26	0.26	0.26	0.26	0.26	0.46	0.52	0.81	0.89	0.86	0.98	0.73	0.97
南京	0.26	0.26	0.27	0.26	0.26	0.27	0.27	0.46	0.27	0.27	0.46	0.58	0.58	0.58
杭州	0.27	0.28	0.27	0.27	0.46	0.46	0.46	0.28	0.57	0.57	0.46	0.68	0.63	0.74
宁波	0.26	0.27	0.27	0.27	0.27	0.52	0.58	0.52	0.74	0.74	0.68	0.74	0.68	0.74
合肥	0.26	0.20	0.26	0.26	0.26	0.26	0.27	0.46	0.58	0.58	0.65	0.74	0.89	0.74
福州	0.28	0.29	0.29	0.29	0.28	0.28	0.29	0.28	0.28	0.28	0.32	0.52	0.74	0.63
厦门	0.19	0.21	0.22	0.26	0.58	0.58	0.58	0.52	0.58	0.58	0.52	0.52	0.58	0.58
南昌	0.26	0.27	0.27	0.27	0.46	0.46	0.46	0.52	0.65	0.65	0.58	0.58	0.51	0.65
济南	0.26	0.26	0.27	0.26	0.27	0.27	0.27	0.46	0.52	0.52	0.58	0.68	0.74	0.68
青岛	0.27	0.27	0.28	0.27	0.27	0.27	0.28	0.27	0.58	0.58	0.58	0.58	0.58	0.58
郑州	0.26	0.27	0.27	0.27	0.27	0.27	0.27	0.27	0.46	0.46	0.58	0.58	0.58	0.58
武汉	0.20	0.27	0.27	0.26	0.26	0.26	0.46	0.52	0.68	0.68	0.63	0.73	0.73	0.73
长沙	0.26	0.27	0.52	0.52	0.51	0.51	0.52	0.58	0.58	0.58	0.66	0.66	0.65	0.65
广州	0.26	0.26	0.26	0.26	0.51	0.52	0.58	0.62	0.73	0.73	0.68	0.73	0.68	0.73
深圳	0.26	0.26	0.26	0.26	0.46	0.58	0.58	0.63	0.79	0.79	0.73	0.73	0.79	0.79
南宁	0.27	0.27	0.27	0.27	0.27	0.27	0.27	0.27	0.47	0.47	0.47	0.47	0.65	0.58
海口	0.27	0.28	0.28	0.28	0.27	0.27	0.52	0.52	0.52	0.52	0.52	0.52	0.58	0.51
重庆	0.21	0.27	0.27	0.52	0.58	0.58	0.58	0.52	0.86	0.86	0.81	0.81	0.85	0.92
成都	0.20	0.26	0.26	0.26	0.26	0.26	0.27	0.46	0.26	0.27	0.47	0.68	0.86	0.68
贵阳	0.26	0.28	0.28	0.27	0.46	0.46	0.46	0.62	0.74	0.74	0.68	0.68	0.74	0.74
昆明	0.26	0.27	0.27	0.27	0.25	0.52	0.58	0.63	0.74	0.74	0.68	0.74	0.74	0.74
西安	0.26	0.27	0.27	0.26	0.27	0.27	0.28	0.52	0.58	0.58	0.58	0.58	0.65	0.58
兰州	0.27	0.29	0.29	0.26	0.28	0.28	0.28	0.46	0.28	0.28	0.46	0.58	0.65	0.58
西宁	0.28	0.28	0.27	0.27	0.28	0.27	0.29	0.46	0.46	0.46	0.57	0.65	0.65	0.65
银川	0.24	0.26	0.26	0.26	0.27	0.27	0.27	0.46	0.51	0.26	0.58	0.58	0.68	0.68
乌鲁木齐	0.26	0.28	0.28	0.27	0.27	0.27	0.46	0.27	0.65	0.81	0.74	0.81	0.86	0.80

A7. 城市低碳建设效率研究的256个地级市名单

编号	城市	编号	城市	编号	城市	编号	城市	编号	城市
C1	安康	C32	丹东	C63	衡阳	C94	酒泉	C125	牡丹江
C2	安庆	C33	德阳	C64	葫芦岛	C95	开封	C126	南昌
C3	安顺	C34	德州	C65	湖州	C96	克拉玛依	C127	南充
C4	安阳	C35	定西	C66	怀化	C97	昆明	C128	南京
C5	鞍山	C36	东莞	C67	淮安	C98	莱芜	C129	南平
C6	巴中	C37	东营	C68	淮北	C99	兰州	C130	南通
C7	白城	C38	鄂州	C69	淮南	C100	廊坊	C131	南阳
C8	白山	C39	佛山	C70	黄冈	C101	乐山	C132	内江
C9	白银	C40	福州	C71	黄山	C102	丽江	C133	宁波
C10	蚌埠	C41	抚顺	C72	黄石	C103	丽水	C134	宁德
C11	宝鸡	C42	福州	C73	惠州	C104	连云港	C135	攀枝花
C12	保定	C43	阜新	C74	鸡西	C105	辽阳	C136	盘锦
C13	保山	C44	阜阳	C75	吉安	C106	辽源	C137	平顶山
C14	北京	C45	赣州	C76	吉林	C107	聊城	C138	平凉
C15	本溪	C46	固原	C77	济南	C108	临沧	C139	萍乡
C16	滨州	C47	广安	C78	济宁	C109	临汾	C140	莆田
C17	亳州	C48	广元	C79	佳木斯	C110	临沂	C141	濮阳
C18	沧州	C49	广州	C80	嘉兴	C111	六安	C142	普洱
C19	常德	C50	贵阳	C81	嘉峪关	C112	六盘水	C143	七台河
C20	常州	C51	哈尔滨	C82	江门	C113	龙岩	C144	齐齐哈尔
C21	朝阳	C52	海口	C83	焦作	C114	陇南	C145	秦皇岛
C22	潮州	C53	邯郸	C84	揭阳	C115	娄底	C146	青岛
C23	郴州	C54	汉中	C85	金昌	C116	泸州	C147	清远
C24	成都	C55	杭州	C86	金华	C117	洛阳	C148	庆阳
C25	承德	C56	合肥	C87	锦州	C118	漯河	C149	曲靖
C26	池州	C57	河源	C88	晋城	C119	吕梁	C150	衢州
C27	滁州	C58	菏泽	C89	晋中	C120	马鞍山	C151	泉州
C28	达州	C59	鹤壁	C90	荆门	C121	茂名	C152	日照
C29	大连	C60	鹤岗	C91	荆州	C122	眉山	C153	三门峡
C30	大庆	C61	黑河	C92	景德镇	C123	梅州	C154	三明
C31	大同	C62	衡水	C93	九江	C124	绵阳	C155	三亚

编号	城市	编号	城市	编号	城市	编号	城市	编号	城市
C156	厦门	C178	绥化	C200	武汉	C222	阳江	C244	长春
C157	汕头	C179	随州	C201	武威	C223	阳泉	C245	长沙
C158	汕尾	C180	遂宁	C202	西安	C224	伊春	C246	长治
C159	商洛	C181	泰州	C203	西宁	C225	宜宾	C247	昭通
C160	商丘	C182	太原	C204	咸宁	C226	宜昌	C248	肇庆
C161	上海	C183	泰安	C205	咸阳	C227	伊春	C249	镇江
C162	上饶	C184	泰州	C206	湘潭	C228	益阳	C250	郑州
C163	韶关	C185	唐山	C207	襄阳	C229	银川	C251	中山
C164	邵阳	C186	天津	C208	孝感	C230	鹰潭	C252	中卫
C165	绍兴	C187	天水	C209	忻州	C231	营口	C253	重庆
C166	深圳	C188	铁岭	C210	新乡	C232	永州	C254	舟山
C167	沈阳	C189	通化	C211	新余	C233	玉林	C255	周口
C168	十堰	C190	铜川	C212	信阳	C234	玉溪	C256	珠海
C169	石家庄	C191	铜陵	C213	邢台	C235	岳阳	C257	株洲
C170	石嘴山	C192	威海	C214	徐州	C236	云浮	C258	驻马店
C171	双鸭山	C193	潍坊	C215	许昌	C237	运城	C259	资阳
C172	朔州	C194	渭南	C216	宣城	C238	枣庄	C260	淄博
C173	四平	C195	温州	C217	雅安	C239	湛江	C261	自贡
C174	松原	C196	乌鲁木齐	C218	烟台	C240	张家界	C262	遵义
C175	苏州	C197	无锡	C219	延安	C241	张家口		
C176	宿迁	C198	芜湖	C220	盐城	C242	张掖		
C177	随州	C199	吴忠	C221	扬州	C243	漳州		

A8. 2006~2019年城市低碳建设效率值

城市编号	2006年	2007年	2008年	2009年	2010年	2011年	2012年	2013年	2014年	2015年	2016年	2017年	2018年	2019年
C1	0.57	0.65	0.61	1.05	0.71	0.46	0.70	1.00	1.00	1.01	1.01	1.03	0.61	0.43
C2	1.15	0.57	1.12	1.93	1.07	1.08	1.39	1.02	1.06	1.24	1.40	0.48	0.67	0.66
C3	1.07	1.03	1.04	1.01	1.61	1.00	0.50	1.01	1.09	1.13	1.02	1.30	0.60	0.17
C4	1.00	0.09	0.63	0.52	1.24	0.18	0.53	0.55	1.00	1.00	1.07	0.45	0.60	0.80
C5	1.02	1.32	1.78	1.20	1.01	1.00	0.71	1.02	1.00	1.04	1.00	1.01	1.01	1.07
C6	1.05	4.55	1.38	1.10	1.15	1.19	1.10	1.39	1.03	1.26	1.06	1.08	1.14	1.10

续表

城市编号	2006年	2007年	2008年	2009年	2010年	2011年	2012年	2013年	2014年	2015年	2016年	2017年	2018年	2019年
C7	1.66	0.51	1.03	0.62	0.54	1.09	0.44	0.53	0.61	1.00	1.00	1.47	0.61	1.02
C8	1.08	1.02	0.15	0.14	0.53	0.05	1.08	0.54	1.00	1.00	0.17	0.36	1.02	1.02
C9	0.38	0.55	1.06	1.28	1.04	1.10	1.50	1.01	0.62	1.00	0.72	1.05	0.73	0.45
C10	0.12	0.04	0.08	0.11	0.15	1.00	0.38	0.56	0.66	0.41	1.01	0.25	0.41	0.44
C11	0.81	1.01	0.48	0.70	1.01	1.00	1.00	2.57	0.66	1.00	1.06	1.10	0.60	0.28
C12	0.79	1.07	0.78	1.27	1.02	1.00	1.05	1.05	1.01	1.00	1.66	0.65	0.82	1.13
C13	0.66	1.02	1.01	1.02	1.02	1.04	1.09	1.00	1.01	1.01	1.38	1.00	0.46	0.28
C14	1.08	1.06	1.17	1.07	1.14	1.21	1.09	1.09	1.09	1.25	1.19	1.12	1.14	1.38
C15	0.24	0.43	0.08	0.53	0.68	0.06	0.21	0.24	0.37	1.30	1.02	1.01	1.01	0.01
C16	0.50	0.65	1.19	0.56	1.01	1.00	1.20	1.00	1.00	1.00	1.00	0.67	1.00	1.00
C17	1.34	0.21	1.01	1.02	1.24	1.27	1.33	0.61	1.00	1.01	1.00	0.48	0.53	
C18	1.01	1.06	0.63	0.76	1.06	0.19	0.61	1.01	0.46	1.53	0.79	1.00	0.76	0.69
C19	1.30	1.06	1.04	1.01	1.03	1.02	1.09	1.06	1.16	1.08	1.07	1.03	1.00	0.20
C20	1.00	1.00	0.46	0.54	1.02	0.07	1.01	0.59	1.00	1.01	1.00	1.00	1.00	1.00
C21	0.80	1.00	0.60	1.05	1.01	0.50	1.01	1.00	1.01	1.05	1.01	1.00	0.60	1.00
C22	1.12	1.17	1.15	1.21	1.30	1.26	1.31	1.07	1.09	1.07	1.07	1.19	1.06	0.51
C23	0.64	0.46	0.24	0.68	0.62	0.53	1.00	1.00	1.00	0.69	0.74	0.71	0.48	1.04
C24	1.19	1.23	1.19	1.06	1.07	1.10	1.08	1.05	1.08	1.04	1.03	1.00	0.28	1.00
C25	1.00	0.53	0.47	1.00	1.00	0.51	1.00	0.56	0.63	0.69	0.64	0.65	1.00	1.03
C26	0.56	1.02	0.69	1.01	1.01	0.50	1.02	1.00	1.00	0.75	0.81	1.00	0.52	0.47
C27	0.45	1.00	1.00	1.03	1.01	1.05	1.02	1.06	1.04	1.06	1.02	0.63	0.59	1.03
C28	0.79	0.76	0.41	0.61	0.60	0.32	0.40	1.03	0.11	0.57	0.54	0.88	1.08	1.00
C29	0.76	1.00	0.64	0.78	1.00	0.37	1.00	1.05	0.69	0.48	1.00	1.01	0.06	0.42
C30	1.02	1.04	1.02	1.02	1.03	1.04	1.03	1.06	1.04	1.05	1.07	1.07	1.09	0.70
C31	0.54	0.59	0.54	0.49	1.00	0.60	0.86	1.00	1.02	1.02	1.01	0.84	1.02	0.49
C32	0.21	1.00	0.08	0.41	0.55	0.21	0.16	0.72	0.50	0.50	1.00	1.01	0.21	0.06
C33	1.14	1.10	1.30	1.15	1.15	1.03	1.07	1.10	1.05	1.09	1.09	1.01	0.56	1.03
C34	0.68	1.00	0.67	0.59	0.69	0.34	0.89	0.69	0.50	0.71	1.00	0.63	0.60	1.06
C35	0.53	1.00	1.00	1.11	1.06	1.14	1.16	1.30	1.24	1.21	1.26	1.00	1.01	1.00
C36	1.07	1.08	1.10	1.18	1.08	1.09	1.09	1.07	1.08	1.09	1.10	1.11	1.10	0.34
C37	0.48	1.00	0.39	0.41	0.69	1.00	0.69	1.00	1.00	1.00	1.00	1.02	0.52	1.01
C38	1.01	0.52	1.00	1.00	1.00	0.06	1.00	0.39	0.52	0.65	1.00	1.01	1.01	1.22
C39	1.01	1.00	0.44	0.43	1.02	0.18	0.06	0.07	0.08	1.00	1.01	1.00	0.30	1.05

城市编号	2006年	2007年	2008年	2009年	2010年	2011年	2012年	2013年	2014年	2015年	2016年	2017年	2018年	2019年
C40	1.02	1.00	0.60	0.72	1.02	1.06	1.03	1.02	1.02	1.02	1.02	1.00	0.11	1.00
C41	0.67	1.00	1.00	1.00	1.01	0.14	0.66	1.00	0.64	1.00	0.87	1.03	1.06	1.05
C42	0.61	0.61	0.42	0.79	1.00	0.37	0.87	0.81	0.69	1.00	0.67	0.78	0.67	0.02
C43	1.02	0.62	0.69	1.00	0.66	0.39	1.01	1.01	1.08	1.00	0.58	1.01	0.55	1.02
C44	0.35	0.38	0.28	0.44	0.31	0.09	0.28	0.43	0.55	0.52	0.51	0.34	0.35	1.15
C45	1.00	1.00	0.75	1.02	1.00	1.02	0.85	1.01	0.66	1.00	0.76	0.62	0.73	0.64
C46	1.13	1.16	1.16	1.22	1.19	1.26	1.23	1.23	1.19	1.12	1.09	1.12	1.25	0.25
C47	1.02	1.01	1.01	1.09	1.02	1.03	1.06	1.04	1.02	1.01	1.00	0.69	1.07	0.17
C48	0.58	0.60	0.55	0.61	0.63	0.15	0.43	0.39	0.66	0.54	0.55	0.63	1.00	1.00
C49	1.07	1.07	1.07	1.07	1.08	1.08	1.06	1.06	1.04	1.04	1.04	1.05	1.03	1.48
C50	0.07	0.18	0.48	0.57	1.00	0.38	1.00	1.00	0.65	0.57	0.49	0.46	0.63	1.03
C51	0.76	1.00	0.67	1.02	1.03	0.74	1.03	1.01	1.00	0.69	1.01	1.04	1.02	0.58
C52	1.07	1.04	1.05	1.04	1.03	1.04	1.04	1.04	1.04	1.03	1.02	1.02	1.03	0.07
C53	0.71	1.18	1.00	0.66	0.71	0.55	0.72	0.65	0.55	0.57	0.70	1.00	0.74	0.03
C54	0.76	1.01	1.00	1.04	0.87	0.36	0.80	1.01	1.02	1.02	0.87	0.69	0.41	1.04
C55	1.00	1.00	1.00	1.00	1.00	0.33	1.00	1.00	0.70	0.55	1.00	0.13	1.00	1.02
C56	1.00	1.01	1.00	0.25	0.33	0.15	1.00	0.69	0.52	0.49	0.65	0.45	1.00	0.78
C57	1.02	0.76	0.50	0.63	1.00	0.13	1.00	1.00	1.00	0.98	1.00	0.75	1.00	0.32
C58	0.54	0.44	0.53	0.55	0.54	0.21	0.43	0.45	0.47	0.54	0.34	0.33	0.33	1.00
C59	1.00	1.00	0.65	1.00	1.00	0.36	1.00	0.76	1.02	1.03	1.00	1.01	1.00	1.00
C60	0.17	1.03	1.02	1.01	1.02	0.73	1.02	1.01	1.02	1.04	1.02	1.02	1.13	1.03
C61	1.24	1.15	1.13	1.22	1.18	1.16	1.14	1.08	1.17	1.09	1.01	1.04	1.02	0.35
C62	0.38	0.53	0.50	0.63	0.47	0.19	1.00	1.00	0.66	1.01	0.70	0.68	1.00	1.10
C63	1.04	1.03	0.52	0.74	0.80	1.00	1.01	0.89	0.69	0.91	0.68	1.03	0.70	1.30
C64	1.01	1.00	0.64	1.01	0.73	0.35	1.02	1.31	1.29	1.21	1.17	1.01	0.57	1.03
C65	0.09	0.06	1.00	1.00	1.01	0.31	1.00	0.63	0.55	1.01	0.18	0.20	1.00	1.00
C66	0.60	0.51	0.68	1.00	0.83	0.76	1.04	0.95	1.07	1.06	1.02	1.05	0.66	1.12
C67	0.41	0.49	0.23	0.35	1.19	0.06	0.24	0.43	1.00	1.00	0.29	0.32	0.41	0.14
C68	0.21	0.10	0.09	1.00	1.02	0.11	1.03	1.02	1.03	1.02	0.59	0.91	1.01	0.56
C69	0.04	0.01	0.04	0.04	0.17	0.03	0.16	0.24	0.61	0.25	0.31	0.13	0.36	1.01
C70	1.07	1.08	1.14	1.06	1.12	1.08	1.07	1.08	1.16	1.13	1.17	1.01	1.00	0.35
C71	1.03	1.01	1.02	1.05	1.01	0.24	1.04	1.12	1.11	1.03	1.02	1.03	1.01	1.02
C72	0.41	1.03	0.48	1.00	1.01	0.29	0.61	0.36	1.00	1.00	0.20	0.11	0.16	0.36

续表

城市编号	2006年	2007年	2008年	2009年	2010年	2011年	2012年	2013年	2014年	2015年	2016年	2017年	2018年	2019年
C73	1.04	1.11	1.05	1.06	1.02	0.64	0.53	0.35	1.01	0.39	1.00	1.00	0.38	1.02
C74	0.63	1.00	0.81	1.00	1.01	0.48	0.72	1.00	1.00	0.81	0.78	0.80	0.65	1.00
C75	0.16	1.00	0.04	0.07	0.54	1.01	0.16	1.00	1.08	1.02	1.02	1.04	1.02	1.01
C76	0.77	1.01	0.80	0.80	0.89	0.71	1.01	1.02	1.03	1.03	0.63	1.02	1.01	0.30
C77	0.47	1.00	0.58	0.67	0.57	0.49	0.81	0.80	1.00	0.88	0.80	0.68	0.55	0.73
C78	1.01	1.03	1.02	1.04	1.03	1.02	1.01	0.78	1.04	1.01	1.02	1.02	1.08	0.14
C79	1.01	1.00	0.57	0.37	0.26	0.11	0.37	0.46	0.45	1.02	0.13	0.12	0.15	1.00
C80	2.17	1.30	1.19	1.25	1.21	1.18	1.26	1.24	1.20	1.23	1.13	1.10	1.17	0.73
C81	1.04	1.04	1.03	1.04	1.03	1.03	1.03	1.02	1.03	1.02	1.01	0.12	0.09	1.00
C82	0.54	0.15	0.45	0.46	0.44	0.09	0.39	0.36	0.48	0.39	0.35	0.37	0.43	0.16
C83	1.03	1.05	1.04	1.02	1.03	1.02	1.02	0.77	1.00	0.67	0.60	0.65	0.31	1.13
C84	1.04	1.03	1.06	1.05	1.05	1.04	1.11	1.07	1.17	1.03	1.06	1.09	1.10	0.07
C85	1.03	1.03	1.03	1.05	1.02	1.02	1.03	1.01	1.05	1.04	1.06	0.10	1.00	0.31
C86	0.42	0.67	0.54	0.67	1.00	0.29	0.70	1.02	0.74	0.85	0.78	0.75	0.40	1.04
C87	0.90	0.50	0.75	0.52	1.01	1.01	0.79	1.01	1.02	1.01	1.03	1.03	0.53	1.03
C88	1.01	1.00	1.00	0.81	0.69	0.41	0.62	0.78	0.71	0.56	0.52	0.52	1.00	1.00
C89	1.02	1.06	1.01	1.03	1.02	0.38	1.00	1.00	1.00	0.68	0.76	1.00	0.68	1.00
C90	0.62	0.74	0.71	0.75	0.66	0.27	0.67	1.00	0.75	1.00	0.91	0.84	1.00	1.05
C91	1.16	1.13	1.09	1.39	1.04	1.10	1.16	1.07	1.17	1.07	1.10	1.02	1.00	0.48
C92	0.35	1.00	0.65	0.76	0.72	0.60	0.70	0.81	0.67	0.61	0.71	0.60	0.50	0.77
C93	1.02	1.03	0.80	1.01	0.65	0.19	0.63	1.00	1.02	0.71	1.00	1.02	1.01	1.03
C94	0.38	1.00	0.54	0.43	0.34	0.14	0.41	0.56	0.59	0.46	0.41	0.39	0.45	1.01
C95	0.45	1.00	1.01	1.05	1.02	1.00	0.29	1.05	1.07	1.06	1.07	1.05	1.01	1.00
C96	0.49	0.21	1.00	0.71	1.01	1.01	1.00	1.04	1.02	0.78	0.71	0.73	0.42	1.00
C97	0.36	0.31	0.30	0.26	0.56	0.20	0.68	0.59	1.00	0.85	1.01	1.00	1.00	0.56
C98	1.00	0.70	0.61	0.68	0.52	0.26	0.51	0.52	0.42	1.01	0.90	0.60	0.54	1.04
C99	0.49	0.61	1.00	0.55	0.61	0.18	0.51	0.46	0.49	0.63	0.59	0.82	0.42	0.57
C100	1.04	1.11	1.06	1.15	1.09	1.12	1.12	1.15	1.08	1.16	1.28	1.18	1.06	1.00
C101	0.28	0.57	1.00	0.40	1.00	0.08	0.47	1.00	1.00	1.02	0.40	1.00	0.12	1.00
C102	0.73	0.55	0.36	0.63	1.00	0.15	0.51	0.69	0.43	0.42	0.29	0.26	0.48	0.24
C103	0.06	0.12	0.11	0.39	1.00	0.19	0.67	1.00	0.60	1.00	1.01	1.01	1.00	1.03
C104	0.19	0.56	1.00	0.07	1.00	0.11	1.01	0.60	1.01	1.01	1.00	1.03	1.02	0.25
C105	0.53	0.22	0.53	0.60	0.63	0.17	0.48	0.55	0.54	0.71	0.59	0.58	0.70	0.41

续表

城市编号	2006年	2007年	2008年	2009年	2010年	2011年	2012年	2013年	2014年	2015年	2016年	2017年	2018年	2019年
C106	1.24	1.21	1.07	1.04	1.05	1.23	1.18	1.17	1.19	1.16	1.31	1.10	1.26	1.04
C107	1.17	1.01	1.04	1.12	1.06	0.73	1.03	1.02	1.00	0.80	0.91	1.01	1.00	1.03
C108	0.63	0.50	0.58	0.52	1.00	0.81	0.86	0.78	1.00	0.77	0.38	0.47	0.63	0.56
C109	0.26	0.37	0.25	0.56	0.44	0.20	0.64	0.66	1.01	0.48	0.53	0.58	0.41	1.16
C110	1.00	1.00	1.00	0.72	0.76	0.36	0.67	1.00	1.01	0.63	0.62	1.04	0.45	1.01
C111	1.00	0.41	0.66	0.51	0.36	0.41	0.61	0.55	0.34	0.75	0.72	0.75	0.10	0.50
C112	1.28	1.35	1.68	1.81	1.82	1.58	1.13	1.02	1.14	1.10	1.04	1.01	1.05	0.35
C113	0.73	1.00	1.00	0.48	0.44	0.38	0.65	0.68	0.79	0.65	0.64	0.73	0.59	0.52
C114	0.86	1.12	1.10	1.10	1.05	1.18	1.03	1.03	1.00	1.03	1.04	1.04	1.00	0.26
C115	0.87	1.00	0.73	0.59	0.57	0.27	0.60	0.60	0.69	0.61	0.41	0.49	0.48	0.45
C116	1.00	1.00	1.00	0.51	0.47	0.10	0.29	0.32	0.85	0.24	0.34	1.02	1.02	0.45
C117	1.08	1.09	1.08	1.12	1.06	1.00	1.01	1.00	1.01	1.02	1.02	1.08	1.08	1.01
C118	1.01	1.04	1.01	1.01	0.30	0.03	0.19	0.34	1.00	0.32	0.35	0.25	0.48	0.49
C119	1.06	1.05	1.06	1.08	1.09	1.11	1.09	1.08	1.07	1.06	1.07	1.08	0.69	0.48
C120	0.39	0.49	0.52	0.79	0.54	0.15	0.24	0.13	1.00	1.00	0.73	0.83	0.52	1.03
C121	0.78	0.52	0.69	1.00	1.03	1.00	1.00	1.01	1.05	1.02	0.78	1.00	0.52	0.36
C122	1.04	1.04	1.09	1.07	1.10	1.03	1.00	0.59	1.00	1.00	1.00	1.01	1.00	1.06
C123	1.06	1.02	1.01	1.03	1.01	1.00	0.81	1.05	1.06	1.04	1.03	1.35	0.44	0.26
C124	1.01	0.72	0.62	0.47	0.59	0.16	0.47	0.33	0.36	0.76	1.00	1.00	0.24	0.26
C125	0.61	0.48	0.54	0.55	0.64	1.00	0.38	0.47	0.23	0.77	0.62	0.74	0.71	1.00
C126	1.09	1.13	1.23	1.17	1.37	1.00	0.49	0.64	1.00	1.00	0.15	0.11	0.17	1.01
C127	0.46	0.25	0.27	0.33	0.77	1.00	0.68	0.77	1.00	0.82	0.76	1.00	0.03	1.00
C128	1.00	0.89	1.01	0.69	0.84	1.00	1.00	1.02	1.18	1.05	1.09	1.08	1.09	0.16
C129	1.00	0.23	0.65	1.02	0.80	1.00	1.01	1.02	1.01	0.76	1.08	0.70	0.52	0.49
C130	1.04	1.05	1.03	1.02	1.04	1.04	0.26	1.02	1.05	1.05	1.03	0.41	0.44	0.28
C131	1.00	0.18	0.25	0.26	1.01	1.01	0.47	0.58	0.64	0.76	0.14	0.25	0.08	0.06
C132	1.05	1.06	1.04	1.06	1.05	1.05	0.76	1.01	1.01	1.00	0.17	0.07	0.29	1.03
C133	1.10	1.13	1.16	1.08	1.12	1.11	1.04	1.15	1.06	1.02	1.02	0.37	0.66	1.00
C134	1.01	1.05	1.05	1.04	1.04	1.01	0.13	1.05	1.09	1.02	1.07	1.12	1.05	0.03
C135	0.86	0.22	0.68	0.71	0.54	0.15	0.34	0.24	0.46	0.39	0.58	0.59	0.45	0.13
C136	0.84	1.00	1.00	1.00	0.45	0.40	0.47	0.71	1.00	1.00	1.01	1.03	1.26	0.83
C137	0.12	1.00	1.00	1.01	1.01	0.27	0.50	1.01	0.41	1.03	1.02	0.48	0.10	1.03
C138	0.53	0.20	0.68	0.66	0.44	0.28	0.53	0.64	0.59	0.53	1.00	0.36	0.30	0.76

城市编号	2006年	2007年	2008年	2009年	2010年	2011年	2012年	2013年	2014年	2015年	2016年	2017年	2018年	2019年
C139	1.09	1.15	1.09	1.03	1.02	1.32	1.07	1.12	1.17	1.08	1.26	1.30	1.29	1.01
C140	1.12	1.01	1.00	1.00	0.63	1.00	0.64	0.59	0.51	0.71	1.00	0.73	0.44	0.04
C141	0.88	0.79	1.00	0.75	0.75	1.01	1.01	1.00	0.68	1.00	0.90	1.01	1.00	0.55
C142	1.02	1.00	1.00	1.00	0.93	1.03	1.03	1.04	1.03	1.02	1.02	1.02	0.48	1.40
C143	0.62	0.22	0.22	0.58	0.46	1.00	0.64	0.69	0.48	0.45	0.60	0.72	1.15	1.00
C144	0.55	1.06	1.05	1.04	1.06	1.06	1.02	0.53	0.70	1.05	1.04	1.04	1.12	1.00
C145	1.01	1.10	1.16	1.11	1.07	1.13	1.04	1.01	1.00	1.00	1.08	0.80	0.37	1.03
C146	0.13	0.13	0.03	0.14	0.09	0.05	0.35	0.34	0.30	0.26	0.26	0.07	0.16	1.00
C147	1.16	1.16	1.15	1.17	1.15	1.20	1.12	1.14	1.12	1.14	1.12	1.07	1.04	1.11
C148	0.47	0.37	0.44	0.50	0.44	0.34	0.59	0.66	0.60	0.47	0.51	0.43	0.47	0.35
C149	0.64	0.39	0.61	1.03	0.74	0.36	0.71	1.00	1.00	0.77	0.72	0.69	0.55	0.22
C150	0.20	0.17	0.25	0.17	0.11	0.68	0.61	1.00	0.61	1.04	1.03	0.77	0.08	1.12
C151	1.00	1.06	1.07	1.13	1.05	1.04	1.08	1.07	1.05	1.04	0.00	0.02	1.01	0.52
C152	1.05	1.05	1.04	1.06	1.05	1.02	1.03	1.02	1.02	1.02	1.01	1.02	1.01	0.56
C153	1.01	0.39	1.00	0.08	1.00	1.00	1.03	1.01	0.37	0.43	0.56	1.00	1.26	0.05
C154	1.01	1.03	1.02	1.01	1.02	1.02	1.31	1.10	1.05	1.07	1.05	1.00	0.72	1.01
C155	1.03	1.04	1.02	1.11	1.01	1.03	1.02	1.16	1.24	1.17	0.76	0.91	1.03	0.15
C156	0.34	0.06	0.39	0.44	0.39	0.08	0.30	0.32	0.35	0.25	0.27	0.26	0.18	0.48
C157	1.09	1.08	1.08	1.11	1.07	1.08	1.12	1.12	1.12	1.10	1.07	1.13	1.07	1.24
C158	0.66	0.74	1.00	1.00	1.02	1.04	1.05	1.07	1.00	1.00	0.61	0.70	0.48	0.40
C159	0.72	0.62	0.75	0.55	0.82	0.45	1.00	1.00	1.00	1.01	0.83	0.89	0.58	1.07
C160	1.04	1.01	1.01	0.82	0.90	1.04	1.00	1.01	1.02	1.02	1.01	1.05	0.56	0.32
C161	1.13	1.06	1.04	1.05	1.09	1.07	1.09	1.05	1.04	1.07	1.07	1.05	1.06	0.09
C162	1.04	1.03	1.04	1.03	1.06	1.07	1.06	1.11	1.11	1.08	1.09	1.09	1.11	0.51
C163	1.01	1.00	0.61	0.68	0.59	0.54	0.74	1.00	0.68	1.01	0.35	0.64	1.02	1.06
C164	1.01	0.89	1.00	0.78	1.02	0.46	1.00	1.01	0.82	1.05	1.00	0.73	1.00	1.04
C165	0.70	1.00	0.71	0.72	0.66	1.00	1.00	1.01	0.72	1.07	1.12	1.00	1.00	0.92
C166	0.33	0.50	0.52	1.37	0.64	1.06	1.00	0.59	0.51	1.00	0.31	0.32	0.28	0.56
C167	0.09	0.34	0.36	0.74	1.00	0.18	1.00	0.26	0.28	1.00	0.48	0.47	0.08	1.01
C168	0.57	0.50	0.57	1.01	0.54	0.31	0.55	0.64	0.69	1.01	0.61	0.54	1.00	1.22
C169	0.21	0.03	0.18	0.37	0.13	0.09	0.45	0.52	0.48	1.01	1.09	0.74	0.43	0.19
C170	0.59	0.13	0.27	0.40	0.47	1.05	0.26	0.22	0.35	1.00	0.48	0.85	1.08	1.07
C171	1.13	1.17	1.14	1.12	1.12	1.08	1.13	1.09	1.13	1.12	1.10	1.07	1.06	0.51

续表

城市编号	2006年	2007年	2008年	2009年	2010年	2011年	2012年	2013年	2014年	2015年	2016年	2017年	2018年	2019年
C172	1.00	1.00	1.00	0.52	0.24	0.05	0.54	0.79	0.65	1.00	0.43	0.40	0.72	0.34
C173	0.43	0.48	0.45	0.65	0.42	0.23	0.73	0.43	0.55	0.46	0.55	1.03	0.65	1.08
C174	1.05	1.03	1.03	1.01	1.00	1.01	1.01	1.07	1.05	1.06	1.03	1.06	1.00	0.60
C175	0.31	1.00	1.05	1.01	1.01	1.03	0.12	1.01	0.14	1.01	1.01	1.00	1.02	0.63
C176	1.03	1.01	1.01	1.00	0.53	1.01	1.00	1.01	1.01	1.01	1.00	1.01	1.00	1.00
C177	1.01	0.66	0.58	1.00	1.01	0.56	1.02	1.03	1.00	1.00	0.66	1.00	1.01	1.04
C178	1.01	1.01	0.65	0.92	1.00	1.03	1.05	1.10	1.02	1.02	1.00	1.00	0.51	1.00
C179	1.02	0.84	1.00	1.00	0.70	1.00	0.75	1.03	1.04	1.06	1.07	1.03	1.05	0.37
C180	1.00	0.30	0.49	1.00	0.66	0.41	0.65	1.00	0.59	0.67	0.52	1.00	1.00	1.00
C181	0.46	0.25	0.56	1.00	1.01	1.01	1.00	1.01	1.03	1.02	1.02	1.04	1.04	1.00
C182	1.00	0.69	0.56	1.00	1.00	0.21	1.00	1.43	1.46	1.56	1.89	1.00	1.03	1.00
C183	1.00	1.00	0.29	1.00	1.00	0.46	0.75	1.00	1.01	0.70	0.63	1.00	0.28	1.06
C184	1.00	0.65	0.37	1.00	1.00	0.10	0.25	0.85	1.02	0.71	0.33	0.86	0.58	0.55
C185	1.04	1.03	0.61	1.05	1.01	1.01	1.03	1.01	1.03	1.05	1.01	1.02	1.15	1.80
C186	1.00	1.00	1.00	1.03	1.01	0.06	1.00	1.00	0.40	0.52	0.36	0.28	1.00	0.24
C187	1.06	1.08	1.07	1.09	1.05	1.07	1.08	1.07	1.07	1.07	1.07	1.10	1.07	1.03
C188	0.57	0.38	0.64	1.00	1.00	0.41	0.80	0.76	0.82	0.83	0.17	0.42	0.45	1.00
C189	1.02	1.03	1.04	1.04	1.04	1.08	0.83	1.04	1.00	1.02	1.05	0.61	0.40	1.01
C190	0.62	1.03	0.58	0.73	1.01	0.87	1.00	1.00	1.00	1.02	1.01	0.22	1.00	0.59
C191	1.09	1.18	1.25	1.28	0.39	0.19	1.02	1.04	1.05	1.05	1.05	1.02	1.03	0.38
C192	1.04	1.04	1.03	1.03	1.01	1.01	1.03	1.07	1.07	1.08	1.08	1.10	1.04	0.51
C193	1.01	1.03	1.00	0.62	0.40	0.06	0.22	0.52	0.53	1.00	1.00	0.54	0.54	1.00
C194	1.08	1.06	1.06	1.09	1.05	1.06	1.13	1.10	1.11	1.09	1.06	1.04	0.69	1.03
C195	0.45	1.00	0.51	0.66	0.73	0.23	0.42	1.00	1.00	1.00	1.00	1.00	1.00	0.54
C196	1.00	0.58	0.51	1.00	0.71	1.01	1.00	0.74	1.02	1.03	1.17	1.00	1.01	0.42
C197	0.66	0.42	0.57	0.79	0.75	0.46	0.64	0.71	1.01	1.01	0.41	0.50	0.56	0.45
C198	1.00	0.58	0.21	0.56	1.00	1.09	1.01	0.73	1.01	0.56	0.63	0.51	0.56	0.66
C199	1.01	1.00	0.92	1.00	0.63	0.51	0.65	0.59	1.00	1.01	1.00	0.70	1.00	1.00
C200	1.15	1.18	1.10	0.35	1.02	1.10	1.09	1.10	1.08	1.07	1.09	0.55	0.49	1.02
C201	1.80	1.05	1.00	0.49	1.01	1.00	1.03	1.03	1.01	1.00	0.58	0.69	0.48	1.44
C202	1.14	1.13	1.09	1.14	1.07	1.08	1.05	1.04	1.01	1.00	1.00	0.57	0.52	0.74
C203	1.01	1.02	1.01	1.12	1.06	0.60	1.02	1.03	1.04	1.04	1.01	1.00	1.00	0.39
C204	0.61	0.42	0.40	0.57	0.53	0.14	0.29	0.47	0.65	0.75	1.01	0.54	0.52	0.28

续表

城市编号	2006年	2007年	2008年	2009年	2010年	2011年	2012年	2013年	2014年	2015年	2016年	2017年	2018年	2019年
C205	1.00	0.55	0.36	1.03	1.01	1.01	1.02	0.64	1.01	1.06	0.81	0.79	1.02	0.49
C206	0.61	1.00	0.53	0.69	0.59	0.41	0.62	0.52	0.57	0.67	0.56	0.58	0.45	1.02
C207	1.00	1.00	0.54	0.62	0.64	1.00	0.74	0.77	0.63	0.68	0.91	0.71	0.57	0.32
C208	0.77	0.22	0.34	0.42	0.36	0.13	0.43	0.53	0.52	0.41	0.18	0.32	0.43	1.02
C209	1.00	0.25	0.50	0.78	0.67	0.39	0.54	0.59	0.76	0.61	0.64	0.26	0.36	0.54
C210	1.01	1.03	1.03	1.02	1.03	0.20	0.48	0.61	1.03	1.01	1.01	0.67	0.40	1.00
C211	1.09	1.03	1.10	1.09	1.06	1.09	0.21	0.24	1.00	1.12	1.01	0.73	0.59	0.33
C212	1.00	1.00	0.69	1.00	1.02	1.01	1.03	1.01	1.10	1.00	1.01	0.61	0.49	0.38
C213	1.06	1.00	0.57	1.04	1.05	0.72	0.80	1.06	1.11	1.10	1.07	1.00	1.00	0.30
C214	1.04	1.03	1.02	1.03	1.03	1.03	1.04	1.00	1.01	0.67	1.00	0.60	0.62	0.29
C215	1.00	0.62	0.69	0.49	0.64	1.00	0.54	0.78	1.01	1.00	1.01	1.00	1.02	1.02
C216	1.06	1.04	1.11	1.00	0.57	1.02	0.20	0.20	1.00	0.07	0.55	0.64	0.46	1.00
C217	1.03	0.43	1.03	1.04	1.07	1.06	1.09	1.04	1.07	1.08	1.13	1.11	1.21	0.39
C218	1.16	1.26	1.18	1.20	1.16	1.08	1.12	1.11	1.11	1.11	1.13	1.26	1.13	1.01
C219	0.47	0.51	0.71	0.77	0.65	0.46	1.00	0.51	0.67	1.00	0.91	1.02	1.00	0.34
C220	0.71	0.40	0.56	0.65	0.73	0.32	0.60	0.69	0.63	0.50	1.00	1.00	0.19	1.42
C221	1.03	1.04	1.02	1.00	1.00	1.01	0.81	1.00	0.85	0.76	1.00	0.81	0.50	1.07
C222	0.65	1.00	1.00	0.62	0.65	0.69	0.83	0.72	0.83	0.88	1.00	1.00	0.64	0.56
C223	1.04	1.01	1.04	1.03	1.05	1.03	1.02	1.01	0.36	1.00	1.00	1.01	0.30	0.16
C224	1.15	1.08	1.09	1.13	1.15	1.12	1.21	1.08	1.22	1.13	1.17	1.07	1.04	0.43
C225	0.45	0.23	0.15	0.11	0.43	0.09	0.61	0.50	0.34	0.06	0.10	1.00	0.01	0.67
C226	0.78	0.37	0.71	0.62	0.77	1.00	1.05	1.01	1.05	1.02	1.03	1.01	0.60	1.00
C227	1.04	1.14	1.00	1.06	1.07	0.46	1.10	1.01	1.00	1.15	1.00	1.01	0.38	1.01
C228	1.01	1.03	0.76	0.78	0.75	1.01	0.88	0.67	0.83	1.03	1.04	1.00	0.62	0.00
C229	1.02	1.00	0.68	0.59	0.73	0.44	1.00	0.74	0.65	0.95	1.00	1.03	0.57	0.57
C230	1.04	1.03	1.03	1.05	1.03	1.02	1.02	1.04	1.01	1.12	1.00	1.00	0.46	0.43
C231	0.67	0.50	0.53	0.55	0.58	0.41	0.58	0.57	1.27	0.62	1.00	1.00	0.47	0.38
C232	0.73	0.39	0.28	0.39	0.50	0.18	0.53	0.73	0.67	0.63	0.62	0.53	0.58	0.50
C233	1.01	1.02	1.00	0.81	1.00	0.11	1.00	1.00	0.14	0.09	0.15	0.31	0.28	1.04
C234	1.24	1.14	1.14	1.12	1.16	1.10	1.13	1.14	1.19	1.28	1.23	1.18	1.15	1.00
C235	1.01	0.46	1.03	0.76	1.03	0.69	1.04	1.04	1.02	0.63	1.10	1.10	1.13	0.36
C236	0.31	0.53	0.60	1.00	0.74	1.00	1.11	1.19	1.04	0.70	1.00	0.75	1.09	0.28
C237	1.02	1.03	1.03	1.05	1.07	1.05	1.07	1.06	1.00	1.01	1.02	0.80	0.04	1.12

城市编号	2006年	2007年	2008年	2009年	2010年	2011年	2012年	2013年	2014年	2015年	2016年	2017年	2018年	2019年
C238	0.53	0.09	0.01	0.40	0.21	1.04	1.04	1.01	1.01	1.01	1.02	1.03	0.34	1.04
C239	1.01	1.01	0.32	0.69	0.68	0.36	0.84	0.73	1.00	0.72	1.00	0.86	0.28	1.01
C240	0.70	1.00	0.57	0.88	0.65	0.73	0.74	0.69	1.00	1.00	0.54	0.52	0.49	0.08
C241	0.31	0.48	0.49	1.02	1.04	1.06	1.00	0.58	0.74	1.02	1.03	0.72	0.74	1.01
C242	1.05	1.03	1.03	1.03	0.63	1.00	1.01	0.29	1.01	1.00	0.43	0.34	0.39	0.04
C243	1.00	0.73	0.49	1.00	0.61	1.00	1.01	1.01	1.01	1.01	1.00	0.29	0.29	1.00
C244	1.00	0.09	0.60	0.74	0.37	0.28	0.62	0.43	0.42	0.50	0.17	0.81	0.28	0.44
C245	1.02	1.01	1.03	1.02	1.01	1.02	1.00	1.04	1.04	1.05	1.02	1.01	1.02	1.03
C246	1.02	1.08	1.12	1.05	1.06	1.03	1.01	1.03	1.03	1.08	1.04	1.04	1.05	1.02
C247	1.11	1.01	1.09	1.15	1.19	1.15	1.19	1.19	1.18	1.18	1.14	1.18	1.22	1.17
C248	1.03	1.01	1.01	1.01	0.04	1.00	0.16	1.00	1.00	1.01	0.03	0.02	1.08	1.01
C249	1.05	0.42	1.01	0.57	0.58	1.06	1.01	1.02	1.05	1.01	1.04	0.18	0.65	0.64
C250	1.06	1.00	1.01	1.02	1.03	1.03	1.02	1.01	1.01	1.02	0.06	0.05	0.05	1.00
C251	1.01	0.57	0.66	0.66	0.71	0.53	0.95	1.00	1.00	1.00	0.84	1.03	1.00	0.19
C252	0.60	0.22	0.67	0.71	0.54	0.24	0.40	0.47	0.56	0.67	0.53	0.59	0.35	0.50
C253	1.06	1.03	1.07	1.03	1.02	1.02	1.01	1.02	1.04	1.04	1.07	1.08	1.13	1.15
C254	1.01	1.00	1.00	1.00	1.00	0.56	1.00	1.01	1.02	1.00	0.84	1.00	0.73	1.00
C255	1.10	1.05	1.07	1.07	1.03	1.01	0.29	1.01	1.01	1.06	1.04	1.05	1.02	1.11
C256	0.63	0.67	0.64	0.70	0.63	0.46	1.01	1.00	0.90	0.74	0.61	0.63	0.47	0.58
均值	0.81	0.85	0.79	0.83	0.89	0.65	0.82	0.86	0.88	0.89	0.84	0.81	0.71	0.73

A9. 国内外低碳城市政策分析单元

政策工具编码	政策分析单元	政策工具识别
P_{1-1}	《北京市发展和改革委员会、北京市生态环境局关于组织开展2020年节能宣传周和低碳日活动的通知》	P_{1-C1}
P_{1-2}	《北京市发展和改革委员会等14部门关于组织开展2019年节能宣传周和低碳日活动的通知》	P_{1-C1}
P_{1-3}	《北京市发展和改革委员会、北京市教育委员会、北京市科学技术委员会等关于组织开展2017年全国节能宣传周和全国低碳日北京活动的通知》	P_{1-C1}

政策工具编码	政策分析单元	政策工具识别
P_{1-4}	《北京市人民政府办公厅关于印发〈北京市"十三五"时期节能低碳和循环经济全民行动计划〉的通知》	P_{1-A3}
P_{1-5}	《北京市发展和改革委员会、北京市科学技术委员会、北京市经济和信息化委员会等关于印发北京市 2016 年节能低碳技术产品及示范案例推荐目录的通知》	P_{1-C1}
P_{1-6}	《北京市发展和改革委员会、北京市教育委员会、北京市科学技术委员会等关于 2016 年全国节能宣传周和全国低碳日北京活动安排的通知》	P_{1-C1}
P_{1-7}	《北京市发展和改革委员会关于公布北京市 2016 年节能环保低碳教育示范基地创建单位名单的通知》	P_{1-C1}
P_{1-8}	《北京市发展和改革委员会关于组织开展第二届中美气候智慧型/低碳城市峰会有关征集活动的通知》	P_{1-C1}
P_{1-9}	《北京市发展和改革委员会关于征集国家重点推广低碳技术目录的通知》	P_{1-C1}
P_{1-10}	《北京市发展和改革委员会关于举办 2016 北京市第四届节能环保低碳系列宣传活动的通知》	P_{1-C1}
P_{1-11}	《北京市发展和改革委员会关于印发〈节能低碳和循环经济行政处罚裁量基准（试行）〉的通知》	P_{1-A1}
P_{1-12}	《北京市发展和改革委员会、北京市财政局、北京经济技术开发区管理委员会关于印发北京经济技术开发区绿色低碳循环发展行动计划的通知》	P_{1-A3}
P_{1-13}	《北京市人民政府办公厅关于印发〈北京市推进节能低碳和循环经济标准化工作实施方案（2015—2022 年）〉的通知》	P_{1-A1}
P_{1-14}	《北京市发展和改革委员会关于征集 2015 年度低碳榜样案例的通知》	P_{1-C1}
P_{1-15}	《北京市发展和改革委员会办公室关于征集"十三五"期间节能低碳标准制修订需求建议的通知》	P_{1-A1}
P_{1-16}	《北京市发展和改革委员会、北京市科学技术委员会、北京市经济和信息化委员会等关于印发北京市 2015 年节能低碳技术产品推荐目录的通知》	P_{1-C1}
P_{1-17}	《北京市发展和改革委员会关于公示北京市 2015 年节能低碳技术产品推荐目录的通知》	P_{1-C1}
P_{1-18}	《北京市发展和改革委员会关于征集国家重点推广低碳技术目录的通知》	P_{1-C1}

续表

政策工具编码	政策分析单元	政策工具识别
P_{1-19}	《北京市发展和改革委员会关于开展北京市节能低碳发展创新服务平台 2015 年节能低碳技术（产品）及应用示范案例征集工作的通知》	P_{I-C1}
P_{1-20}	《北京市发展和改革委员会、北京市科学技术委员会、北京市经济和信息化委员会等关于印发〈北京市 2014 年节能低碳技术产品推荐目录〉的通告》	P_{I-C1}
P_{1-21}	《北京市发展和改革委员会、北京市教育委员会、北京市科学技术委员会等关于 2014 年全国节能宣传周和全国低碳日北京活动安排的通知》	P_{I-C1}
P_{1-22}	《北京市发展和改革委员会关于组织申报低碳社区试点建设的通知》	P_{I-A1}
P_{1-23}	《北京市发展和改革委员会、北京市教育委员会、北京市科学技术委员会等关于 2013 年全国节能宣传周和全国低碳日北京活动安排的通知》	P_{I-C1}
P_{1-24}	《北京市发展改革委高技术处关于组织申报 2013 年低碳技术创新及产业化示范工程项目的通知》	P_{I-C1}
P_{1-25}	《北京市发展和改革委员会关于开展北京市节能低碳发展创新服务平台 2012 年节能低碳技术（产品）征集的通知》	P_{I-C1}
P_{1-26}	《北京市发展和改革委员会关于北京市 2011 年节能低碳技术（产品）目录的通告》	P_{I-C1}
P_{1-27}	《北京市人民政府批转市发展改革委关于加快构建本市安全高效低碳城市供热体系有关意见的通知》	P_{I-A1}
P_{1-28}	低碳城市可持续发展政策与实践研讨会	P_{I-B2}
P_{1-29}	《关于组织开展第二届中美气候智慧型/低碳城市峰会有关征集活动的通知》	P_{I-B2}
P_{1-30}	《关于组织申报低碳社区试点建设的通知》	P_{I-A3}
P_{1-31}	北京市应对气候变化研究中心正式挂牌成立	P_{I-B2}
P_{1-32}	北京市发展和改革委员会资源节约和环境保护处（应对气候变化处）和中国标准化研究院计划开展低碳领域的相关标准研究编制工作	P_{I-A1}
P_{1-33}	2015 年全国节能宣传周暨北京市节能宣传周即将启动	P_{I-C1}
P_{1-34}	北京市首座热电中心建成投产	P_{I-A2}
P_{1-36}	2012 中国绿色低碳产业创新发展论坛开幕	P_{I-C1}
P_{1-37}	首届电子竞技式节能低碳益智竞赛启动	P_{I-C1}

政策工具编码	政策分析单元	政策工具识别
P_{1-38}	北京市发展和改革委员会关于开展北京市节能低碳发展创新服务平台2015年节能低碳技术（产品）及应用示范	P_{I-C1}
P_{1-39}	《关于开展2016年节能低碳技术（产品）及示范案例征集工作的通知》	P_{I-C1}
P_{1-40}	《北京市发展和改革委员会关于申报亚太经合组织（APEC）低碳示范城镇的通知》	P_{I-A3}
P_{1-41}	《北京市能源与经济运行调节工作领导小组办公室关于印发2015年北京市能源工作要点的通知》	P_{I-A3}
P_{1-42}	《关于征集北京市"十二五"期间节能低碳典型案例的通知》	P_{I-C1}
P_{1-43}	首届京津冀及周边地区节能低碳环保产业高端研讨会在京成功举办	P_{I-B2}
P_{1-44}	《关于开展北京市节能低碳发展创新服务平台2012年节能低碳技术（产品）征集的通知》	P_{I-C1}
P_{1-45}	北京市启动"节能低碳技术（产品）征集"工作	P_{I-C1}
P_{1-46}	《北京市推进节能低碳和循环经济标准化工作实施方案（2015—2022年）》	P_{I-A3}
P_{1-47}	《北京市"十三五"时期新能源和可再生能源发展规划》	P_{I-A1}
P_{1-48}	节能环保低碳大篷车首站巡游路线	P_{I-C1}
P_{1-49}	北京经济技术开发区绿色低碳循环发展行动计划	P_{I-A3}
P_{1-50}	京津冀及周边地区节能低碳环保产业联盟成立暨项目技术融资对接会顺利召开	P_{I-B2}
P_{1-51}	发展改革委联合北京环境交易所等单位开展了"我自愿每周再少开一天车"的活动，燃油车车主每停开车24小时至少可获得碳排放收益0.5元，奖励以微信红包的方式兑现，并有电子优惠券等奖励	P_{I-C3}
P_{1-52}	《北京市"十三五"时期能源发展规划》	P_{I-A1}
P_{1-55}	交通行业节能减排专项资金助推低碳交通	P_{I-C3}
P_{2-1}	《天津市科技局关于发布〈天津市节能低碳与环境污染防治技术指导目录（第四辑）〉的通知》	P_{I-A3}
P_{2-2}	《天津市教委关于2013年全国节能宣传周和全国低碳日活动安排的通知》	P_{I-C1}
P_{2-3}	《天津市人民政府办公厅关于印发天津市低碳城市试点工作实施方案的通知》	P_{I-A3}

政策工具编码	政策分析单元	政策工具识别
P_{2-4}	《天津市民绿色出行文明出行倡议书》	P_{I-C1}
P_{2-5}	第二届天津国际生态城市论坛9月举办	P_{I-B2}
P_{3-1}	《石家庄市低碳发展促进条例》	P_{I-A1}
P_{3-2}	《石家庄市国资委2013年"地球一小时"暨第四届"低碳宣传周"活动实施方案》	P_{I-A3}
P_{3-3}	《石家庄市环境保护局关于组织开展"地球一小时"暨第三届"低碳宣传周"活动情况的报告》	P_{I-C1}
P_{3-4}	关于推动绿色金融支持低碳技术创新的政策意见	P_{I-C1}
P_{3-5}	《石家庄市人民政府办公厅关于印发石家庄市"十二五"低碳城市试点工作要点的通知》	P_{I-A3}
P_{3-6}	裕华区发改局开展节能宣传活动	P_{I-C1}
P_{3-7}	河北省暨省会2019年节能宣传周启动仪式在人民广场举行	P_{I-C1}
P_{3-8}	《石家庄市人民政府关于印发石家庄市"十三五"节能减排综合工作方案的通知》	P_{I-A3}
P_{3-9}	《关于印发河北省钢铁产业结构调整和化解过剩产能攻坚行动计划(2015—2017年)的通知》	P_{I-A3}
P_{4-1}	鼓励树种和树龄的多样化,在缺少绿化的地区增加树荫面积	P_{I-A2}
P_{4-2}	完成商业食品废弃物强制回收的实施	P_{I-A2}
P_{5-1}	向居民宣传树木的益处和绿色基础设施的知识	P_{I-B1}
P_{5-2}	增加充电站,支持充电站试点项目,方便电动汽车充电	P_{I-A2}
P_{6-1}	关于实施居民区绿色能源自给自足计划的通知	P_{I-A3}
P_{6-2}	《沈阳市发展改革委资源节约与环境保护处关于征集重点低碳技术的通知》	P_{I-C1}
P_{6-3}	《关于沈阳热电厂外迁的建议(第0681号)的答复》	P_{I-A2}
P_{6-4}	《关于2019年全国节能宣传周和全国低碳日活动的通知》	P_{I-C1}
P_{6-5}	我市积极开展节能宣传和低碳日活动	P_{I-C1}
P_{6-6}	2014辽宁(沈阳)节能宣传周和低碳日活动启动仪式圆满举行	P_{I-C1}
P_{7-1}	《大连市科学技术局社农处关于征集节能减排与低碳技术成果的通知》	P_{I-C1}
P_{7-2}	关于开展低碳生活全民行动的实施方案	P_{I-A3}
P_{7-3}	"屋顶电站"助力绿色低碳大窑湾港建设	P_{I-A2}
P_{7-4}	璀璨灯饰亮新区低碳环保迎新年	P_{I-A2}
P_{8-1}	《关于开展园区循环化改造工作总结的通知》	P_{I-C1}
P_{8-2}	《关于开展2016年低碳社区试点工作总结通知》	P_{I-C1}

政策工具编码	政策分析单元	政策工具识别
P_{8-3}	长春市 2017 年节能宣传周活动正式启动	P_{I-C1}
P_{8-4}	《关于长春市组织申报 2016 年低碳技术的通知》	P_{I-C1}
P_{8-5}	《关于长春市开展 2016 年全市节能宣传周和低碳日活动的通知》	P_{I-C1}
P_{8-6}	《长春市新能源汽车充电基础设施建设实施方案》	P_{I-A3}
P_{9-1}	《哈尔滨市人民政府办公厅关于市区采取集中供热的通知》	P_{I-A2}
P_{9-2}	《哈尔滨市人民政府办公厅关于做好"十三五"控制温室气体排放工作的实施意见》	P_{I-A3}
P_{9-3}	《哈尔滨市人民政府办公厅关于印发哈尔滨市燃煤消费总量和煤质种类结构控制方案的通知》	P_{I-A3}
P_{9-4}	《中共哈尔滨市委、哈尔滨市人民政府关于表彰奖励"优秀咨询成果"、"优秀专家顾问"和"优秀专家组"的决定》	P_{I-C1}
P_{9-5}	《哈尔滨市人民政府关于进一步加强重点领域节能减排工作的通知》	P_{I-A3}
P_{9-6}	《哈尔滨市人民政府办公厅关于转发哈尔滨市"十三五"期间开展绿色建筑行动实施方案的通知》	P_{I-A3}
P_{9-7}	《哈尔滨市人民政府关于印发哈尔滨市清洁空气行动计划的通知》	P_{I-A3}
P_{9-8}	《哈尔滨市人民政府办公厅关于印发哈尔滨市 2013 年冬运工作实施方案的通知》	P_{I-A3}
P_{9-9}	《哈尔滨市人民政府关于贯彻落实黑龙江省"十二五"控制温室气体排放工作方案的实施意见》	P_{I-A3}
P_{9-10}	《哈尔滨市人民政府关于印发 2010 年哈尔滨市节能减排目标和实施方案的通知》	P_{I-A3}
P_{9-11}	《哈尔滨市人民政府关于印发哈尔滨市节能减排综合性工作方案的通知》	P_{I-A3}
P_{9-12}	《中共哈尔滨市委、哈尔滨市人民政府关于加快构建现代产业体系的意见》	P_{I-A3}
P_{9-13}	《哈尔滨市人民政府办公厅关于转发哈尔滨市 2011 年中兴建设 10 项重点工程实施方案的通知》	P_{I-A3}
P_{10-1}	《上海市生态环境局关于公布上海市第二批低碳社区试点创建工作验收评价结果的通知》	P_{I-A3}
P_{10-2}	《上海市交通委员会关于征集 2020 年度本市交通运输行业重点节能低碳技术的通知》	P_{I-C1}

政策工具编码	政策分析单元	政策工具识别
P_{10-3}	《中国(上海)自由贸易试验区临港新片区管理委员会关于印发〈中国(上海)自由贸易试验区临港新片区节能减排和低碳发展专项资金管理办法〉的通知》	P_{I-C3}
P_{10-4}	《上海市节能低碳技术产品推广目录公告》	P_{I-C1}
P_{10-5}	《上海市发展和改革委员会关于公布本市市级低碳社区(第二批)试点创建名单的通知》	P_{I-C1}
P_{10-6}	《上海市发展和改革委员会关于公布上海市首批低碳发展实践区验收评价结果的通知》	P_{I-C1}
P_{10-7}	《上海市发展改革委关于开展本市第二批低碳社区试点创建工作的通知》	P_{I-C1}
P_{10-8}	《上海市发展和改革委员会关于公布上海市首批低碳社区试点创建工作验收评价结果的通知》	P_{I-C1}
P_{10-9}	《上海市发展改革委关于开展本市首批低碳发展实践区验收评价工作的通知》	P_{I-C1}
P_{10-10}	《上海市城乡建设和管理委员会、上海市发展和改革委员会、上海市教育委员会关于开展"上海市市民低碳行动——绿色建筑进校园系列活动"的通知》	P_{I-C1}
P_{10-11}	《上海市发展和改革委员会关于启动开展凌云街道梅陇三村等11个市级低碳社区试点创建工作的通知》	P_{I-C1}
P_{10-12}	《上海市静安区人民政府关于批转区发改委〈静安区关于进一步引导企业做好节能低碳工作的若干意见〉的通知》	P_{I-A3}
P_{10-13}	《上海市发展改革委关于开展上海市低碳社区创建工作的通知》	P_{I-C1}
P_{10-14}	《上海市发展和改革委员会关于开展低碳发展实践区中期评价工作的通知》	P_{I-A1}
P_{10-15}	《上海市交通运输和港口管理局关于转发交通运输部办公厅〈关于开展交通运输行业绿色循环低碳示范项目评选活动的通知〉的通知》	P_{I-A1}
P_{10-16}	《上海市闸北区人民政府办公室关于转发苏河湾建设推进办公室、区环保局〈闸北苏河湾地区低碳开发建设实施意见〉的通知》	P_{I-A3}
P_{10-17}	《上海市虹口区人民政府关于成立虹口低碳发展实践区建设领导小组的通知》	P_{I-A3}
P_{10-18}	《上海市教育委员会、海市气象局关于开展"走路去上学,低碳生活我行动"主题科普实践活动的通知》	P_{I-C1}

政策工具编码	政策分析单元	政策工具识别
P_{10-19}	《上海市城乡建设和交通委员会关于上海市交通领域"万家企业节能低碳行动"参与单位报送年度节能工作自查报告的通知》	P_{I-C1}
P_{10-20}	《上海市人民政府办公厅关于转发市发展改革委等十七部门制订的〈上海市2013年市民低碳行动方案〉的通知》	P_{I-A3}
P_{10-21}	《上海市城乡建设和交通委员会关于报送2012年度"车、船、路、港"千家企业低碳交通运输专项行动工作总结的通知》	P_{I-C1}
P_{10-22}	《上海市发展和改革委员会关于长宁虹桥地区低碳发展实践区试点建设方案的批复》	P_{I-A3}
P_{10-23}	《上海市生活垃圾分类减量推进工作联席会议办公室关于表彰2011年"百万家庭低碳行,垃圾分类要先行"市政府实事项目先进集体(个人)的决定》	P_{I-C2}
P_{10-24}	《上海市统计局关于做好万家节能低碳行动工业企业相关工作的通知》	P_{I-A3}
P_{10-25}	《上海市科学技术委员会关于印发〈上海市社区创新屋平台建设标准及实施(试行)办法〉、〈上海市科研成果推广应用示范社区建设的实施(试行)办法〉、〈上海市"低碳家庭"评选标准(试行)〉的通知》	P_{I-A1}
P_{10-26}	《上海市发展和改革委员会关于在虹桥商务区等8个区域开展低碳发展实践区试点工作的通知》	P_{I-A3}
P_{10-27}	《上海市奉贤区人民政府关于印发〈关于加强南桥新城新建居住及公共建筑低碳建设的实施意见(试行)〉的通知》	P_{I-A3}
P_{10-28}	《上海市发展和改革委员会关于在本市选择若干区域开展低碳发展实践区试点工作的通知》	P_{I-A3}
P_{10-29}	《上海市环境保护局关于转发〈关于在国家生态工业示范园区中加强发展低碳经济的通知〉的通知》	P_{I-A3}
P_{10-30}	《上海市2019年节能减排和应对气候变化重点工作安排》	P_{I-A3}
P_{10-31}	《〈上海市可再生能源和新能源发展专项资金扶持办法(2020版)〉有关解读说明》	P_{I-C3}
P_{10-32}	《关于组织开展上海市重点单位2020年度能源利用状况和温室气体排放报告以及能耗总量和强度"双控"目标评价考核等相关工作的通知》	P_{I-A1}
P_{10-33}	《上海市发展改革委关于印发〈上海市循环经济发展"十二五"规划编制工作方案〉的通知》	P_{I-A3}

政策工具编码	政策分析单元	政策工具识别
P_{10-34}	《关于印发〈上海市碳排放交易纳入配额管理的单位名单（2016版）〉的通知》	P_{I-C3}
P_{10-35}	《关于印发〈上海市构建市场导向的绿色技术创新体系实施方案〉的通知》	P_{I-A3}
P_{10-36}	"全国低碳日"上海主题宣传活动在上海大学宝山校区举行	P_{I-C1}
P_{10-37}	我委举办碳排放交易机制与企业碳排放管理高级研修班	P_{I-C3}
P_{10-38}	打造三大低碳实践区"低碳经济与上海发展论坛"	P_{I-B2}
P_{10-39}	《加快推进本市重点用能单位能耗在线监测系统建设的实施意见》	P_{I-A3}
P_{10-40}	《上海市发展和改革委员会于印发〈上海市碳排放交易纳入配额管理的单位名单（2016版）〉的通知》	P_{I-A2}
P_{10-41}	《关于印发上海市2017年节能减排和应对气候变化重点工作安排的通知》	P_{I-A3}
P_{10-42}	"上海市2013年市民低碳行动"启动	P_{I-C1}
P_{10-43}	2017年"全国低碳日"和"上海市市民低碳行动"等相关活动安排	P_{I-C1}
P_{10-44}	《上海市节能低碳技术产品推广目录（2018年本）》	P_{I-C1}
P_{10-45}	《上海市发展和改革委员会关于开展本市首批低碳发展实践区验收评价工作的通知》	P_{I-A1}
P_{10-46}	《上海市发展和改革委员会关于启动开展凌云街道梅陇三村等11个市级低碳社区试点创建工作的通知》	P_{I-A3}
P_{10-47}	《上海市低碳发展宏观战略研究课题竞争性谈判公告》	P_{I-B2}
P_{10-48}	《关于印发〈上海虹桥商务区管委会关于推进低碳实践区建设的政策意见〉的通知》	P_{I-A3}
P_{11-1}	《南京市人民政府办公厅关于加快绿色循环低碳交通运输发展的实施意见》	P_{I-A3}
P_{11-2}	《南京市政府关于印发南京市绿色循环低碳交通运输发展规划（2014—2020年）的通知》	P_{I-A3}
P_{11-3}	《南京市机关事务管理局关于开展2018年全国低碳日公共机构健步走活动的通知》	P_{I-B1}
P_{11-4}	《南京市交通运输局关于绿色循环低碳交通运输城市宣传片制作询价的通告》	P_{I-B3}
P_{11-5}	《南京市机关事务管理局、中共南京市委宣传部、中共南京市委市级机关工作委员会关于组织开展2016年"全国低碳日"南京市公共机构环湖健步走活动的通知》	P_{I-B1}

续表

政策工具编码	政策分析单元	政策工具识别
P_{11-6}	市发改委召开"南京市温室气体清单和能源平衡报告编制工作联系人培训会"	P_{I-A2}
P_{11-7}	南京绿色出行碳中和项目发布会暨"我的南京"App 绿色出行频道 V2.0 升级仪式成功举办	P_{I-C1}
P_{12-1}	《杭州市政府办公厅关于印发杭州市"十二五"低碳城市发展规划的通知》	P_{I-A3}
P_{12-2}	《杭州市政府办公厅关于成立国家低碳产业园区和绿色中心商务区试点工作领导小组的通知》	P_{I-A3}
P_{12-3}	《杭州市经济委员会关于举办低碳技术应用推广培训班的通知》	P_{I-A2}
P_{12-4}	《杭州市农业局关于表彰"发展低碳农业"优秀论文的通知》	P_{I-A3}
P_{12-5}	《关于做好 2020 年杭州市有序用电和电力需求侧管理工作的通知》	P_{I-A3}
P_{12-6}	《关于促进产业平台经济高质量发展的实施意见》	P_{I-A3}
P_{12-7}	杭州市发展改革委举办碳排放权交易能力建设培训会	P_{I-C1}
P_{12-8}	提升气候变化意识,强化低碳行动力度——杭州举办 2018 年全国低碳日主题宣传活动	P_{I-C1}
P_{12-9}	杭州市发改委组织召开全市低碳交通发展座谈会	P_{I-C1}
P_{12-10}	发改委赴省经济信息中心对接交流低碳管理平台有关工作	P_{I-A2}
P_{12-11}	我市两家企业列入省级近零碳排放交通试点	P_{I-C1}
P_{12-12}	市发改委组织召开我市重点企(事)业单位温室气体清单核查报告评审会	P_{I-C1}
P_{12-13}	"G20 杭州低碳在行动"项目研讨会在京召开	P_{I-C1}
P_{12-14}	杭州举行 2015 年"全国低碳日"主题宣传活动	P_{I-C1}
P_{12-15}	我市碳峰值和水泥企业碳盘查两课题顺利通过国家有关专家评审	P_{I-B2}
P_{12-16}	我市举行 2014 年"全国低碳日"主题宣传活动	P_{I-C1}
P_{12-17}	2013 年杭州市建设低碳城市工作领导小组办公室会议召开	P_{I-A3}
P_{12-18}	杭州市低碳城市建设领导小组办公室召开第一次会议	P_{I-A3}
P_{13-1}	《宁波市人民政府关于印发宁波市低碳城市发展规划(2016 年—2020 年)的通知》	P_{I-A1}
P_{13-2}	《宁波市人民政府办公厅关于印发宁波市低碳城市试点工作 2015 年推进方案的通知》	P_{I-A3}
P_{13-3}	《宁波市人民政府办公厅关于印发宁波市低碳城市试点工作 2014 年推进方案的通知》	P_{I-A3}

政策工具编码	政策分析单元	政策工具识别
P₁₃₋₄	《宁波市人民政府办公厅关于成立宁波市建设绿色循环低碳交通运输城市工作领导小组的通知》	P_{I-A3}
P₁₃₋₅	《宁波市人民政府办公厅关于印发宁波市低碳城市试点2013年推进方案的通知》	P_{I-A3}
P₁₃₋₆	《宁波市人民政府办公厅关于印发宁波市低碳城市试点工作实施方案任务分解的通知》	P_{I-A3}
P₁₃₋₇	《宁波市人民政府办公厅关于印发宁波市低碳城市试点工作实施方案的通知》	P_{I-A3}
P₁₃₋₈	《宁波市交通委关于组织开展2017年全市交通运输行业节能宣传月和全国低碳日活动的通知》	P_{I-B3}
P₁₃₋₉	《宁波市交通运输委员会关于组织开展2014年全市交通运输行业节能宣传月和全国低碳日活动的通知》	P_{I-C1}
P₁₃₋₁₀	《宁波市卫生局办公室转发宁波市节能减排工作领导小组办公室关于组织开展2013年宁波节能宣传月和全国低碳日活动的通知》	P_{I-C1}
P₁₃₋₁₁	《宁波市妇女联合会、市文明办关于在全市开展迎世博文明礼仪低碳生活进万家系列活动的通知》	P_{I-B1}
P₁₃₋₁₂	宁波市发展改革委首次组织志愿者"低碳行"活动	P_{I-B2}
P₁₃₋₁₃	北仑区组织召开低碳发展规划专家评审会	P_{I-B2}
P₁₃₋₁₄	《宁波市"十三五"低碳城市发展规划》	P_{I-A3}
P₁₃₋₁₅	北仑区发改局开展节能低碳主题宣传活动	P_{I-C1}
P₁₃₋₁₆	宁波市低碳城市建设管理云平台前期研究课题通过专家评审	P_{I-B2}
P₁₃₋₁₇	宁波市-西门子建设可持续发展城市合作签约	P_{I-A3}
P₁₃₋₁₈	江东区楼宇节能试点示范工程启动	P_{I-C1}
P₁₃₋₁₉	启动2015年温室气体清单编制工作	P_{I-A2}
P₁₃₋₂₀	市信息中心绿色交通出行志愿服务活动圆满结束	P_{I-B2}
P₁₃₋₂₁	区发改局编印《地铁时代畅行北仑》宣传册 推动我区"同城游"	P_{I-C1}
P₁₃₋₂₂	启动2016年度温室气体清单编制工作	P_{I-A2}
P₁₃₋₂₃	500余名地理专家齐聚甬城 为绿色发展建言献策	P_{I-B2}
P₁₃₋₂₄	《宁波市工业转型升级"十二五"总体规划》	P_{I-A3}
P₁₃₋₂₅	浙江首笔绿色电力市场化交易在我市达成	P_{I-B3}
P₁₃₋₂₆	我市非居民用气价格再次下调近三年累计降幅达1.41元/立方米	P_{I-C3}
P₁₃₋₂₇	北仑区排定103项市重点节能改造项目	P_{I-A2}

政策工具编码	政策分析单元	政策工具识别
P_{14-1}	《合肥市城乡建设委员会关于公布合肥市中欧低碳生态城市合作项目技术支撑单位名单的通知》	P_{I-C1}
P_{14-2}	《合肥市城乡建设委员会关于下达 2013 年度"合肥市百家企业节能低碳行动"节能目标的通知》	P_{I-C1}
P_{14-3}	《合肥市城乡建设委员会关于做好 2017 年全国节能宣传周和全国低碳日活动的通知》	P_{I-B3}
P_{14-4}	《合肥市城乡建设委员会关于做好我市建设行业 2015 年全国节能宣传周和全国低碳日活动的通知》	P_{I-C1}
P_{14-5}	《合肥市教育局关于印发〈2015 年合肥市教育系统节能宣传周和低碳日活动实施方案〉的通知》	P_{I-C1}
P_{14-6}	《合肥市教育局关于印发〈2016 年合肥市教育系统节能宣传周和低碳日活动实施方案〉的通知》	P_{I-C1}
P_{14-7}	《合肥市节能减排工作领导小组节能办公室关于开展 2014 年度"百家节能低碳"企业（单位）节能目标评价考核的通知》	P_{I-C1}
P_{14-8}	《合肥市经济和信息化局关于召开合肥市"十三五"节能低碳规划编制工作座谈会的通知》	P_{I-A2}
P_{14-9}	《合肥市经济和信息化委员会、合肥市发展与改革委员会转发工信部、国家发改委关于组织开展国家低碳工业园区试点工作的通知》	P_{I-A3}
P_{14-10}	《合肥市经济和信息化委员会、合肥市妇女联合会关于联合开展 2016 年安徽省暨合肥市节能低碳主题摄影展、少儿创意手绘活动的通知》	P_{I-C1}
P_{14-11}	《合肥市经济和信息化委员会、合肥市节能协会关于举办节能低碳交流论坛的通知》	P_{I-C1}
P_{14-12}	《合肥市经济和信息化委员会关于对 2012 年度百家节能低碳行动企业（单位）节能目标完成情况进行考核的通知》	P_{I-A1}
P_{14-13}	《合肥市经济和信息化委员会关于开展合肥市"十三五"节能低碳规划调研的通知》	P_{I-A2}
P_{14-14}	《合肥市经济和信息化委员会转发关于同意国家低碳工业园区试点实施方案批复的通知》	P_{I-C1}
P_{14-15}	《合肥市科学技术局转发市节能办〈关于征集节能低碳技术的通知〉的通知》	P_{I-A3}
P_{14-16}	《合肥市农业委员会关于做好 2013 年农业农村节能宣传周和全国低碳日活动的通知》	P_{I-C1}

政策工具编码	政策分析单元	政策工具识别
P_{14-17}	《合肥市农业委员会关于做好 2016 年农业和农村节能宣传周和全国低碳日活动的通知》	P_{I-C1}
P_{14-18}	《合肥市人民政府办公厅关于印发〈合肥市低碳城市试点建设工作方案〉的通知》	P_{I-A3}
P_{14-19}	《合肥市发展改革委 合肥市科技局关于进一步构建市场导向的绿色技术创新体系的通知》	P_{I-A2}
P_{14-20}	普知识、营氛围，合肥市积极开展 2020 年节能宣传周活动	P_{I-C1}
P_{14-21}	《合肥市发展改革委关于印发〈合肥市生物天然气开发建设工作方案〉的通知》	P_{I-A3}
P_{14-22}	关于征集节能低碳技术的意见反馈	P_{I-C1}
P_{14-23}	《关于向社会公开征求〈合肥市低碳城市发展规划（2018—2025年）〉意见的公告》	P_{I-A3}
P_{14-24}	《合肥市 2017 年温室气体排放清单》通过专家评审	P_{I-C3}
P_{14-25}	《合肥市发展改革委关于开展 2019 年省级节能与生态建设专项资金项目申报工作的预通知》	P_{I-C3}
P_{14-26}	《关于下达 2018 年省级节能与生态建设专项（低碳城市试点方向）资金计划的通知》	P_{I-C3}
P_{14-27}	《合肥市发展改革委关于申报低碳社区试点项目的请示》	P_{I-C1}
P_{14-28}	2018 年全省节能宣传周启动	P_{I-C1}
P_{14-29}	《关于征求〈合肥市新能源示范城市发展规划（2016—2020）〉和〈合肥市新能源示范城市建设实施方案〉（征求意见稿）修改意见的通知》	P_{I-A3}
P_{14-30}	合肥市发改委积极推进合肥市碳排放权交易工作	P_{I-B3}
P_{14-31}	合肥市省级低碳社区试点备选社区评选结果公示内容	P_{I-C1}
P_{14-32}	《合肥市发展改革委关于报送 2017 年省生态文明先行示范区建设专项资金项目进展及 2018 年重点项目谋划情况的通知》	P_{I-C3}
P_{14-33}	《合肥市发展改革委关于摸排申报我省级低碳社区试点备选社区的通知》	P_{I-C1}
P_{14-34}	治污加码 环保税元旦开征	P_{I-C3}
P_{14-35}	《合肥市发展改革委关于调整省市节能低碳工作专项经费的请示》	P_{I-C3}
P_{14-36}	节能宣传周和低碳日活动启动	P_{I-B3}
P_{14-37}	《合肥市低碳城市试点建设工作方案》	P_{I-A3}

续表

政策工具编码	政策分析单元	政策工具识别
P$_{14-38}$	《合肥市发展改革委关于报送 2016 年省生态文明先行示范区建设专项资金项目进展及 2017 年重点项目谋划情况的通知》	P$_{I-C3}$
P$_{14-39}$	我市即将启动建设公共自行车交通系统	P$_{I-A2}$
P$_{14-41}$	安徽 4 家开发区获批国家生态工业示范园区	P$_{I-C1}$
P$_{14-43}$	《合肥市发展改革委关于印发合肥市"十三五"战略性新兴产业发展规划的通知》	P$_{I-A2}$
P$_{14-44}$	《合肥市发展改革委关于下达我市 2016 年生态文明先行示范区建设专项资金计划的通知》	P$_{I-C3}$
P$_{14-45}$	《合肥市发展改革委关于推荐国家重点节能低碳技术的请示》	P$_{I-C1}$
P$_{14-46}$	合肥市发改委召开中美绿色合作项目推进会	P$_{I-C3}$
P$_{14-48}$	《合肥市发展改革委关于报送 1 个国家重点推广的低碳技术目录申报项目的请示》	P$_{I-C1}$
P$_{14-49}$	美国能源基金会资助我市规划编制结题汇报会在合肥市召开	P$_{I-B2}$
P$_{15-1}$	福州市发改委开展垃圾分类志愿服务活动	P$_{I-B2}$
P$_{15-2}$	《福州市人民政府关于印发福州市"十三五"控制温室气体排放工作方案的通知》	P$_{I-A3}$
P$_{15-3}$	福州市举办应对气候变化专题培训	P$_{I-A2}$
P$_{15-4}$	福州市组织多家重点企业参加温室气体排放核算专题培训	P$_{I-A2}$
P$_{15-5}$	福州市发改委开展 2012 年全国公共机构节能宣传周活动	P$_{I-C1}$
P$_{16-2}$	《厦门市科学技术局关于征集节能减排与低碳技术成果的通知》	P$_{I-C1}$
P$_{16-3}$	《厦门市农业与林业局关于印发低碳城市试点 2011 年行动计划任务分解的通知》	P$_{I-A3}$
P$_{16-4}$	《厦门市人民政府办公厅关于成立建设低碳交通运输体系试点城市领导小组的通知》	P$_{I-A3}$
P$_{16-5}$	《厦门市人民政府国有资产监督管理委员会关于报送 2014 年厦门市低碳城市试点工作总结及 2015 年工作计划的函》	P$_{I-A3}$
P$_{16-6}$	《厦门市人民政府国有资产监督管理委员会关于报送 2016 年全国节能宣传周和全国低碳日活动总结的函》	P$_{I-C1}$
P$_{16-7}$	《厦门市人民政府国有资产监督管理委员会关于积极参加 2015 年全国节能宣传周和全国低碳日活动的通知》	P$_{I-C1}$
P$_{16-8}$	《厦门市人民政府国有资产监督管理委员会关于征集重点低碳技术的通知》	P$_{I-C1}$

政策工具编码	政策分析单元	政策工具识别
P_{16-9}	《厦门市商务局关于积极参加 2015 年全国节能宣传周和全国低碳日活动的通知》	P_{I-C1}
P_{16-10}	《厦门市文广新局 2013 年低碳日活动方案》	P_{I-C1}
P_{16-11}	《厦门市发展改革委关于印发厦门市开展绿色生活创建行动计划的通知》	P_{I-B1}
P_{16-12}	《厦门市发展改革委关于征集低碳技术的通知》	P_{I-C1}
P_{16-13}	《厦门市低碳城市试点工作实施方案》	P_{I-A3}
P_{16-14}	厦门市发展低碳城市楼房屋顶将装太阳能电板	P_{I-A2}
P_{17-1}	《南昌市低碳发展促进条例》	P_{I-A1}
P_{17-2}	《南昌市发改委、南昌市财政局关于印发〈南昌市低碳发展专项资金管理办法(试行)〉的通知》	P_{I-C3}
P_{17-3}	《南昌市发展和改革委员会办公室关于开展万家企业节能低碳行动有关工作的通知》	P_{I-A3}
P_{17-4}	《南昌市发展和改革委员会办公室关于组织开展万家企业节能低碳行动的通知》	P_{I-A3}
P_{17-6}	《南昌市发展和改革委员会关于派员参加"赴美国进行促进循环经济与低碳发展培训班"的通知》	P_{I-A2}
P_{17-7}	《南昌市发展和改革委员会关于同意高新低碳创新创业园项目立项的批复》	P_{I-A2}
P_{17-8}	《南昌市发展和改革委员会关于开展万家企业节能低碳行动有关工作的通知》	P_{I-A3}
P_{17-9}	《南昌市发展和改革委员会关于组织申报 2013 年国家低碳技术创新及产业化示范工程项目的通知》	P_{I-C1}
P_{17-10}	《南昌市工业和信息化委员会关于 2017 年全市工业领域开展节能宣传周和低碳日活动的安排意见》	P_{I-C1}
P_{17-11}	《南昌市教育局、南昌市环保局关于开展绿色学校创建暨"绿色环保·低碳生活"主题教育活动的通知》	P_{I-C1}
P_{17-12}	《南昌市教育局关于印发〈关于在全市中小学生中加强低碳节能教育工作的实施意见〉的通知》	P_{I-C1}
P_{17-13}	《南昌市节能减排办关于通报表彰 2013 年度南昌市万家企业节能低碳行动先进个人的通知》	P_{I-C2}

政策工具编码	政策分析单元	政策工具识别
P_{17-14}	《南昌市人民政府关于印发南昌市国家低碳试点工作实施方案的通知》	P_{I-A3}
P_{17-15}	《南昌市政府办公厅关于成立南昌市低碳经济试点城市项目领导小组的通知》	P_{I-A3}
P_{17-16}	《南昌市政府办公厅关于成立南昌市建设低碳交通运输体系试点工作领导小组的通知》	P_{I-A3}
P_{17-17}	《关于开展"低碳日能源体验"活动的通知》	P_{I-B1}
P_{17-18}	《关于印发〈南昌市低碳发展专项资金管理办法（试行）〉的通知》	P_{I-C3}
P_{17-19}	《南昌市生态环境局关于印发〈南昌市应对气候变化试点示范创建低碳区域实施方案（试行）〉的通知	P_{I-A3}
P_{17-20}	《关于通报表彰2013年度南昌市万家企业节能低碳行动先进个人的通知》	P_{I-C2}
P_{17-21}	《南昌市人民政府关于印发南昌市碳达峰实施方案的通知》	P_{I-C1}
P_{17-22}	《南昌市2013年低碳试点城市推进工作实施方案》	P_{I-A3}
P_{17-23}	《南昌市"全国低碳日"活动方案》	P_{I-C1}
P_{18-1}	《济南市人民政府办公厅关于印发济南市严格控制煤炭消费总量推进能源绿色低碳发展实施方案的通知》	P_{I-A3}
P_{18-2}	《济南市人民政府关于印发济南市低碳发展工作方案（2018—2020年）的通知》	P_{I-A3}
P_{18-3}	《济南市人民政府办公厅关于印发济南市2015年节能减排低碳发展行动实施方案的通知》	P_{I-A3}
P_{18-5}	《济南市发展和改革委员会关于征集国家重点低碳技术的通知》	P_{I-C1}
P_{18-6}	济南市发展改革委举办济南市能耗"双控"与绿色发展培训班	P_{I-C1}
P_{18-7}	《关于下达2020年济南市节能专项资金使用计划的通知》	P_{I-C3}
P_{18-8}	济南市节能宣传周正式启动	P_{I-C1}
P_{18-9}	济南市出台首部绿色产业发展行动计划	P_{I-A3}
P_{18-10}	《关于调整我市主要交通枢纽停车场机动车停放服务收费标准的通知》	P_{I-C3}
P_{18-11}	《济南市人民政府办公厅关于公布2017年度节能奖获奖单位和成果的通报》	P_{I-C2}
P_{18-12}	济南市发展改革委举办碳排放权交易能力建设培训会	P_{I-C1}
P_{18-14}	2017全国低碳日济南系列活动——低碳知识竞赛	P_{I-C1}
P_{18-17}	济南市发改委成功举办温室气体排放报告编制培训班	P_{I-A2}

政策工具编码	政策分析单元	政策工具识别
P_{18-20}	山东省发展改革委与济南市发展改革委联合举办"低碳进社区"活动	P_{I-B1}
P_{18-21}	《关于组织开展年度低碳案例推选上报工作的通知》	P_{I-C1}
P_{19-2}	《青岛市教育局关于公布 2018 年全市中小学节能宣传周暨节能低碳主题书法绘画作品评选活动获奖名单的通知》	P_{I-C1}
P_{19-3}	《青岛市科学技术局关于征集第二批青岛市节能减排与低碳技术成果的通知》	P_{I-C1}
P_{19-4}	《青岛市人民政府办公厅关于成立青岛市低碳城市试点工作领导小组的通知》	P_{I-A3}
P_{19-5}	《青岛市人民政府办公厅关于成立青岛市低碳交通运输体系建设试点工作领导小组的通知》	P_{I-A3}
P_{19-6}	《青岛市人民政府办公厅关于印发青岛市 2014—2015 年节能减排低碳发展行动方案的通知》	P_{I-A3}
P_{19-7}	《青岛市人民政府办公厅关于组织实施青岛低碳城市试点碳排放权交易市场建设实施方案的通知》	P_{I-A3}
P_{19-8}	《青岛市人民政府办公厅关于组织实施青岛市低碳发展规划（2014—2020 年）的通知》	P_{I-A3}
P_{19-9}	青岛市节能监察中心积极开展"全国低碳日"活动	P_{I-C1}
P_{19-10}	《关于开展 2020 年全国节能宣传周和全国低碳日活动的通知》	P_{I-C1}
P_{19-13}	中德生态园以被动房项目为抓手顺利推进国家低碳城镇试点	P_{I-A2}
P_{19-17}	青岛市公布第一批市级低碳试点示范创建单位名单	P_{I-C1}
P_{19-18}	中德生态园列入首批国家低碳城（镇）试点	P_{I-C1}
P_{19-19}	青岛市启动低碳产品认证工作	P_{I-C1}
P_{19-20}	《青岛市发展和改革委员会关于印发青岛市低碳发展规划的通知》	P_{I-A3}
P_{19-22}	青岛市发展改革委联合中央财经大学召开低碳城市投融资机制与实务研讨会	P_{I-C1}
P_{19-24}	青岛市开展首个全国低碳日系列宣传活动	P_{I-C1}
P_{19-25}	青岛市发改委开展 2013 年"全国低碳日"主题活动	P_{I-C1}
P_{19-26}	《关于组织申报 2013 年国家低碳技术创新及产业化示范工程项目的通知》	P_{I-C1}
P_{20-1}	《郑州市人民政府办公厅关于印发郑州市 2015 年节能降耗低碳发展工作方案的通知》	P_{I-A3}

续表

政策工具编码	政策分析单元	政策工具识别
P_{20-3}	《郑州高新区转发关于征集河南省节能低碳与环境污染防治技术成果的通知》	P_{I-C1}
P_{20-4}	《郑州市教育局转发省节能减排（应对气候变化）工作领导小组关于 2017 年全省节能宣传月和全国低碳日活动的通知》	P_{I-C1}
P_{20-5}	《郑州市积极开展节能宣传月和全国低碳日宣传活动》	P_{I-C1}
P_{20-6}	《郑州市市科技局关于转发省科技厅〈关于征集《河南省节能减排与低碳技术成果转化推广目录（第一批）》备选技术的通知〉的通知》	P_{I-C1}
P_{20-7}	郑州市积极开展节能宣传月和全国低碳日宣传活动	P_{I-C1}
P_{20-8}	《关于 2016 年郑州市节能宣传月和全国低碳日活动安排的通知》	P_{I-C1}
P_{21-1}	《武汉市人民政府关于印发武汉市低碳城市试点工作实施方案的通知》	P_{I-A3}
P_{21-2}	《武汉市教育局关于印发 2010 年武汉市中小学"体验低碳生活，争做文明师生"暑期社会实践活动工作方案的通知》	P_{I-B2}
P_{21-6}	《关于武汉市 2013 年低碳政策研究课题招标的通知》	P_{I-A2}
P_{21-7}	武汉市 2019 年节能宣传周活动正式启动	P_{I-C1}
P_{21-8}	武汉市加大碳排放方面专业人才培养力度	P_{I-C1}
P_{21-12}	WRI-C40 与武汉市关于城市温室气体清单（GPC）编制讨论会召开	P_{I-C1}
P_{21-13}	2019 年节能宣传周活动在武汉市拉开序幕	P_{I-C1}
P_{21-14}	商务部首个循环经济研究基地在汉挂牌	P_{I-B2}
P_{21-15}	C40 城市气候领导联盟与武汉市发展改革委对接洽谈"DEADLINE 2020"项目	P_{I-B2}
P_{21-16}	2018 武汉节能宣传周启动，千余名生态文明志愿者亮相	P_{I-B2}
P_{21-17}	武汉市 2014~2015 年度温室气体清单编制项目中期汇报会召开	P_{I-A2}
P_{21-18}	武汉碳减排联盟（协会）成立大会	P_{I-B2}
P_{21-19}	武汉市发展改革委参加"十三五"煤炭消费总量控制项目研讨会	P_{I-A2}
P_{21-21}	5 家单位获评节约型公共机构示范单位	P_{I-C2}
P_{21-22}	华能集团与湖北省战略合作三百亿元重点投向清洁发电	P_{I-A3}
P_{22-1}	《长沙市人民政府办公厅关于印发〈长沙市重点用能单位节能低碳行动实施方案〉的通知》	P_{I-A3}
P_{22-2}	《长沙市生态环境局关于征集 2019 年低碳储备项目的通知》	P_{I-A3}
P_{22-4}	《长沙市科学技术局关于转发湖南省科技厅〈关于征集节能减排与低碳技术成果的通知〉》	P_{I-C1}

续表

政策工具编码	政策分析单元	政策工具识别
P_{22-5}	《长沙市能源局关于征集 2017 年湖南省节能低碳技术、产品的通知》	P_{I-C1}
P_{22-6}	《长沙市发展和改革委员会关于征集国家重点推广低碳技术的通知》	P_{I-C1}
P_{22-7}	《长沙市教育局关于印发〈长沙市教育系统关于开展低碳城市试点工作方案〉的通知》	P_{I-A3}
P_{22-8}	湖南省首个低碳经济研究所成立	P_{I-A3}
P_{22-9}	首届亚太低碳技术峰会在长沙市召开	P_{I-B2}
P_{22-11}	长沙市低碳发展能力建设培训会顺利召开	P_{I-C1}
P_{22-12}	《关于征集 2017 年湖南省节能低碳技术、产品的通知》	P_{I-C1}
P_{22-13}	《长沙市低碳发展规划（2018-2025 年）》	P_{I-A3}
P_{22-14}	湖南再启动 300 个重点项目加速推广清洁低碳技术	P_{I-A2}
P_{22-15}	2017 湖南省节能宣传周和全省低碳日活动在长沙启幕	P_{I-C1}
P_{22-16}	长沙市启动"低碳家庭、时尚生活"节能创意社区行活动	P_{I-B1}
P_{22-17}	长沙市能源办与市级媒体"两会"期间积极推动低碳主题宣传	P_{I-A3}
P_{22-18}	"珍惜能源，低碳行动"主题摄影大赛作品展隆重举行	P_{I-C1}
P_{22-19}	长沙市与瑞士就开展低碳发展项目合作进行意向性调查	P_{I-B2}
P_{22-20}	《关于做好 2018 年长沙市低碳发展专项资金项目评审工作的通知》	P_{I-C3}
P_{22-21}	《长沙市发展和改革委员会关于申报低碳储备项目的通知》	P_{I-C1}
P_{22-22}	《关于开展长沙市重点用能单位节能低碳行动名单调整工作的通知》	P_{I-A1}
P_{22-23}	长沙超八成公交采用清洁能源 2017 年节能宣传周活动启动	P_{I-C1}
P_{22-24}	《关于公布长沙市节能技术和产品推荐目录（第三批）的通知》	P_{I-C1}
P_{22-25}	2013 年湖南节能周活动启幕	P_{I-C1}
P_{22-26}	《关于全面推进在长万家企业能源审计的通知》	P_{I-A1}
P_{22-27}	长沙市首期《能源管理体系》国家标准培训班顺利举行	P_{I-B3}
P_{22-28}	《长沙市人民政府办公厅关于印发〈长沙市国家节能减排财政政策综合示范城市建设工作方案〉的通知》	P_{I-A3}
P_{22-29}	《关于征集长沙市第二批节能技术和产品导向目录的通知》	P_{I-C1}
P_{22-30}	《"地球一小时"熄灯活动倡议书》	P_{I-C1}
P_{22-32}	《关于组织开展 2012 年节能宣传周活动的通知》	P_{I-C1}
P_{22-33}	《关于重点用能单位报送能源利用状况报告的通知》	P_{I-A1}
P_{22-34}	长沙 3 万本节能知识手册免费送	P_{I-C1}
P_{22-36}	2019 年湖南省节能宣传周启动仪式在长沙市举行	P_{I-C1}
P_{23-1}	《广州市黄埔区人民政府办公室、广州开发区管委会办公室关于印发广州市黄埔区广州开发区促进绿色低碳发展办法的通知》	P_{I-A3}

续表

政策工具编码	政策分析单元	政策工具识别
P_{23-2}	《广州市教育局关于开展广州市学校低碳环保科技教育创新项目建设工作的通知》	P_{I-A3}
P_{23-3}	《广州市节能减排工作领导小组办公室、广州市低碳经济发展领导小组办公室关于 2011 年广州市公共机构节能宣传周活动安排的通知》	P_{I-C1}
P_{23-4}	《中共广州市委、广州市人民政府关于推进低碳发展建设生态城市的实施意见》	P_{I-A3}
P_{23-5}	《广州市人民政府关于大力发展低碳经济的指导意见》	P_{I-A3}
P_{23-6}	广州市低碳产业协会成立	P_{I-B2}
P_{23-7}	广州市发展改革委组织开展低碳日活动	P_{I-C1}
P_{23-8}	广州市低碳生活公益广告片顺利播出	P_{I-C1}
P_{23-11}	中瑞低碳城市合作项目中期汇报会召开	P_{I-A3}
P_{23-12}	中英低碳城市建设试点与示范研讨会召开	P_{I-A3}
P_{23-13}	广州市发展改革委参加全国低碳日公益宣传广东校园行活动	P_{I-C1}
P_{23-14}	广州市发展改革委与瑞士大使馆就低碳城市项目开展交流合作	P_{I-A3}
P_{23-15}	第二届中国广州国际低碳产品和技术展览会举行	P_{I-B3}
P_{23-16}	广州市发展改革委积极倡导绿色生活方式迎接首个全国低碳日	P_{I-C1}
P_{23-17}	广州市发展改革委联合举办"低碳时代的企业对策与发展战略"专题讲座	P_{I-C1}
P_{23-19}	《广东省发展改革委、省财政厅关于组织申报 2011 年广东省低碳发展专项资金的通知》	P_{I-C3}
P_{23-20}	广州市节能监察中心派员参加国家万家企业节能低碳行动培训	P_{I-C1}
P_{23-21}	《广州市发展改革委转发广东省发展改革委关于开展 2018 年度省级基建投资及低碳发展专项资金(低碳发展方向)项目库申报的通知》	P_{I-C3}
P_{23-22}	《广州市发展改革委等 12 部门转发 2014 年广东省节能宣传月和低碳日活动方案的通知》	P_{I-C1}
P_{23-23}	广州市人民政府和工业设计协会召开中瑞低碳城市合作论坛暨生态设计成果发布会	P_{I-C1}
P_{23-24}	2016 年节能行政执法宣传活动	P_{I-C1}
P_{23-25}	《广州市节能减排及低碳经济发展工作领导小组办公室关于 2017 年度广州市各区政府节能目标责任评价考核结果通报》	P_{I-A1}
P_{23-26}	朱文健副主任参加市政协"加快构建绿色低碳循环发展现代化产业体系"专题视察活动	P_{I-A3}

政策工具编码	政策分析单元	政策工具识别
P_{23-27}	广州市发展改革委参加碳排放信息报告培训	P_{I-C1}
P_{23-28}	广州碳市场交易量大幅猛涨	P_{I-B3}
P_{23-29}	《广东省碳排放管理试行办法》	P_{I-A3}
P_{23-30}	广州市发展改革委邀请市人大、政协委员建言广州碳普惠制试点工作	P_{I-B1}
P_{23-31}	中国日化行业启动首个"产品碳足迹标识"项目	P_{I-C1}
P_{23-32}	《广州市人民政府办公厅关于印发广州市节能降碳第十三个五年规划(2016—2020年)的通知》	P_{I-A3}
P_{23-33}	《广州市发展改革委转发省发展改革委关于开展2013年度企业碳排放信息报告和核查工作的通知》	P_{I-A1}
P_{23-34}	《广州市发展改革委转发省发展改革委关于征集近零碳排放区示范工程试点项目的通知》	P_{I-C1}
P_{23-35}	《关于〈广州市发展改革委关于征求《广州市碳普惠制管理暂行办法》公众意见的公告〉公众参与情况的说明》	P_{I-B1}
P_{23-36}	广州市发展改革委转发广东省发展改革委关于开展参与全国碳交易市场广东企业2016、2017年度温室气体排放信息报告核查工作的通知	P_{I-C1}
P_{24-1}	《深圳市发展改革委关于开展深圳国际低碳城节能减排财政政策综合示范新增项目申报工作的通知》	P_{I-C1}
P_{24-2}	《深圳市发展和改革委员会、深圳市财政委员会关于组织申报深圳市低碳试点示范项目的通知》	P_{I-C1}
P_{24-3}	《深圳市发展和改革委员会关于组织实施深圳市绿色低碳产业2019年第三批扶持计划的通知》	P_{I-C3}
P_{24-4}	《深圳市工业和信息化局关于举办2019年度绿色低碳产业培训的通知》	P_{I-C1}
P_{24-5}	《深圳市工业和信息化局关于下达2019年度战略性新兴产业专项资金新兴产业扶持计划(绿色低碳第一批)资助计划的通知》	P_{I-C3}
P_{24-6}	《深圳市工业和信息化局关于下达2020年度战略性新兴产业专项资金绿色低碳扶持计划(第四批)资助计划的通知》	P_{I-C3}
P_{24-7}	《深圳市交通运输委员会、深圳市人居环境委员会关于印发〈深圳市绿色低碳港口建设补贴资金管理暂行办法实施细则〉的通知》	P_{I-C3}
P_{24-8}	《深圳市经贸信息委关于开展2013年全国节能宣传周和全国低碳日活动安排的通知》	P_{I-C2}
P_{24-9}	《深圳市科技创新委员会关于征集节能减排与低碳技术成果的通知》	P_{I-C1}

续表

政策工具编码	政策分析单元	政策工具识别
P_{24-10}	《深圳市人居环境委员会、深圳市交通运输委员会、深圳市发展和改革委员会、深圳市财政委员会关于印发〈深圳市绿色低碳港口建设补贴资金管理暂行办法〉的通知》	P_{I-C3}
P_{24-11}	《深圳市人民政府办公厅关于印发深圳市工商业低碳发展实施方案（2011—2013）的通知》	P_{I-A3}
P_{24-12}	《深圳市人民政府办公厅关于印发住房和城乡建设部与深圳市人民政府共建国家低碳生态示范市工作方案的通知》	P_{I-A3}
P_{24-13}	《深圳市人民政府关于印发〈深圳市绿色低碳港口建设五年行动方案（2016—2020 年）〉的通知》	P_{I-A3}
P_{24-15}	《深圳市市场监督管理局关于发布低碳景区评价指南的通知》	P_{I-A1}
P_{24-16}	《深圳市市场监督管理局关于发布低碳酒店评价指南的通知》	P_{I-A1}
P_{24-17}	《深圳市市场监督管理局关于发布低碳企业评价指南的通知》	P_{I-A1}
P_{24-18}	《深圳市市场监督管理局关于发布低碳商场评价指南的通知》	P_{I-A1}
P_{24-19}	《深圳市市场监督管理局关于发布低碳社区评价指南的通知》	P_{I-A1}
P_{24-20}	《深圳市市场监督管理局关于发布低碳园区评价指南的通知》	P_{I-A1}
P_{24-21}	《深圳市市场监督管理局关于发布深圳市标准化指导性技术文件低碳管理与评审指南的通知》	P_{I-A1}
P_{24-22}	深圳市低碳试点示范项目名单公示	P_{I-C1}
P_{24-23}	《深圳市发展改革委关于征集中美低碳发展合作需求的通知》	P_{I-C1}
P_{24-24}	《深圳市发展改革委关于征集年度优秀低碳案例的通知》	P_{I-B3}
P_{24-25}	《深圳市低碳发展中长期规划（2011—2020 年）》	P_{I-A3}
P_{24-26}	《关于组织实施 2013 年低碳技术创新及产业化示范工程专项的通知》	P_{I-C1}
P_{24-27}	《深圳市发展改革委关于征集深圳市 2016 年全国低碳日活动的反馈》	P_{I-C1}
P_{24-32}	《关于绿色低碳产业发展专项资金扶持计划》	P_{I-C3}
P_{24-33}	《深圳市发展改革委转发国家发展改革委办公厅关于征集重点低碳技术的通知》	P_{I-C1}
P_{24-34}	组织实施深圳市绿色低碳产业 2019 年第一批扶持计划	P_{I-C3}
P_{24-36}	绿色低碳产业发展专项资金扶持计划有关事宜	P_{I-C3}
P_{24-38}	《深圳市发展和改革委员会关于组织实施深圳市绿色低碳产业 2019 年第二批扶持计划的通知》	P_{I-C3}
P_{24-39}	关于绿色低碳产业发展专项资金扶持计划有关事宜	P_{I-C3}

政策工具编码	政策分析单元	政策工具识别
P_{24-40}	《深圳市发展改革委、深圳市财政委关于组织申报深圳市低碳试点示范项目的通知》	P_{I-C3}
P_{24-41}	组织实施市发展改革委专项资金 2020 年第二批扶持计划（战略性新兴产业绿色低碳类）	P_{I-C3}
P_{24-42}	《深圳市发展改革委 2014 年度深圳国际低碳城节能减排财政政策综合示范奖励项目名单公示》	P_{I-C3}
P_{24-43}	《深圳市发展改革委专项资金 2020 年第一批扶持计划（战略性新兴产业绿色低碳类）拟资助项目公示》	P_{I-C2}
P_{24-44}	《深圳市发展改革委转发国家发展改革委办公厅关于征集国家重点推广的低碳技术目录（第二批）的通知》	P_{I-C1}
P_{24-45}	《深圳市发展改革委转发国家发展改革委办公厅关于征集国家重点推广的低碳技术目录（第三批）的通知》	P_{I-C1}
P_{24-46}	《深圳市发展和改革委员会关于征集 2020 年战略性新兴产业发展专项资金项目（绿色低碳产业类）的通知》	P_{I-C3}
P_{24-47}	《财政部、国家发展改革委关于深圳市节能减排财政政策综合示范实施方案的批复》	P_{I-A3}
P_{24-50}	《深圳市发展改革委关于开展深圳国际低碳城节能减排财政政策综合示范新增第二批项目申报工作的通知》	P_{I-A3}
P_{24-51}	《深圳市发展改革委战略性新兴产业发展专项资金 2019 年第二批扶持计划（绿色低碳产业类）拟资助项目公示》	P_{I-C3}
P_{24-52}	《深圳市发展改革委战略性新兴产业发展专项资金 2019 年第一批扶持计划（绿色低碳产业类）拟资助项目公示》	P_{I-C3}
P_{24-53}	《深圳市发展改革委战略性新兴产业发展专项资金 2019 年第三批扶持计划（绿色低碳产业类）拟资助项目公示》	P_{I-C3}
P_{24-56}	《深圳市发展和改革委员会关于 2019 年战略性新兴产业发展专项资金扶持计划（绿色低碳产业类）有关事宜的在线访谈》	P_{I-C3}
P_{24-57}	《深圳市发展和改革委员会关于组织实施深圳市绿色低碳产业 2018 年第一批扶持计划（直接资助、贷款贴息方式）的通知》	P_{I-C3}
P_{24-58}	《市发展改革委战略性新兴产业发展专项资金 2018 年第一、二、三批扶持计划（绿色低碳产业类）拟资助项目公示》	P_{I-C3}
P_{24-59}	《深圳市碳排放权交易管理暂行办法》	P_{I-B2}
P_{24-60}	对管控单位虚构、捏造碳排放或者统计指标数据的处罚	P_{I-A1}
P_{24-61}	《深圳市发展和改革委员会关于公布按时足额履行 2017 年度碳排放履约义务的碳交易管控单位名单的公告》	P_{I-A1}

政策工具编码	政策分析单元	政策工具识别
P_{24-62}	《深圳市发展和改革委员会关于公布按时足额履行 2015 年度碳排放履约义务的碳交易管控单位名单的公告》	P_{I-A1}
P_{24-63}	深圳市发展和改革委员会碳排放核查报告随机抽查事项清单	P_{I-A1}
P_{24-64}	《深圳市发展和改革委员会关于 2018 年碳交易有关课题遴选结果的公告》	P_{I-B2}
P_{24-65}	《深圳市发展改革委关于提交 2013 年度碳排放报告的通知》	P_{I-B2}
P_{24-66}	《深圳市发展改革委员会关于公布未按时足额履行 2016 年度碳排放履约义务的碳交易管控单位名单及责令补交配额的公告》	P_{I-C1}
P_{24-67}	对碳核查机构或者统计指标数据核查机构泄露管控单位信息或者数据的处罚	P_{I-A1}
P_{24-69}	《关于公开征求〈深圳经济特区碳排放管理若干规定（修订草案）〉（征求意见稿）意见的函》	P_{I-A3}
P_{24-71}	《深圳市发展和改革委员会关于征集 2018 年碳交易相关研究课题选题的公告》	P_{I-B2}
P_{24-72}	《深圳市发展改革委关于印发〈深圳市碳排放权交易管理暂行办法〉行政处罚自由裁量权实施标准的通知》	P_{I-A1}
P_{24-75}	《深圳市发展和改革委员会关于按时提交 2014 年度碳排放核查报告的公告》	P_{I-A1}
P_{24-76}	《深圳市发展和改革委员会关于征集近零碳排放区示范工程试点项目的通知》	P_{I-C1}
P_{24-77}	《深圳市发展和改革委员会关于按时提交 2017 年度碳排放核查报告的公告》	P_{I-C1}
P_{24-78}	《深圳市发展和改革委员会关于 2016 年度碳排放报告及核查报告抽样检查和重点检查结果的通报》	P_{I-C1}
P_{24-79}	《深圳市发展和改革委员会关于 2017 年度碳排放报告及核查报告抽样检查和重点检查结果的通报》	P_{I-C1}
P_{24-80}	《深圳市发展和改革委员会关于 2018 年度碳排放报告及核查报告抽样检查和重点检查结果的通报》	P_{I-C1}
P_{24-81}	《深圳市发展和改革委员会关于按时足额提交配额完成 2017 年度碳排放履约义务有关事宜的公告》	P_{I-A1}
P_{24-82}	《深圳市发展和改革委员会关于按时足额提交配额完成 2016 年度碳排放履约义务有关事宜的公告》	P_{I-A1}
P_{24-83}	《深圳市循环经济与节能减排专项资金 2014 年碳交易发展专项拟扶持项目公示》	P_{I-C3}

政策工具编码	政策分析单元	政策工具识别
P_{24-84}	《深圳市发展改革委关于碳排放管控单位 2013 年实际配额数量等有关事宜的公告》	P_{I-C3}
P_{24-85}	《深圳市发展改革委关于公布按时足额提交配额履约的碳交易管控单位名单的公告》	P_{I-A1}
P_{24-86}	《深圳市发展改革委关于按时足额提交配额完成 2015 年度碳排放履约义务有关事宜的公告》	P_{I-A1}
P_{24-87}	《深圳市发展和改革委员会关于按时提交 2015 年度碳排放核查报告的公告》	P_{I-A1}
P_{24-88}	深圳市举行"深圳第 26 届世界大学生夏季运动会绿色出行碳减排成果"新闻发布会	P_{I-C1}
P_{25-3}	《南宁市新能源发展规划（2016—2020 年）》	P_{I-A1}
P_{25-4}	《南宁市太阳能发电"十三五"规划（2016—2020）》	P_{I-A1}
P_{25-5}	《南宁市印发实施 2020 年南宁市节能宣传周活动方案》	P_{I-C1}
P_{25-6}	《关于公开选聘〈南宁市新能源产业项目管理办法〉编制单位的公告》	P_{I-A3}
P_{25-7}	2016 年节能减排财政政策综合示范市专项资金项目调整计划正式下达	P_{I-C3}
P_{25-8}	《南宁市低碳经济发展"十二五"规划》	P_{I-A1}
P_{25-9}	南宁市发展和改革委员会关于公开选聘南宁市"十二五"节能减排、低碳经济、循环经济专项规划编制	P_{I-B2}
P_{25-10}	南宁市组织开展节能宣传周暨低碳日系列活动	P_{I-C1}
P_{25-11}	南宁市发展改革委积极开展城市生活垃圾分类主题宣传	P_{I-C1}
P_{25-12}	《关于转发广西壮族自治区发展和改革委员会征集重点低碳技术的通知》	P_{I-C1}
P_{25-13}	南宁市组织人员参加自治区 2011 年节能宣传周活动启动仪式等活动	P_{I-C1}
P_{25-14}	南宁市发展改革委派员参加应对气候变化与低碳发展培训	P_{I-C1}
P_{25-15}	南宁 2013 年广西节能宣传周和低碳日活动在邕举行	P_{I-C1}

政策工具编码	政策分析单元	政策工具识别
P_{25-16}	南宁市发展改革委派员参加中德地方低碳发展项目规划与实施培训研讨会	P_{I-C1}
P_{25-17}	南宁市发展改革委组织人员参加广西 2013 年应对气候变化专题	P_{I-A3}
P_{25-18}	南宁市发展改革委派员参加城市低碳发展能力建设培训班	P_{I-A3}
P_{25-19}	2016 年广西节能宣传周和低碳日活动在南宁举行	P_{I-C1}
P_{25-20}	2015 年广西节能宣传周和低碳日活动在南宁举行	P_{I-C1}
P_{25-21}	2015 年南宁市节能减排财政政策综合示范市专项资金项目计划下达	P_{I-C3}
P_{25-22}	《关于 2010 年全国节能宣传周活动安排意见的通知》	P_{I-C1}
P_{26-1}	《海南省工业和信息化厅、海南省财政厅转发省工信厅 2016—2017 低碳制造业专项发展资金的通知》	P_{I-C3}
P_{26-2}	《海口市住房和城乡建设局关于印发 2014 年节能宣传周和低碳日活动方案的通知》	P_{I-C1}
P_{26-3}	《海口市发展和改革委员会关于商讨 2017 年全国节能宣传周和全国低碳日活动组织事宜的通知》	P_{I-C1}
P_{26-4}	《海口市发展和改革委员会关于配合海南省主体功能区规划实施情况与低碳发展协调性调研座谈会有关工作的函》	P_{I-A3}
P_{26-5}	《海口市发展和改革委员会关于征集海口市参加"第二届中美气候智慧型/低碳城市峰会"展览需求的通知》	P_{I-C1}
P_{26-6}	《海口市交通运输和港航管理局关于上报 2012 年建设低碳交通运输体系试点项目进展情况和 2013 年项目推进计划的通知》	P_{I-C1}
P_{26-7}	《关于做好 2013 年低碳技术创新及产业化示范工程中央投资项目申报工作的通知》	P_{I-B2}
P_{26-8}	《海口市发展和改革委员会关于开展节能降耗的倡议书》	P_{I-C1}
P_{26-9}	《关于做好 2013 年低碳技术创新及产业化示范工程中央投资项目申报工作的通知》	P_{I-B2}
P_{26-10}	《关于组织申报海南省第二批低碳社区试点的通知》	P_{I-B1}
P_{26-11}	《关于上报 2012 年建设低碳交通运输体系试点项目进展情况和 2013 年项目推进计划的通知》	P_{I-A3}
P_{26-13}	《关于印发 2014 年节能宣传周和低碳日活动方案的通知》	P_{I-C1}
P_{26-14}	《关于做好 2013 年低碳技术创新及产业化示范工程中央投资项目申报工作的通知》	P_{I-B2}
P_{26-15}	《海口市财政局关于海口市海洋生态系统碳汇试点实施方案编制经费的请示》	P_{I-C3}

政策工具编码	政策分析单元	政策工具识别
P_{26-16}	《关于开展近零碳排放示范区申报工作的通知》	P_{I-C1}
P_{26-17}	《关于征求〈海口市海洋生态系统碳汇试点 2020 年工作方案（征求意见稿）〉意见的复函》	P_{I-A3}
P_{27-2}	《重庆市城乡建设委员会关于发布〈低碳建筑评价标准〉的通知》	P_{I-A1}
P_{27-3}	《重庆市城乡建设委员会关于发布〈绿色低碳生态城区评价标准〉的通知》	P_{I-A1}
P_{27-4}	《重庆市城乡建设委员会关于发布〈重庆市绿色低碳生态城区评价指标体系（试行）〉的通知》	P_{I-A1}
P_{27-5}	《重庆市城乡建设委员会关于举办"第六届中国（重庆）国际绿色低碳城市建设与建设成果博览会"的通知》	P_{I-C1}
P_{27-6}	《重庆市城乡建设委员会关于举办"第五届中国（重庆）国际绿色低碳城市建设与建设成果博览会"的通知》	P_{I-C1}
P_{27-7}	《重庆市城乡建设委员会关于举办低碳建筑论坛的通知》	P_{I-C1}
P_{27-9}	《重庆市城乡建设委员会关于召开"第五届中国（重庆）国际绿色低碳城市建设与建设成果博览会"建设行业动员会的通知》	P_{I-C1}
P_{27-10}	《重庆市城乡建设委员会关于召开 2010 年全市建筑节能与低碳绿色建筑工作会的通知》	P_{I-C1}
P_{27-11}	《重庆市城乡建设委员会关于召开重庆—威尔士低碳建筑改造研讨会的通知》	P_{I-C1}
P_{27-12}	《重庆市城乡建设委员会关于组织参观第六届中国（重庆）国际绿色低碳城市建设与建设成果博览会的通知》	P_{I-C1}
P_{27-13}	《重庆市城乡建设委员会关于组织参加"重庆市—西雅图市绿色低碳建筑技术论坛"的通知》	P_{I-C1}
P_{27-14}	《重庆市城乡建设委员会关于做好城乡建设领域"2015 年全国节能宣传周全国低碳日活动"期间宣传工作的通知》	P_{I-C1}
P_{27-15}	《重庆市发展和改革委员会、重庆市质量技术监督局关于进一步推进低碳产品认证工作的通知》	P_{I-C1}
P_{27-16}	《重庆市发展和改革委员会关于征集重点低碳技术的通知》	P_{I-C1}
P_{27-19}	《重庆市发展和改革委员会关于转发国家发展改革委培训中心举办"2010 年节能减排国家专项资金申报暨发展低碳经济专题研讨班"的通知》	P_{I-A2}
P_{27-20}	《重庆市交通委员会关于公布 2013 年度重庆市交通运输行业绿色循环低碳示范项目评选结果的通知》	P_{I-C1}

政策工具编码	政策分析单元	政策工具识别
P_{27-21}	《重庆市科学技术委员会转发科技部关于征集节能减排与低碳技术成果的通知》	P_{I-C1}
P_{27-22}	《重庆市生态环境局、中国人民银行重庆营业管理部关于推荐绿色低碳小微企业的通知》	P_{I-C2}
P_{27-23}	《重庆市发展和改革委员会、重庆市质量技术监督局关于进一步推进低碳产品认证工作的通知》	P_{I-C1}
P_{27-24}	《重庆市发展和改革委员会关于抓紧做好全国低碳日活动的通知》	P_{I-C1}
P_{27-25}	《重庆市发展和改革委员会关于转发〈节能低碳技术推广管理暂行办法〉的通知》	P_{I-A3}
P_{28-1}	《成都市发展和改革委员会关于切实做好2013年低碳技术创新及产业化示范工程项目申报工作的通知》	P_{I-C1}
P_{28-2}	《成都市经济和信息化委员会关于转发省发改委〈关于征集国家重点推广的低碳技术目录(第二批)的通知〉的通知》	P_{I-C1}
P_{28-3}	《成都市墙材革新建筑节能办公室关于开展2013年节能宣传周和全国低碳日活动的通知》	P_{I-C1}
P_{28-4}	《成都市人民政府办公厅关于印发成都市鼓励和支持开展出口产品低碳认证若干政策措施的通知》	P_{I-C1}
P_{28-5}	《成都市人民政府关于印发〈成都市建设低碳城市工作方案〉的通知》	P_{I-A3}
P_{28-6}	《成都市统筹城乡和农业委员会关于印发〈成都市农业系统2018年节能宣传周和低碳日活动方案〉的通知》	P_{I-C1}
P_{28-7}	《低碳城市建设2019年度计划》	P_{I-A3}
P_{28-8}	《关于"中国—瑞士低碳城市"项目战略合作意向书》	P_{I-A3}
P_{28-9}	成都市构建鼓励市民低碳行为的碳普惠机制	P_{I-B1}
P_{28-10}	《全市产业功能区及园区建设实施方案》	P_{I-A3}
P_{28-11}	《成都市加快推进低碳产品认证工作方案》	P_{I-A3}
P_{28-12}	成都市代表团参加在北京举办的第二届中美气候智慧型/低碳城市峰会	P_{I-B2}
P_{28-14}	《成都市绿色低碳循环发展报告》	P_{I-C1}
P_{28-15}	《成都市低碳城市建设2017年度计划》	P_{I-A3}
P_{28-16}	成都市启动建设首个低碳出行碳普惠项目	P_{I-B1}
P_{28-17}	成都市碳排放达峰研究项目正式启动	P_{I-B2}
P_{28-18}	成都市举办节能低碳知识竞赛	P_{I-C1}

政策工具编码	政策分析单元	政策工具识别
P_{28-19}	《关于构建"碳惠天府"机制的实施意见》	P_{I-A3}
P_{29-1}	《贵阳市人民防空办公室关于开展 2016 年节能宣传周及低碳日活动的通知》	P_{I-C1}
P_{29-2}	《贵阳市人民政府办公厅关于成立贵阳市开展建设低碳交通运输体系城市试点工作领导小组的通知》	P_{I-A3}
P_{29-3}	《贵阳市人民政府办公厅关于印发 2014—2015 年贵阳市节能减排低碳发展攻坚方案的通知》	P_{I-A3}
P_{29-4}	《贵阳市人民政府办公厅关于印发贵阳市低碳城市试点工作实施方案的通知》	P_{I-A3}
P_{29-6}	贵阳市节能低碳在线监测管理运营平台	P_{I-A2}
P_{29-8}	2012 年度"绿色低碳贵阳"先进典型评选结果发布会召开	P_{I-C2}
P_{29-9}	贵阳市开展 2013 年全国节能宣传周和全国低碳日活动	P_{I-C1}
P_{29-10}	贵阳市发展改革委召开贵阳市低碳产品认证宣贯培训会	P_{I-C1}
P_{29-11}	贵阳市发展改革委组织开展 2018 年全国节能宣传周和全国低碳日系列活动	P_{I-C1}
P_{29-12}	贵阳市发展改革委召开 2010 年、2015 年贵阳市温室气体排放清单编制工作启动会	P_{I-A3}
P_{29-13}	贵阳市发展改革委组织开展 2019 年全国节能宣传周系列活动	P_{I-C1}
P_{29-14}	贵州省暨贵阳市 2020 年全国节能宣传周启动仪式顺利举行	P_{I-C1}
P_{29-15}	《贵阳市政府办公厅关于印发 2014—2015 年贵阳市节能减排低碳发展攻坚方案的通知》	P_{I-A3}
P_{29-16}	贵州省单株碳汇精准扶贫	P_{I-B3}
P_{29-17}	《关于公布贵阳市 2018 年节能宣传作品征集获奖名单的通知》	P_{I-C1}
P_{29-18}	贵阳市社区生活垃圾分类项目试点启动仪式在保利温泉新城举行	P_{I-C1}
P_{29-19}	《贵阳建设全国生态文明示范城市规划（2012—2020）》	P_{I-A3}
P_{30-1}	《昆明市人民政府关于印发低碳昆明建设实施方案的通知》	P_{I-A3}
P_{30-2}	《昆明市发展和改革委员会、昆明市财政局关于开展第一批低碳示范项目建设的紧急通知》	P_{I-A3}
P_{30-3}	昆明市发展改革委积极组织开展全国低碳日宣传活动	P_{I-C1}
P_{30-7}	昆明市 6 个低碳示范项目实施方案通过省级专家评审	P_{I-C1}
P_{30-10}	昆明市举行中瑞"中国低碳城市"第二期合作专题研讨暨项目甄选	P_{I-B2}
P_{30-11}	低碳发展及省级温室气体清单培训研讨会在云南版纳顺利召开	P_{I-A2}

政策工具编码	政策分析单元	政策工具识别
P$_{30-12}$	《关于组织申报 2013 年低碳发展备选项目的紧急通知》	P$_{I-A2}$
P$_{30-13}$	低碳试点经验总结评估交流会成功举办	P$_{I-A2}$
P$_{30-14}$	《关于 2015 年全国节能宣传周和全国低碳日活动的通知》	P$_{I-C1}$
P$_{30-15}$	《昆明市发展和改革委员会关于征集环境保护、低碳发展等重点研究课题的通知》	P$_{I-A2}$
P$_{30-17}$	《昆明市发展和改革委员会关于征集国家重点推广的低碳技术目录（第二批）的通知》	P$_{I-C1}$
P$_{30-18}$	《关于提供 2013 年全国节能宣传周和全国低碳日招贴画电子版的通知》	P$_{I-C1}$
P$_{30-20}$	《昆明市发展和改革委员会、昆明市财政局关于组织申报 2015 年低碳发展备选项目的通知》	P$_{I-C1}$
P$_{30-21}$	云南省发展改革委、云南省工信委举报重点行业企业温室气体排放报告培训班	P$_{I-A2}$
P$_{30-22}$	昆明市积极开展 2020 年节能宣传周活动	P$_{I-C1}$
P$_{30-23}$	昆明市发展改革委加强固定资产投资项目节能评估审查和资源环境推进工作	P$_{I-A1}$
P$_{31-1}$	《西安市发展和改革委员会关于组织申报首批市级低碳试点的通知》	P$_{I-A3}$
P$_{31-2}$	《西安市发展和改革委员会关于组织申报省级低碳试点的通知》	P$_{I-A3}$
P$_{31-3}$	《西安市交通运输局关于组织开展 2015 年交通运输行业节能宣传周和低碳日活动的通知》	P$_{I-A3}$
P$_{31-4}$	《西安市发展和改革委员会关于组织申报第二批市级低碳发展试点的通知》	P$_{I-A3}$
P$_{31-5}$	《西安市发展和改革委员会关于征集重点低碳技术的通知》	P$_{I-B1}$
P$_{31-6}$	《西安市环境保护局、西安市教育局关于开展"酷中国"低碳小管家活动的通知》	P$_{I-C1}$
P$_{31-7}$	《西安市发展和改革委员会关于组织申报国家 2013 年低碳技术创新及产业化示范工程项目的通知》	P$_{I-C1}$
P$_{31-8}$	《西安市人民政府办公厅关于成立西安市低碳交通运输体系建设领导小组的通知》	P$_{I-A3}$
P$_{31-9}$	《西安市人民政府办公厅关于成立西安市低碳发展工作领导小组的通知》	P$_{I-A3}$

政策工具编码	政策分析单元	政策工具识别
P_{31-10}	《公开西安市发展和改革委员会关于组织申报省级低碳试点的通知》	P_{I-A3}
P_{31-11}	《西安市发改委、西安市质监局关于转发开展低碳产品认证的通知》	P_{I-A3}
P_{31-12}	《关于组织申报国家2013年低碳技术创新及产业化示范工程项目的通知》	P_{I-A3}
P_{31-13}	《西安市2015年市级节能、低碳、循环试点专项资金项目协助管理服务询价公告》	P_{I-A2}
P_{31-14}	《绿水青山节能增效—2020年西安市节能宣传周暨"节约型机关"创建行动启动》	P_{I-C1}
P_{31-15}	《关于印发〈2013年西安市节能专项资金项目申报指南〉的通知》	P_{I-B2}
P_{31-16}	《西安市发改委、财政局关于印发〈2016年西安市节能专项资金项目申报指南〉的通知》	P_{I-B1}
P_{31-17}	《西安市举办2019年"绿色发展，节能先行"节能宣传周主题活动》	P_{I-C1}
P_{31-18}	《关于组织申报2013年度中国清洁发展机制基金赠款项目的通知》	P_{I-B2}
P_{32-1}	《兰州市人民政府办公厅关于印发〈兰州低碳城市管理云平台项目工作方案〉的通知》	P_{I-A2}
P_{32-2}	《兰州市人民政府办公厅关于印发落实"十三五"控制温室气体排放工作实施方案暨国家低碳城市试点2017年度工作计划的通知》	P_{I-A3}
P_{32-3}	《兰州市人民政府办公厅关于印发兰州市低碳城市试点实施方案（2017—2025）的通知》	P_{I-A3}
P_{32-4}	《兰州市人民政府办公厅关于印发全市2014—2015年节能减排低碳发展实施方案的通知》	P_{I-A3}
P_{32-8}	兰州市举行2020年公共机构节能宣传周活动	P_{I-C1}
P_{32-9}	《兰州市组织开展低碳城市管理云平台应用及固定资产投资项目节能审查专题培训》	P_{I-A2}
P_{32-10}	《兰州市举办低碳城市建设工作培训会》	P_{I-A2}
P_{32-11}	《关于转发2016年全国节能宣传周和全国低碳日活动安排的通知》	P_{I-C1}
P_{32-12}	《兰州市开展战略性新兴产业"十三五"规划中期评估》	P_{I-A1}
P_{33-1}	《西宁市经济和信息化委员会关于开展省级重点节能低碳项目自查及验收工作的通知》	P_{I-A1}
P_{33-2}	《西宁市人民政府办公厅关于批转〈西宁市"全民健身日"暨"徒步走健康、行动促低碳"全民健身启动仪式活动方案〉的通知》	P_{I-B1}
P_{33-3}	《西宁市人民政府办公厅关于印发西宁市2014—2015年节能减排低碳发展行动方案的通知》	P_{I-A3}

续表

政策工具编码	政策分析单元	政策工具识别
P_{34-2}	《中共银川市委办公厅、银川市人民政府办公厅关于进一步组织开展整治不文明祭祀行为倡导低碳生态环保祭祀方式的通知》	P_{I-A3}
P_{34-3}	《银川市交通运输局低碳城市试点建设工作方案》	P_{I-A3}
P_{34-4}	《银川市节能减排工作领导小组节能办公室关于印发〈银川市2018年节能宣传周和低碳日活动实施方案〉的通知》	P_{I-C1}
P_{34-5}	《银川市发展和改革委员会关于印发〈银川市低碳城市发展规划（2017-2020）〉的通知》	P_{I-A3}
P_{34-6}	《银川市工业和信息化局、银川市统计局关于转发自治区经信委、自治区统计局〈关于开展全区万家企业节能低碳行动培训的通知〉的通知》	P_{I-A2}
P_{34-8}	银川市发改委组织开展2020年节能宣传周主题日活动	P_{I-C1}
P_{34-9}	银川市发改委组织召开《银川市2015-2017年温室气体排放清单》讨论会	P_{I-A2}
P_{34-10}	《银川市低碳城市试点建设三年行动计划（2018—2020）》	P_{I-A3}
P_{34-11}	银川市控排企业温室气体排放报告与监测计划编制急需紧缺人才培训班成功举办	P_{I-A2}
P_{34-12}	银川市发改委开展"节能宣传周"集中宣传活动	P_{I-C1}
P_{34-14}	《银川市出台"十三五"控制温室气体排放实施方案》	P_{I-A3}
P_{34-15}	银川市发改委组织召开重点企业碳排放报告及监测计划制定工作会议	P_{I-A2}
P_{34-16}	银川市发改委积极组织碳排放重点企业参加2018年宁夏碳市场能力建设培训班	P_{I-A2}
P_{34-17}	银川市发改委积极开展节能宣传周活动	P_{I-C1}
P_{34-18}	银川市获批创建国家新能源示范城市	P_{I-C2}
P_{35-1}	《乌鲁木齐市人民政府关于印发乌鲁木齐市低碳城市试点工作实施方案的通知》	P_{I-A3}
P_{36-1}	通过颁布能源法规以鼓励市政设施及公用建筑未来能够100%使用可再生能源	P_{I-A1}
P_{36-2}	开展"保持轮胎正确膨胀""吃更多本地种植的食物"等十几项活动,引导居民节能减排	P_{I-B1}
P_{36-3}	将港口转变为可持续能源港口,利用太阳能和风能,鼓励可持续的商业活动（回收系统、生物燃料、转运风力涡轮机）,提高工业能效	P_{I-A2}

续表

政策工具编码	政策分析单元	政策工具识别
P_{36-4}	提高风电引入速度	P_{I-A2}
P_{36-5}	安装太阳能电池板	P_{I-A2}
P_{36-6}	通过智能电网优化可持续能源的使用	P_{I-A2}
P_{36-7}	冷热储与绿色小区供热相结合	P_{I-A2}
P_{36-8}	增加需求侧管理,增加本地太阳能	P_{I-A2}
P_{36-9}	《绿色建筑计划》	P_{I-A2}
P_{37-1}	设置社区气候变化大使实行个人碳足迹核算,实行抵消碳排放的"碳中和试点计划"	P_{I-B1}
P_{37-2}	加强市民参与度	P_{I-B1}
P_{37-3}	提供更加全面的信息或更好的报价,消除低碳由意愿转变为行动的障碍	P_{I-B3}
P_{37-4}	通过制定节能计划来减少化石能源来源的温室气体排放	P_{I-A3}
P_{37-5}	采用智能电网技术	P_{I-A2}
P_{37-6}	创建并定期更新地区废弃物管理层级制度	P_{I-A3}
P_{37-7}	提供具体的"太阳能城市激励"	P_{I-C3}
P_{37-8}	制定城市森林计划,为管理公共城市森林资源提供了框架	P_{I-A1}
P_{37-9}	针对中小型设施的碳排放报告制度	P_{I-C1}
P_{37-10}	建设一个更加紧凑和连接的城市,为住房和商业提供活动中心	P_{I-A2}
P_{37-11}	建立一个综合的、扩展的交通系统,支持多种交通选择	P_{I-A2}
P_{37-12}	制定建筑规范来确保最大限度地采用反射式屋顶	P_{I-A1}
P_{37-13}	制定自行车总体规划,创建适用于不同年龄和不同能力人群的自行车交通网络	P_{I-A2}
P_{37-14}	开展屋顶太阳能项目和能源绿色建筑项目	P_{I-A2}
P_{37-15}	鼓励绿色屋顶和其他绿色基础设施	P_{I-A2}
P_{37-16}	利用经济部门帮助增加可再生能源的产生和使用,比如,发挥中小型公司在信息和通信技术的方面作用	P_{I-B2}
P_{37-17}	制定"柏林太阳能之都"的总体规划	P_{I-A1}
P_{37-18}	对于住房进行节能改造,提高其能源效率	P_{I-A1}
P_{37-19}	发展水厂,使其能够准确地使用和储存电力	P_{I-A2}
P_{37-20}	建立由不同技术和基础设施组成的智能网络	P_{I-A2}
P_{38-1}	城市土地使用规划应该在更大程度上设定固定的气候保护标准	P_{I-A1}
P_{38-2}	为从事节能改造的居民和企业提供低息融资	P_{I-C3}
P_{38-3}	建立气候中立的能源系统	P_{I-A2}

续表

政策工具编码	政策分析单元	政策工具识别
P_{38-4}	追求城市内部发展和再密集化	P_{I-A2}
P_{38-5}	提供灵活和具有适应性的住宅空间,减少每个人的居住面积需求	P_{I-A2}
P_{38-6}	提高居民低碳意识,使居民更加敏感	P_{I-B1}
P_{38-7}	新建住宅和商业建筑必须遵守相关节能标准	P_{I-A2}
P_{38-8}	增加绿色和开放空间,并提高城市发展质量	P_{I-A2}
P_{38-9}	要求所有家庭参加能效评级	P_{I-A1}
P_{38-10}	恢复和维护泥炭地,以增强城市中温室气体的吸收能力	P_{I-A2}
P_{38-11}	建立行人、自行车、公共交通融合的交通组合,如,自行车和汽车共享	P_{I-A2}
P_{38-12}	对所有商用建筑和公寓住宅建筑对照能效基准	P_{I-A1}
P_{38-13}	建立更多的火车站和公共交通站点,形成多式联运的枢纽。使用替代发动机,减少对气候的影响,通过设置"环境区"和"气候中立区"推广减少发动机的使用	P_{I-A2}
P_{38-14}	发挥企业在加工能源、车队和商业建筑等领域的作用	P_{I-B2}
P_{38-15}	通过与大型企业和机构进行能源合作,加快发展低碳经济围绕工业排放开展教育,减少费城港的排放	P_{I-B2}
P_{38-16}	树立良好的榜样,表明低碳消费的可行性	P_{I-B1}
P_{38-17}	实施针对大型设施的碳交易项目	P_{I-B3}
P_{38-18}	向居民宣传树木的益处和绿色基础设施的知识	P_{I-B1}
P_{38-19}	增加充电站,支持充电站试点项目,方便电动汽车充电	P_{I-A2}
P_{38-20}	完成商业食品废弃物强制回收的实施	P_{I-A2}
P_{38-21}	鼓励树种多样化和延长树龄,在缺少绿化的地区增加树荫面积	P_{I-A2}
P_{40-1}	为现有建筑物中的居民和企业的碳减排行动提供资源和激励,包括节能方法、可再生能源、材料的选择和建筑物再利用等	P_{I-C3}
P_{40-2}	明确法规和政策,保护寿命最长的树木	P_{I-A1}
P_{40-3}	重点控制建筑温室气体排放	P_{I-A1}
P_{40-4}	设计激励机制鼓励植树、保护和保养树木	P_{I-C3}
P_{40-5}	提高家庭种植食物和地方自产自销食品的比重	P_{I-A2}
P_{40-6}	探索将公共树木作为固定资产管理的可行性	P_{I-A3}
P_{40-7}	实施绿色建筑制度	P_{I-A1}
P_{40-8}	通过授予绿色公寓标签和价格优惠鼓励用户选择源自可再生能源的电力	P_{I-C3}
P_{40-9}	设计本地产食品的消费量计算表	P_{I-B1}

续表

政策工具编码	政策分析单元	政策工具识别
P_{40-10}	制定实施本地食品生产和分销的战略计划	P_{I-A3}
P_{40-11}	提高商用废热发电系统发电量	P_{I-A2}
P_{40-12}	利用公共和私人土地以及屋顶种植食物	P_{I-B1}
P_{40-13}	应进行全面检讨以更好地理解气候变化可能造成的影响,包括影响范围确定、降水管理、社会保障和应急预案等	P_{I-A3}
P_{40-14}	提高可再生能源发电比例	P_{I-A2}
P_{40-15}	为与企业、大学、非营利组织、社区团体、公共机构等合作,发起一个全社区公共参与的运动,以促进碳减排	P_{I-B1}
P_{40-16}	制定并宣传气候行动社区计量指标,包括家庭能耗、汽车行驶里程、步行和骑车率等	P_{I-B1}
P_{40-17}	鼓励使用节能电器	P_{I-B1}
P_{40-18}	利用费城家庭维修和气候化计划,帮助低收入居民提高其家庭的能源效率和舒适度	P_{I-A3}
P_{41-1}	继续推广高效节能电器,持续实施能效领跑者制度	P_{I-A1}
P_{41-2}	披露条例	P_{I-C1}
P_{41-3}	倡导促进公共交通和主动交通选择的发展计划和项目	P_{I-C1}
P_{41-4}	要求供电方设定目标提升可再生能源占比并报告	P_{I-A1}
P_{41-5}	要求新建或改扩建建筑屋顶面积中的20%以上实现绿色化,地面开放空间面积中的20%以上实现绿色化	P_{I-A1}
P_{41-6}	增加光伏发电装机容量	P_{I-A2}
P_{41-7}	增加步行道长度和自行车道总长度	P_{I-A2}
P_{41-8}	推广低能耗汽车使用,增加燃料电池汽车,建设更多加氢站	P_{I-A2}
P_{41-9}	通过调整立法和能源基准,提高建筑环境的能源效率	P_{I-A1}
P_{41-10}	利用能源效率和可持续发展基金,提高市政建筑的能源效率	P_{I-C3}
P_{41-11}	提高废弃物的最终填埋处置率,将固废回收率稳步提高	P_{I-A2}
P_{41-12}	对当地可再生能源采购和发电,努力实现100%的清洁电力网;倡导清洁能源生产,为清洁能源开放市场	P_{I-A2}
P_{41-13}	在新建建筑中推广太阳能,在主要的公用事业和基础设施中探索可再生能源项目	P_{I-A2}
P_{41-14}	评估费城燃气厂的运营情况,以挖掘减排潜力	P_{I-A1}
P_{42-1}	在全市范围内推广LED路灯,降低市政能源消耗	P_{I-A2}
P_{42-2}	制定全市范围的交通计划,扩大公共和主动交通路线,并增加区域交通资金	P_{I-A2}

政策工具编码	政策分析单元	政策工具识别
P_{42-3}	淘汰煤炭发电的生产模式,改用清洁能源发电	P_{I-A1}
P_{42-4}	通过跟踪技术发展、评估实施机会、推广地热供暖和制冷系统以及太阳能热系统,探索和投资低碳替代能源	P_{I-A3}
P_{42-5}	建立高质量的公交网络,改造公交和电车服务,改善公交线路;建立高质量自行车网络,实施自行车网络计划,扩大自行车共享计划,提高城市自行车骑行的安全性	P_{I-A2}
P_{42-6}	建立能源基金,投资节能改造项目	P_{I-C3}
P_{42-7}	使用可再生能源研发电动汽车和燃料电池汽车、氢的供应和配置设施、先进转化技术(如废弃物的厌氧消化、气化和热解处理技术)等	P_{I-A3}
P_{42-8}	限制燃油汽车发展,以汽车电气化减少碳排放,并对能源存储提供支持	P_{I-A1}
P_{42-9}	设置气候变化顾问,为市民提供节电节能和废物分类的建议	P_{I-B2}
P_{42-10}	基于可再生能源建造热电联产厂	P_{I-A2}
P_{42-11}	建设气候科学模拟中心,进行气候变化以及温室效应等知识的普及教育	P_{I-C1}
P_{42-12}	使用风力发电,建立风车发电系统	P_{I-A2}
P_{43-1}	对建筑的能源效率进行评定	P_{I-A1}
P_{43-2}	建造区域供热网络,减少运输途中的热量消耗	P_{I-A2}
P_{43-3}	倡导低碳出行,制定积极的自行车交通政策,改善自行车车道,改善骑行环境	P_{I-A2}
P_{43-4}	坚持城市公交引导紧凑开发与有机更新,提高公共交通的舒适度,改善公共交通路线	P_{I-A2}
P_{43-5}	2019年其对所有的新建建筑执行零碳标准	P_{I-A1}
P_{43-6}	增加电动车和氢动力汽车的使用,为清洁能源车辆的车主们提供充电设施以及免费的停车位	P_{I-A2}
P_{43-7}	开展节能减排的培训,增强节能改造意识	P_{I-A2}
P_{43-8}	选择合理的建筑朝向和遮阳方式等以加强建筑保温	P_{I-A2}
P_{43-9}	实行交通拥堵税政策,行车者须在交通拥堵区给定时间段内缴纳交通拥堵税	P_{I-C3}
P_{43-10}	合理设计建筑结构,以充分利用自然通风实现建筑降温	P_{I-A2}
P_{43-11}	注重太阳能、生物质能源、氢能的探索与利用,加快了低碳技术商业化的进程	P_{I-A2}

续表

政策工具编码	政策分析单元	政策工具识别
P$_{43-12}$	加强企业和政府合作,加快制定实施太阳能电池开发方案,从而增加对太阳能的利用	P$_{I-A2}$
P$_{43-13}$	加强市民进行气候变化知识的宣传,强化市民们的节能减排意识	P$_{I-B1}$
P$_{43-14}$	与私营部门建立合作伙伴关系进行废物管理	P$_{I-B2}$
P$_{43-15}$	通过成立相关组织来提高公众环保意识	P$_{I-B2}$
P$_{43-16}$	对商业建筑的能源使用情况进行披露,促进了公众对商业建筑节能改造的监督	P$_{I-C1}$
P$_{43-17}$	建设紧凑型的城市布局,从而减少市民的日常通勤时间;对于城市新的开发区,都按照低能耗标准进行设计建造	P$_{I-A2}$
P$_{43-18}$	开展既有建筑节能改造项目,开展公共建筑节能减排项目	P$_{I-A2}$
P$_{43-19}$	使用分布式能源,如冷热电联供等	P$_{I-A2}$
P$_{44-1}$	安装城市可持续排水系统和高效率热水系统	P$_{I-A2}$
P$_{44-2}$	通过立法来规范垃圾回收行为,例如制定垃圾填埋税、废旧电子设备管理条例	P$_{I-A1}$
P$_{44-3}$	对公共交通可达性水平进行评分,减少停车位置	P$_{I-A1}$
P$_{44-4}$	对建筑规范包含和未包含的能源消费需求和碳排放分别进行测算	P$_{I-C1}$
P$_{44-5}$	基于高能效的场地、建筑、服务设计实现碳减排	P$_{I-C1}$
P$_{44-6}$	退税	P$_{I-C3}$
P$_{44-7}$	采取需求侧措施减少供水"赤字"	P$_{I-A2}$
P$_{44-8}$	执行"热岛效应"消除计划,减少绿色建筑发展的法规和程序障碍	P$_{I-A3}$
P$_{44-9}$	与公用事业公司和其他实体合作提高能源效率	P$_{I-B2}$
P$_{44-10}$	在所有新的住宅和非住宅建筑中推广和激励一级CALGREEN自愿标准发展	P$_{I-A1}$
P$_{44-11}$	增加雨水回收利用,如采用中水回用系统等	P$_{I-A2}$
P$_{44-12}$	支持和鼓励低碳车辆的开发和使用,增加自行车、步行和公共交通工具使用	P$_{I-A2}$
P$_{44-13}$	提高森林覆盖率,建设步行绿道,改造绿色屋顶	P$_{I-A2}$
P$_{44-14}$	对至少现有商业建筑独户住宅建筑进行节能改造,对现有能源效率项目提供低利率融资	P$_{I-C3}$
P$_{44-15}$	达到参议院法案确定的2020年人均用水量减少目标,促进废水和中水用于农业、工业和灌溉。管理雨水,并保护地下水	P$_{I-A1}$
P$_{44-16}$	推广和鼓励新建和现有住宅、商业建筑等安装太阳能	P$_{I-A2}$

政策工具编码	政策分析单元	政策工具识别
P_{44-17}	建设和改善自行车基础设施	P_{I-A2}
P_{45-1}	减少废物，鼓励再利用和回收利用	P_{I-A1}
P_{45-2}	实施风能、地热和其他目前可行的替代可再生能源的试点项目	P_{I-A3}
P_{45-3}	节能审计	P_{I-C1}
P_{45-4}	与拥有垃圾填埋场所有者和经营者合作，确定捕集和清洁垃圾填埋场气体的激励措施，以有益地利用沼气发电、生产生物燃料	P_{I-B2}
P_{45-5}	建设和改善步行基础设施	P_{I-A2}
P_{45-6}	鼓励开发可再生的沼气项目	P_{I-A3}
P_{45-7}	鼓励污水处理和泵送系统升级换代	P_{I-A3}
P_{45-8}	鼓励实施骑行和自行车共享计划	P_{I-A3}
P_{45-9}	鼓励雇主提供班车	P_{I-B2}
P_{45-10}	创建公交优先车道、改善公交设施、减少公交乘客时间，在公交车站附近提供自行车停放处	P_{I-A2}
P_{45-11}	实施汽车共享计划；促进土地使用设计的可持续性，包括城市和郊区发展的多样性，改善整个洛杉矶县主要街道上的交通信号网络	P_{I-A2}
P_{45-12}	建设电动汽车充电设施，并确保至少 1/3 的充电站可供游客使用	P_{I-A2}
P_{45-13}	支持非合并地区的城市森林项目	P_{I-A3}
P_{45-14}	增加可再生发电能源的数量，推进当地太阳能市场的发展，并鼓励进一步部署储能技术	P_{I-B3}
P_{45-15}	减少与路面保养和修复有关的能源消耗和废物产生，施工项目中尽可能使用电气设备，减少使用燃气动力的园林绿化设备	P_{I-A2}
P_{45-16}	鼓励在建筑物中集中供暖、冷热储存和使用太阳能，提高建筑物的能源效率	P_{I-A3}
P_{45-17}	制定奥斯汀能源资源、发电和气候保护计划	P_{I-A3}
P_{45-18}	对于该县的未合并地区，采取废物转移的目标，遵守所有州的命令，到2020年，至少75%的废物从垃圾填埋场转移	P_{I-A1}
P_{45-19}	限制交通，有偿停车，鼓励骑行、乘坐绿色公交和清洁常规车辆	P_{I-A2}
P_{45-20}	大规模使用电动汽车	P_{I-A2}
P_{45-21}	恢复以前受干扰的土地	P_{I-A3}
P_{45-22}	建立当地农民市场，支持当地种植的食物保护自然保护	P_{I-A3}
P_{45-23}	鼓励保护现有土地保护区	P_{I-A3}
P_{45-24}	提高公众和企业对气候中立建筑的认识	P_{I-B1}

参考文献

安果、李青，2011，《城市低碳发展的熵值-灰色系统评判模型》，《统计与决策》第 19 期。

边泓、周晓苏、黄小梅，2008，《财务报表异常特征、审计师疑虑与信息使用者保护——基于我国资本市场的经验挖掘》，《审计研究》第 5 期。

蔡博峰、王金南、杨姝影等，2017，《中国城市 CO_2 排放数据集研究——基于中国高空间分辨率网格数据》，《中国人口·资源与环境》第 2 期。

曹娟、张勇东、李锦涛等，2008，《一种基于密度的自适应最优 LDA 模型选择方法》，《计算机学报》第 10 期。

《重庆发布〈"十二五"控制温室气体排放和试点工作方案〉》，碳排放交易网，www. tanpaifang. com。

陈飞、诸大建，2009a，《低碳城市研究的理论方法与上海实证分析》，《城市发展研究》第 10 期。

陈飞、诸大建，2009b，《低碳城市研究的内涵、模型与目标策略确定》，《城市规划学刊》第 4 期。

陈楠、庄贵阳，2018，《中国低碳试点城市成效评估》，《城市发展研究》第 10 期。

陈晓兰、周灵，2020，《瑞士低碳城市发展实践与经验研究》，四川大学出版社。

陈志建、刘月梅、刘晓等，2018，《经济平稳增长下长江经济带碳排放峰值研究——基于全球夜间灯光数据的视角》，《自然资源学报》第 12 期。

程晏，2020，《基于 LDA 模型的地铁投诉文本挖掘及满意度评价研究》，硕士学位论文，北京交通大学。

楚春礼、鞠美庭、王雁南等，2011，《中国城市低碳发展规划思路与技术框架探讨》，《生态经济》第 3 期。

戴刚、严力蛟、郭慧文等，2015，《基于 MSIASM 和能源消费碳排放的中国四大直辖市社会代谢分析》，《生态学报》第 7 期。

戴亦欣，2009，《低碳城市发展的概念沿革与测度初探》，《现代城市研究》第 11 期。

丁一，2012，《应对气候变化下西部地区低碳经济发展研究——以四川省广元市为例》，《西南民族大学学报》（人文社会科学版）第 6 期。

董战峰、杜艳春、陈晓丹等，2020，《深圳生态环境保护 40 年历程及实践经验》，《中国环境管理》第 6 期。

杜栋、庄贵阳、谢海生等，2015，《从"以评促建"到"评建结合"的低碳城市评价研究》，《城市发展研究》第 11 期。

杜小云，2018，《城市低碳建设水平评价研究——以低碳试点城市为例》，硕士学位论文，重庆大学。

方时姣，2010，《绿色经济视野下的低碳经济发展新论》，《中国人口·资源与环境》第 4 期。

冯相昭、蔡博峰、王敏等，2017，《中国资源型城市 CO_2 排放比较研究》，《中国人口·资源与环境》第 2 期。

冯之浚、金涌、牛文元等，2009，《关于推行低碳经济促进科学发展的若干思考》，《广西节能》第 3 期。

付琳、杨秀、狄洲，2020，《我国低碳社区试点建设的做法、经验、挑战与建议》，《环境保护》第 22 期。

付允、刘怡君、汪云林，2010，《低碳城市的评价方法与支撑体系研究》，《中国人口·资源与环境》第 8 期。

付允、汪云林、李丁，2008，《低碳城市的发展路径研究》，《科学与社会》第 2 期。

高凤勤、郭珊珊，2013，《低碳经济模式下我国碳税政策设计》，《中国财政》第 22 期。

郭芳、王灿、张诗卉，2021，《中国城市碳达峰趋势的聚类分析》，《中国环境管理》第 1 期。

郭忻怡、闫庆武、谭晓悦等，2016，《基于 DMSP/OLS 与 NDVI 的江苏省碳排放空间分布模拟》，《世界地理研究》第 4 期。

国家统计局，2019，《2019 年全国科技经费投入统计公报》。

国家统计局，2020，《2020 年全国科技经费投入统计公报》。

国家统计局编，2019，《中国统计年鉴 2019》，中国统计出版社。

国家统计局编，2021，《中国统计年鉴 2021》，中国统计出版社。

国家发展和改革委员会，2020，《中国今年将制定行动计划，到 2030 年实现碳排放峰值》。

国家发展和改革委员会，2010，《国家发展改革委关于开展低碳省区和低碳城市试点工作的通知》。

国家统计局城市社会经济调查司，2020，《中国城市统计年鉴 2019》，中国统计出版社。

韩建萍，2017，《文献研究法在高校历史教学中的运用》，《喀什大学学报》第 6 期。

韩莹莹，2017，《基于内容分析法的建筑节能减排政策研究——以重庆市为例》，硕士学位论文，重庆大学。

韩越，2011，《用低碳理念完善城市发展模式——以沈阳为例》，《人民论坛（中旬刊）》第 10 期。

郝增亮、王冠文，2017，《基于全排列多边形图示指标法的山东省低碳经济发展评价》，《中国石油大学学报》（社会科学版）第1期。

何建坤，2009，《发展低碳经济，关键在于低碳技术创新》，《绿叶》第1期。

胡林林、贾俊松、毛端谦等，2013，《基于 FAHP-TOPSIS 法的我国省域低碳发展水平评价》，《生态学报》第20期。

华坚、任俊，2011，《基于 ANP 的低碳城市评价研究》，《科技与经济》第6期。

黄金碧、黄贤金，2012，《江苏省城市碳排放核算及减排潜力分析》，《生态经济》第1期。

黄霞，2018，《中国碳排放的测算和影响因素研究》，硕士学位论文，北京交通大学。

黄元生，杨红杰，2013，《基于灰色关联度的城市低碳经济综合评价模型》，《价值工程》第12期。

蒋长流、江成涛、杨逸凡，2021，《新型城镇化低碳发展转型及其合规要素识别——基于典型城市低碳发展转型比较研究》，《改革与战略》第3期。

金石，2008，《WWF 启动中国低碳城市发展项目》，《环境保护》第3期。

居祥、饶芳萍，2021，《低碳小镇：国外的发展经验与启示》，《中国农业资源与区划》第1期。

孔维新、王海飞、钱茜等，2011，《资源枯竭型城市低碳经济转型战略分析——以山东枣庄市为例》，《开发研究》第6期。

李伯华、徐亮，2011，《低碳城市发展水平的测度及其对策研究——以长株潭为例》，《安徽农业科学》第2期。

李伯华、谭勇、刘沛林，2011，《长株潭城市群人居环境空间差异性演变研究》,《云南地理环境研究》第 3 期。

李博、刘阳、陈思同等,2018,《我国学校体育研究中访谈法运用的问题探析》,《上海体育学院学报》第 1 期。

李国庆、丁红卫,2019,《地方城市低碳发展:日本实践与经验镜鉴》,《福建行政学院学报》第 6 期。

李江、刘源浩、黄萃等,2015,《用文献计量研究重塑政策文本数据分析——政策文献计量的起源、迁移与方法创新》,《公共管理学报》第 2 期。

李金辉、刘军,2011,《低碳产业与低碳经济发展路径研究》,《经济问题》第 3 期。

李克欣,2009,《城市低碳建设的技术路径及战略意义》,《城乡建设》第 11 期。

李胜、陈晓春,2009,《低碳经济:内涵体系与政策创新》,《科技管理研究》第 10 期。

李雯、杜建国、吴梦云,2010,《我国构建低碳城市的途径及其对策研究——基于江苏省无锡市建设"低碳城市"的分析》,《江苏商论》第 12 期。

李彦文,2019,《荷兰的生态现代化实践及其对中国绿色发展的重要启示》,《山东社会科学》第 8 期。

李友俊、孙菲、马立敏等,2013,《低碳城市综合评价指标体系构建》,《沈阳工业大学学报》(社会科学版)第 3 期。

李玉婷,2015,《国外低碳经济政策研究:进展,争论与评述》,《当代经济管理》第 5 期。

李云燕、羡瑛楠、殷晨曦,2017,《低碳城市发展评价方法模式研究——以四直辖市为例》,《生态经济》第 12 期。

连玉明、王波,2012,《基于城市价值的中国低碳城市发展模式》,《技术经济与管理研究》第 5 期。

连玉明，2012，《中国大城市低碳发展水平评估与实证分析》，《经济学家》第 5 期。

廖列法、勒孚刚，2017，《基于 LDA 模型和分类号的专利技术演化研究》，《现代情报》第 5 期。

刘俊池，2016，《湖南省低碳城市评价体系研究》，《经贸实践》第 6 期。

刘骏、何轶，2015，《我国低碳试点城市经济增长与碳排放解耦分析》，《科技进步与对策》第 8 期。

刘骏、胡剑波、袁静，2015a，《欠发达地区城市低碳建设水平评估指标体系研究》，《科技进步与对策》第 7 期。

刘骏、胡剑波、罗玉兰，2015b，《低碳城市测度指标体系构建与实证》，《统计与决策》第 5 期。

刘骏，2016，《中国试点低碳城市能源解耦指数的测度与因素分解》，《统计与决策》第 1 期。

刘明达、蒙吉军、刘碧寒，2014，《国内外碳排放核算方法研究进展》，《热带地理》第 2 期。

刘志林、戴亦欣、董长贵等，2009，《低碳城市理念与国际经验》，《城市发展研究》第 6 期。

刘竹、耿涌、薛冰等，2011，《基于"脱钩"模式的低碳城市评价》，《中国人口·资源与环境》第 4 期。

娄峉利，2019，《过程引导与结果评价集成视角的低碳城市指标体系研究》，硕士学位论文，重庆大学。

路超君、秦耀辰、张金萍，2014，《低碳城市发展阶段划分与特征分析》，《城市发展研究》第 8 期。

路超君，2016，《中国低碳城市发展阶段与路径研究》，博士学位论文，河南大学。

路立、田野、张良等，2011，《天津城市规划低碳评估指标体系研究》，《城市规划》第 1 期。

罗敏、朱雪忠，2014a，《基于共词分析的我国低碳政策构成研究》，《管理学报》第 11 期。

罗敏、朱雪忠，2014b，《基于政策工具的中国低碳政策文本量化研究》，《情报杂志》第 4 期。

迈克尔·豪利特、M. 拉米什等，2006，《公共政策研究：政策循环与政策子系统》，庞诗等译，生活·读书·新知三联书店。

马红、蔡永明，2017，《共词网络 LDA 模型的中文文本主题分析：以交通法学文献（2000-2016）为例》，《数据分析与知识发现》第 12 期。

毛超、李世蓉、刘杨，2011，《向"低碳城市"转型框架体系与途径》，《重庆大学学报》（社会科学版）第 4 期。

苗阳、邢文杰、鲍健强，2016，《城市能源结构低碳化指标体系及实现路径研究》，《生态经济》第 5 期。

能源与低碳行动课题组主编，2011，《低碳领导力》，中国时代经济出版社。

倪少凯，2002，《7 种确定评估指标权重方法的比较》，《华南预防医学》第 6 期。

牛凤瑞，2010，《现代城市发展的低碳内涵与实现路径》，《上海城市管理》第 6 期。

牛胜男，2012，《基于可持续发展的低碳城市评价指标体系与方法研究》，硕士学位论文，华北电力大学。

牛文元，2010，《资源消耗大国的低碳谋略》，《国土资源导刊》第 1 期。

潘家华、庄贵阳、郑艳等，2010，《低碳经济的概念辨识及核心要素分析》，《国际经济评论》第 4 期。

潘家华，2004，《低碳发展—中国快速工业化进程面临的挑战》，中英双边气候变化政策圆桌会议。

潘家华，2021，《碳中和不走偏路》，《纺织科学研究》第 5 期。

彭青秀，2015，《促进低碳农业发展的财政政策研究》，《财政研究》第 7 期。

齐妙青，2013，《乌鲁木齐市碳排放测算与减排途径研究》，硕士学位论文，新疆师范大学。

秦蒙、刘修岩、李松林，2019，《城市蔓延如何影响地区经济增长？——基于夜间灯光数据的研究》，《经济学（季刊）》第 2 期。

秦耀辰，2013，《低碳城市研究的模型与方法》，科学出版社。

曲建升、刘谨、陈发虎，2009，《欠发达地区温室气体排放特征与对策研究：基于甘肃省温室气体排放评估与情景分析的安全研究》，北京气象出版社。

单吉堃、张贺伟，2018《城市低碳建设的路径分析——以北京市为例》，《学习与探索》第 4 期。

邵超峰、鞠美庭，2010，《基于 DPSIR 模型的低碳城市指标体系研究》，《生态经济》第 10 期。

深圳市发展和改革委员会，2013，《深圳市低碳发展中长期规划（2011—2020 年）》。

盛广耀，2017，《城市低碳建设的政策体系研究——基于混合扫描模型的视角》，《生态经济》第 5 期。

盛广耀，2016，《中国城市低碳建设的政策分析》，《生态经济》第 2 期。

盛亚、陈剑平，2013，《区域创新政策中利益相关者的量化分析》，《科研管理》第 6 期。

石建屏、李新、罗珊等，2021，《中国低碳经济发展的时空特征及驱动因子研究》，《环境科学与技术》第 1 期。

石龙宇、孙静，2018，《中国城市低碳发展水平评估方法研究》，

《生态学报》第 15 期。

石益祥、李友松，2002，《论复数的本体论意义与方法论启示》，《自然辩证法研究》第 11 期。

束加稳、杨文培，2019，《杭州市生态环境质量综合评价研究》，《生态经济》第 2 期。

宋祺佼、王宇飞、齐晔，2015，《中国低碳试点城市的碳排放现状》，《中国人口·资源与环境》第 1 期。

宋祺佼、吕斌，2017，《城市低碳发展与新型城镇化耦合协调研究——以中国低碳试点城市为例》，《北京理工大学学报》（社会科学版）第 2 期。

宋伟轩，2012，《长江沿岸 28 个城市的低碳化发展评价》，《地域研究与开发》第 1 期。

苏泳娴、陈修治、叶玉瑶等，2013，《基于夜间灯光数据的中国能源消费碳排放特征及机理》《地理学报》第 11 期。

孙菲、纪锋、王怡等，2014，《大庆市低碳生态城市建设评价》，《辽宁工程技术大学学报》（社会科学版）第 2 期。

谈琦，2011，《低碳城市评价指标体系构建及实证研究——以南京、上海动态对比为例》，《生态经济》第 12 期。

谭灵芝、姜晓群，2020，《我国省际碳减排强度收敛检验及协调发展路径研究》，《河北经贸大学学报》第 5 期。

唐俊，2013，《深圳低碳转型若干思路》，《开放导报》第 4 期。

王爱兰，2011，《城市低碳建设水平综合评价指标体系构建研究》，《城市》第 6 期。

王海鲲、张荣荣、毕军，2011，《中国城市碳排放核算研究——以无锡市为例》，《中国环境科学》第 6 期。

王宏、刘娜、宋亚京，2013，《模糊综合评价模型用于城市低碳经济评价》，《河北联合大学学报》（社会科学版）第 2 期。

王磊、周亚楠、张宇，2017，《基于熵权－TOPSIS 法的低碳城市发展水平评价及障碍度分析——以天津市为例》，《科技管理研究》第 17 期。

王琪、袁涛、郑新奇，2013，《基于夜间灯光数据的中国省域 GDP 总量分析》，《城市发展研究》第 7 期。

王胜、谭显春，2010，《低碳转型的路径选择：解析一个直辖市》，《改革》第 11 期。

王兴帅、王波，2019，《绿色金融发展创新：韩国实践经验与启示》，《生态经济》第 5 期。

王学军、侯睿、王玲，2015，《基于 TOPSIS 法的资源型城市低碳转型评价体系研究——以焦作市为例》，《生态经济》第 11 期。

王赢政、周瑜瑛、邓杏叶，2011，《低碳城市评价指标体系构建及实证分析》，《统计科学与实践》第 1 期。

王玉芳，2010，《低碳城市评价体系研究》，硕士学位论文，河北大学。

王长建、张虹鸥、汪菲等，2018，《城市能源消费碳排放特征及其机理分析——以广州市为例》，《热带地理》第 6 期。

王振华、李萌萌、江金启，2020，《交通可达性提升对城市经济增长的影响——基于 283 个城市 DMSP/OLS 夜间卫星灯光数据的空间计量分析》，《中国经济问题》第 5 期。

王宗军、潘文砚，2012，《我国低碳经济综合评价——基于驱动力－压力－状态－影响－响应模型》，《技术经济》第 12 期。

王宗润，2001，《企业技术结构的评价及其实证分析》，《管理工程学报》第 1 期。

魏营、杨高升，2018，《低碳试点城市工业碳排放脱钩因素分解研究——以镇江市为例》，《资源开发与市场》第 6 期。

魏媛、吴长勇、徐筑燕，2013，《贵阳城市低碳建设的 SWOT 分析及其对策》，《贵州农业科学》第 9 期。

吴健生、许娜、张曦文，2016，《中国低碳城市评价与空间格局分析》，《地理科学进展》第 2 期。

吴婕，2004，《试论头脑风暴法的网络应用》，《情报科学》第 6 期。

吴雅，2019，《城市低碳建设的演变规律及提升路径设计研究》，博士学位论文，重庆大学。

夏堃堡，2008，《发展低碳经济实现城市可持续发展》，《环境保护》第 3 期。

肖宏伟、魏琪嘉，2015，《京津冀能源协同发展战略研究》，《宏观经济管理》第 12 期。

谢传胜、徐欣、侯文甜等，2010，《城市低碳经济综合评价及发展路径分析》，《技术经济》第 8 期。

谢恒、冯丽丽，2010，《河北建设低碳宜居省会的途径》，《河北学刊》第 5 期。

谢华生、杨勇、虞子婧等，2010，《天津市低碳发展路径探讨》，《中国人口·资源与环境》第 2 期。

辛玲，2011，《低碳城市评价指标体系的构建》，《统计与决策》第 7 期。

辛玲，2015，《城市低碳发展水平的灰色关联综合评价》，《中国管理信息化》第 3 期。

熊青青，2011，《珠三角城市低碳发展水平评价指标体系构建研究》，《规划师》第 6 期。

徐国正、田珺鹤，2012，《我国低碳型城市建设内动力研究》，《求索》第 2 期。

徐恒、张梦璐、孙德厂，2021，《基于 LDA 模型的国内评论挖掘与情感分析领域主题分析与演化趋势》，《河南工业大学学报》（社会科学版）第 2 期。

徐鹏、林永红、栾胜基，2016，《低碳生态城市建设效应评估方法构建及在深圳市的应用》，《环境科学学报》第 4 期。

薛冰、鹿晨昱、耿涌等，2012，《中国低碳城市试点计划评述与发展展望》，《经济地理》第 1 期。

杨德志，2011，《基于主成分分析法的低碳城市发展综合评价》，《通化师范学院学报》第 4 期。

杨慧、杨建林，2016，《融合 LDA 模型的政策文本量化分析——基于国际气候领域的实证》，《现代情报》第 5 期。

杨武、王贲、项定先等，2018，《武汉市能源消费碳排放因素分解与低碳发展研究》，《中国人口·资源与环境》第 S1 期。

杨秀、付琳、丁丁，2015，《区域碳排放峰值测算若干问题思考：以北京市为例》，《中国人口·资源与环境》第 10 期。

杨艳芳、李慧凤，2012，《北京市低碳城市发展评价指标体系研究》，《科技管理研究》第 15 期。

杨艳芳，2012，《低碳城市发展评价体系研究——以北京市为例》，《安徽农业科学》第 1 期。

禹湘、陈楠、李曼琪，2020，《中国低碳试点城市的碳排放特征与碳减排路径研究》，《中国人口·资源与环境》第 7 期。

袁晓玲、仲云云，2010，《中国低碳城市的实践与体系构建》，《城市发展研究》第 5 期。

袁艺，2011，《我国低碳城市发展模式研究》，硕士学位论文，河北农业大学。

曾德珩，2017，《城市化与碳排放关系研究——以重庆市为例的实证分析》，重庆出版社。

张丹红、王效科、张路等，2021《大比例尺土壤保持服务制图分级方法研究》，《生态学报》第 4 期。

张慧琳，2019，《基于 DMSP/OLS 夜间灯光数据的中国能源消费碳排放时空变化特征及驱动力研究》，硕士学位论文，兰州大学。

张家健、赵冰，2014，《我国向低碳经济转轨的措施——兼谈以市场为基础的政策工具创新》，《商业时代》第 35 期。

张丽君、李宁、秦耀辰等，2019，《基于 DPSIR 模型的中国城市低碳发展水平评价及空间分异》，《世界地理研究》第 3 期。

张良、陈克龙、曹生奎，2011，《基于碳源/汇角度的低碳城市评价指标体系构建》，《能源环境保护》第 6 期。

张涛、马海群，2018，《一种基于 LDA 主题模型的政策文本聚类方法研究》，《数据分析与知识发现》第 9 期。

张新莉，2018，《基于 TOPSIS 的中国低碳城市评价研究》，硕士学位论文，吉林大学。

张英，2012，《低碳城市内涵及建设路径研究》，《工业技术经济》第 1 期。

张哲、任怡萌、董会娟，2020，《城市碳排放达峰和低碳发展研究：以上海市为例》，《环境工程》第 11 期。

赵鹏飞，2018，《我国低碳经济目标下政府政策工具选择研究》，《价格理论与实践》第 3 期。

赵玉焕、刘聪、祝靖之，2018，《北京碳排放权交易价格影响因素研究》，《中国能源》第 12 期。

郑海涛、胡杰、王文涛，2016，《中国地级城市碳减排目标实现时间测算》，《中国人口·资源与环境》第 4 期。

郑倩婧，2018，《低碳城市建设成熟度评价研究》，硕士学位论文，重庆大学。

中国环境与发展国际合作委员会，2008，《中国污染减排：战略与政策》，中国环境科学出版社。

中国科学院科技战略咨询研究院，2020，光谷指数 2020，

www. wehdz. gov. cn。

中国科学院可持续发展战略研究组，2009，《2009 中国可持续发展战略报告：探索中国特色的低碳道路》，科学出版社。

中国民政部，2020，《中华人民共和国行政区划法规》，www. mca. gov. cn。

《中华人民共和国宪法》，2018。

中华人民共和国中央人民政府，2017，《河北省绿化条例》。

中央机构编制委员会，1994，《关于重庆、广州、武汉、哈尔滨、沈阳、成都、南京、西安、长春、济南、杭州、大连、青岛、深圳、厦门、宁波共 16 市行政级别定为副省级的通知》，www. ppkao. com。

钟伟、丁永波、金凤花，2016，《城市交通低碳发展策略的系统动力学分析——基于土地利用视角》，《工业技术经济》第 6 期。

周冯琦、陈宁、程进，2016，《上海城市低碳建设的内涵、目标及路径研究》，《社会科学》第 6 期。

周生贤，2009，《落实科学发展观 探索环保新道路》，《新华文摘》第 4 期。

朱婧、汤争争、刘学敏等，2012，《基于 DPSIR 模型的低碳城市发展评价——以济源市为例》，《城市问题》第 12 期。

朱婧、张彬、陈俊龙等，2015，《温室气体核算与环境管理创新机制研究》，《中国人口·资源与环境》第 S2 期。

朱佩枫、王群伟、张浩等，2015，《城市低碳建设的误区及优化政策》，《城市发展研究》第 8 期。

朱勤、彭希哲、陆志明等，2009，《中国能源消费碳排放变化的因素分解及实证分析》，《资源科学》第 12 期。

朱守先、梁本凡，2012，《中国城市低碳发展评价综合指标构建与应用》，《城市发展研究》第 9 期。

诸大建，2009，《"低碳经济"能成为新的经济增长点吗》，《解放日报》6月22日，第11版。

庄贵阳、周枕戈，2018，《高质量建设低碳城市的理论内涵和实践路径》，《北京工业大学学报》（社会科学版）第5期。

庄贵阳、朱守先、袁路等，2014，《中国城市低碳发展水平排位及国际比较研究》，《中国地质大学学报》（社会科学版）第2期。

庄贵阳，2005，《中国经济低碳发展的途径与潜力分析》，博士学位论文，中国社会科学研究院。

庄贵阳，2010，《低碳经济与城市建设模式》，《开放导报》第6期。

Aamodt Agnar, Enric Plaza, "Case-based Reasoning: Foundational Issues, Methodological Variations, and System Approaches.", *AI Communications* 7 (1994): 39-59.

Auld, G., Mallett, A., Burlica, B., Nolan-Poupart, F., Slater, R., "Evaluating the Effects of Policy Innovations: Lessons from a Systematic Review of Policies Promoting Low-carbon Technology", *Global Environmental Change* 29 (2014): 444-458.

Baeumler, A., Ijjaszvasquez, E., Mehndiratta, S., *Sustainable Low-carbon City Development in China* (Washington: World Bank, 2012).

Bai, C., Du, K., Yu, Y., & Fen, C. "Understanding the Trend of Total Factor Carbon Productivity in the World: Insights from Convergence Analysis", *Energy Economics* 81 (Jun.) (2019): 698-708.

Bian, Y., Ping, H., & Hao, X. "Estimation of Potential Energy Saving and Carbon Dioxide Emission Reduction in China Based on an Extended Non-radial Dea Approach", *Energy Policy* 63 (Dec.) (2013): 962-971.

Blackman, A., Uribe, E., Van Hoof, B., Lyon, T. P., "Voluntary Environmental Agreements in Developing Countries: The Colombian Experience", *Policy Sciences* 46 (4) (2013): 335-385.

Charnes, A., Cooper, W. W., Rhodes, E., "Measuring the Efficiency of Decision Making Units", *European Journal of Operational Research* 2 (6) (1978): 429-444.

Chen, J., Gao, M., Cheng, S., Hou, W., Song, M., Liu, X., Shan, Y., "County-level CO_2 Emissions and Sequestration in China During 1997-2017", *Scientific Data* 7 (1) (2020): 391.

Chen, J., Shi, Q., Shen, L., Huang, Y., Wu, Y., "What Makes the Difference in Construction Carbon Emissions between China and USA?", *Sustainable Cities and Society* 44 (2019): 604-613.

Chen, X., Shuai, C., Wu, Y., Zhang, Y., "Analysis on the Carbon Emission Peaks of China's Industrial, Building, Transport, and Agricultural Sectors", *Science of the Total Environment* 709 (2020): 135768.

Chen, Z. M., *Public Management: Understanding Public Affairs*, Renmin University of China Press (1999).

Cheng, J., Yi, J., Dai, S., "Can Low-carbon City Construction Facilitate Green Growth? Evidence from China's Pilot Low-carbon City Initiative", *Journal of Cleaner Production* 231 (2019): 1158-1170.

Cheng, Z., Li, L., Liu, J., Zhang, H., "Total-factor Carbon Emission Efficiency of China's Provincial Industrial Sector and Its Dynamic Evolution", *Renewable and Sustainable Energy Reviews* 94 (2018): 330-339.

Chiu Yung-ho, Chin-wei Huang, Chun-Mei Ma, "Assessment of China Transit and Economic Efficiencies in a Modified Value-chains DEA Model", *European Journal of Operational Research* 209 (2) (2011):

95-103.

Chow, G. , " Are Chinese Official Statistics Reliable?", *Cesifo Economic Studies* 52 (2) (2006): 396-414.

Cooper, W. W. , Seiford, L. M. , Tone, K. , *Data Envelopment Analysis: a Comprehensive Text with Models, Applications, References and DEA-solver Software* (New York: Springer, 2007) Vol. 2, p. 489.

Cui, Q. , & Li, Y. , "An Empirical Study on the Influencing Factors of Transportation Carbon Efficiency: Evidences from Fifteen Countries", *Applied Energy* 141 (2015): 209-217.

Dhakal, S. , "Urban Energy Use and Carbon Emissions from Cities in China and Policy Implications", *Energy Policy* 37 (11) (2009): 4208-4219.

Doll, C. H. , Muller, J. P. , Elvidge, C. D. , "Night-time Imagery as a Tool for Global Mapping of Socioeconomic Parameters and Greenhouse Gas Emissions", *AMBIO: A Journal of the Human Environment* 29 (3) (2000): 157-162.

Dong, K. , Dong, X. , Dong, C. , "Determinants of the Global and Regional CO_2 Emissions: What Causes What and Where?", *Applied Economics* 51 (46) (2019): 5031-5044.

Dong, K. , Sun, R. , Dong, X. , "CO_2 Emissions, Natural Gas and Renewables, Economic Growth: Assessing the Evidence from China", *Science of the Total Environment* 640 (2018): 293-302.

Drucker, P. F. , *The Practice of Management* (Harper, 1954) .

DTI, U. K. , *Energy White Paper: Our Energy Future-creating a Low Carbon Economy* (London: DTI, 2003) .

Du, Q. , Lu. C. , Zou, P. , Li, Y. , Li, J. , Cui, X. , "Estimating Transportation Carbon Efficiency (TCE) Across the Belt and

Road Initiative Countries: An Integrated Approach of Modified Three-stage Epsilon-based Measurement Model", *Environmental Impact Assessment Review* 90 (2021a): 106634.

Du, X., Meng, C., Guo, Z., Hang, Y., "An Improved Approach for Measuring the Efficiency of Low Carbon City Practice in China." *Energy* 268 (2023): 126678.

Du, X., Shen, L., Ren, Y., Meng, C., "A Dimensional Perspective-based Analysis on the Practice of Low Carbon City in China", *Environmental Impact Assessment Review* 95 (2022): 106768.

Du, X., Shen, L., Wong, S. W., Meng, C., Yang, Z., "Night-time Light Data Based Decoupling Relationship Analysis Between Economic Growth and Carbon Emission in 289 Chinese Cities", *Sustainable Cities and Society* 73 (1) (2021b): 103-119.

Du, X., Shen, L., Wong, S., Meng, C., Cheng, G., Yao, F., "MBO Based Indicator Setting Method for Promoting Low Carbon Tity Practice", *Ecological Indicators* 128 (2021c): 107828.

Elvidge, C. D., Safran, J., Tuttle, B., Sutton, P., Small, C., "Potential for Global Mapping of Development Via a Nightsat Mission", *Geo Journal* 69 (1) (2007): 45-53.

Emrouznejad, A., Yang, G. I., "A Framework for Measuring Global Malmquist-luenberger Productivity Index with CO_2 Emissions on Chinese Manufacturing Industries", *Energy Oxford* 115 (2016): 840-856.

Fang, G., Gao, Z., Tian, L., Fu, M., "What Drives Urban Carbon Emission Efficiency? -Spatial Analysis Based on Nighttime Light Data", *Applied Energy* 312 (2022): 118772.

Feng, C., & Wang, M. "Analysis of Energy Efficiency in China's Transportation Sector", *Renewable and Sustainable Energy Reviews*, 94

（Oct. ）（2018）: 565-575.

Ferreira, A. , MD Pinheiro, Brito, J. D. , & Mateus, R. . "Combined Carbon and Energy Intensity Benchmarks for Sustainable Retail Stores", *Energy*, 165 （2018）: 877-889.

Follett, M. P. , *Creative Experience* （American Journal of Sociology, 1924）, p. 25.

Freitas, L. , Kaneko, S. , "Decomposing the Decoupling of CO_2 Emissions and Economic Growth in Brazil", *Ecological Economics* 70 （8） （2011）: 1459-1469.

Gao, J. , Song, J. , Wu, L. , "A New Methodology to Measure the Urban Construction Land-use Efficiency Based on the Two-stage DEA Model", *Land Use Policy* 112 （2022）: 105799.

Grand, C. , Mariana, "Carbon Emission Targets and Decoupling Indicators", *Ecological Indicators* 67 （2016）: 649-656.

Gu, J. , "Sharing Economy, Technological Innovation and Carbon Emissions: Evidence from Chinese Cities", *Journal of Innovation & Knowledge* 7 （3） （2022）: 100228.

Guo, X. , Lu, C. C. , Lee, J. H. , Chiu, Y. H. , "Applying the Dynamic DEA Model to Evaluate the Energy Efficiency of OECD Countries and China", *Energy* 134 （2017）: 392-399.

Howlett, M. , "What Is a Policy Instrument? Tools, Mixes, and Implementation Styles", *Designing Government. From Instruments to Governance* （2005）: 31-50.

Hu, J. , Gao, S. , "Research and Application of Capability Maturity Model for Chinese Intelligent Manufacturing", *11th CIRP Conference on Industrial Product-Service Systems* 83 （2019）: 794-799.

Huang, J. , Zhang, X. , Zhang, Q. , Lin, Y. , Hao, M. , Luo,

Y. , "Recently Amplified Arctic Warming Has Contributed to a Continual Global Warming Trend", *Nature Climate Change* 7 (2017): 875-879.

Huang, Z. , Fan, H. , Shen, L. , "Case-based Reasoning for Selection of the Best Practices in Low-carbon City Development", *Frontiers of Engineering Management* 6 (3) (2019): 416-432.

Huo, W. , Qi, J. , Yang, T. , Liu, J. , Liu, M. , Zhou, Z. , "Effects of of China's Pilot Low-carbon City Policy on Carbon Emission Reduction: A Quasi-natural Experiment Based on Satellite Data", *Technological Forecasting and Social Change* 175 (2022): 121422.

Jorge, O. J. , Tan, Y. , Qian, Q. K. , Shen, L. , ME López. , "Learning from Best Practices in Sustainable Urbanization", *Habitat International* 78 (2018): 83-95.

Ke, Y. , Wang, R. , An, Q. , Liang, Y. , Jing, L. , "Using Eco-Efficiency as an Indicator for Sustainable Urban Development: a Case Study of Chinese Provincial Capital Cities", *Ecological Indicators* 36 (1) (2014): 665-671.

Khanna, N. , Fridley, D. , Hong, L. , "China's Pilot Low-carbon City Initiative: A Comparative Assessment of National Goals and Local Plans", *Sustainable Cities and Society* 12 (2014): 110-121.

Kirschen, E. S. , Benard, J. , Besters, H. , Eckstein, O. , Blackaby, F. , Faaland, J, Tosco, E. , *Economic Policy in Our Time* (1964).

Li, F. , Zhou, T. , Lan, F. , "Relationships Between Urban form and Air Quality at Different Spatial Scales: a Case Study from Northern China", *Ecological Indicators* 121 (2021): 107029.

Li, H. , Wang, J. , Yang, X. , Wang, Y. , Wu, T. , "A Holistic Overview of the Progress of China's Low-carbon City Pilots", *Sustainable*

Cities and Society 42 (2018): 289–300.

Li, H., Yu, L., "Chinese Eco-city Indicator Construction", *Urban Studies* 18 (7) (2011): 81–86.

Li, X., Zhou, Y., Zhao, M., Zhao, X., "A Harmonized Global Nighttime Light Dataset 1992–2018", *Scientific Data* 7 (1) (2020): 168.

Liao, N., Yong, H. "Exploring the Effects of Influencing Factors on Energy Efficiency in Industrial Sector Using Cluster Analysis and Panel Regression Model", *Energy* 158 (2018): 782–795.

Lin, J., Jacoby, J., Cui, S., Liu, Y., Tao, L., "A Model for Developing a Target Integrated Low Carbon City Indicator System: the Case of Xiamen, China", *Ecological Indicators* 40 (May) (2014): 51–57.

Liu, X., Zhang, X., "Industrial Agglomeration, Technological Innovation and Carbon Productivity: Evidence from China", *Resources, Conservation and Recycling* 166 (2021): 105330.

Liu, H., Lin, B., "Energy Substitution, Efficiency, and the Effects of Carbon Taxation: Evidence from China's Building Construction Industry", *Journal of Cleaner Production* 141 (2017): 1134–1144.

Liu, J., Li, H., Skitmore, M., Zhang, Y., "Experience Mining Based on Case-based Reasoning for Dispute Settlement of International Construction Projects", *Automation in Construction* 97 (Jan.) (2019): 181–191.

Liu, T., Wang, Q., Su, B., "A Review of Carbon Labeling: Standards, Implementation, and Impact", *Renewable and Sustainable Energy Reviews* 53 (2016): 68–79.

Liu, Z., Geng, Y., Lindner, S., Guan, D., "Uncovering China's Greenhouse Gas Emission from Regional and Sectoral

Perspectives", *Energy* 45（1）（2012）：1059-1068.

Liu, Z. , Ren, Y. , Shen, L. , Liao, X. , Wei, X. , Wang, J. , "Analysis on the Effectiveness of Indicators for Evaluating Urban Carrying Capacity: a Popularity-suitability Perspective", *Journal of Cleaner Production* 246（Feb. 10）（2020）：119019. 1-119019. 19.

Lou, Y. , Shen, L. , Huang, Z. , Wu, Y. , Li, G. , "Does the Effort Meet the Challenge in Promoting Low-carbon City? —A Perspective of Global Practice", *International Journal of Environmental Research and Public Health* 15（7）（2018）：1334.

Lowi, T. J. , "American Business, Public Policy, Case-studies, and Political Theory", *World Politics* 16（4）（1964）：677-715.

Lu, Y. , Cui, P. , Li, D. , "Carbon Emissions and Policies in China's Building and Construction Industry: Evidence from 1994 to 2012", *Building and Environment* 95（Jan. ）（2016）：94-103.

Luo, D. , Wan, X. , Liu, J. , Tong, T. , "Optimally Estimating the Sample Mean from the Sample Size, Median, Mid-range and/or Mid-quartile Range", *Statistical Methods in Medical Research* 27（6）（2015）：1785-1805.

Luo, W. , Ren, Y. , Shen, L. , Zhu, M. , Zhang, P. , "An Evolution Perspective on the Urban Land Carrying Capacity in the Urbanization Era of China", *Science of the Total Environment* 744（2020）：140827.

Luo, Y. , Long, X. , Wu, C. , Zhang, J. , "Decoupling CO_2 Emissions from Economic Growth Inagglomerationsector Across 30 Chinese Provinces from 1997 to 2014 ", *Journal of Cleaner Production* 159（Aug. 15）（2017）：220-228.

Ma, M. , Cai, W. , "Do Commercial Building Sector-derived Carbon

Emissions Decouple from the Economic Growth in Tertiary Industry? A Case Study of Four Municipalities in China", *Science of the Total Environment* 650 (2019): 822-834.

Ma, W. , M. D. Jong, M. D. Bruijne, , Mu, R. , "Mix and Match: Configuring Different Types of Policy Instruments to Develop Successful Low Carbon Cities in China", *Journal of Cleaner Production* 282 (2-3) (2021): 125399.

Macgregor, A. , G. , "Simplified Radioactive Iodine Therapy", *British Medical Journal* 1 (5017) (1957): 492-495.

Mao, Q. , Ma, B. , Wang, H. , Bian, Q. , "Investigating Policy Instrument Adoption in Low-carbon City Development: a Case Study from China", *Energies* 12 (18) (2019): 34-75.

McDonnell, L. M. , Elmore, R. F. , "Getting the Job Done: Alternative Policy Instruments", *Educational Evaluation and Policy Analysis* 9 (2) (1987): 133-152.

Meng, F. , Su, B. , Thomson, E. , Zhou, D. , Zhou, P. , "Measuring China's Regional Energy and Carbon Emission Efficiency with DEA Models: A Survey", *Applied Energy* 183 (2016): 1-21.

Mi, Z. F. , Pan, S. Y. , Yu, H. , Wei, Y. M. , "Potential Impacts of Industrial Structure on Energy Consumption and CO_2 Emission: a Case Study of Beijing", *Journal of Cleaner Production* 103 (2015): 455-462.

Moon, H. , Min, D. , "Assessing Energy Efficiency and the Related Policy Implications for Energy-intensive Firms in Korea: DEA Approach", *Energy* 133 (2017): 23-34.

OECD, *OECD Environmental Strategy for the First Decade of the 21st Century: Ddopted by OECD Environment Ministers* (2001) .

Opschoor, J. B., de Savornin Lohman, A. F., Vos, H. B., *Managing the Environment: the Role of Economic Instruments* (Organization for Economic Press, 1994).

Pamlin Dennis, "Low Carbon City Index 2009" (http://www.pamlin.net, 2009).

Peters, B. G., Van Nispen, F. K., *Public Policy Instruments: Evaluating the Tools of Public Administration* (Edward Elgar, 1998).

Price, L., Zhou, N., Fridley, D., Ohshita, S., Lu, H., Zheng, N., Fino-Chen, C. "Development of a Low-carbon Indicator System for China", *Habitat International* 37 (1) (2013): 4-21.

R. Ee D., M. S., Fraser, E., Dougill, A. J., "An Adaptive Learning Process for Developing and Applying Sustainability Indicators with Local Communities", *Ecological Economics* 59 (4) (2006): 406-418.

Raupach, M. R., Rayner, P. J., Paget, M., "Regional Variations in Spatial Structure of Nightlights, Population Density and Fossil-fuel CO_2 Emissions", *Energy Policy* 38 (9) (2010): 4756-4764.

Rosenthal, U., Kouzmin, A., "Crises and Crisis Management: Toward Comprehensive Government Decision Making", *Journal of Public Administration Research and Theory* 7 (2) (1997): 277-304.

Schaffrin, A., Sewerin, S., Seubert, S., "Toward a Comparative Measure of Climate Policy Output", *Policy Studies Journal* 43 (2) (2015): 257-282.

Shan, Y., Fang, S., Cai, B., Zhou, Y., Li, D., Feng, K., Hubacek, K., "Chinese Cities Exhibit Varying Degrees of Decoupling of Economic Growth and CO_2 Emissions between 2005 and 2015", *One Earth* 4 (1) (2021): 124-134.

Shan, Y., Guan, D., Zheng, H., Ou, J., Li, Y., Meng, J.,

Zhang, Q. , "China CO_2 Emission Accounts 1997-2015", *Scientific Data* 5 (1) (2018): 1-14.

Shen, L. , Du, X. , Cheng, G. , Shi, F. , Wang, Y. , "Temporal-spatial Evolution Analysis on Low Carbon City Performance in the Context of China", *Environmental Impact Assessment Review* 90 (2021a).

Shen, L. , Du, X. , Cheng, G. , Wei, X. , "Capability Maturity Model (CMM) Method for Assessing the Performance of Low-carbon City Practice", *Environmental Impact Assessment Review* 87 (10) (2021b): 106549.

Shen, L. , He, B. , Jiao, L. , Song, X. , Zhang, X. , "Research on the Development of Main Policy Instruments Forimproving Building Energy-efficiency", *Journal of Cleaner Production* 112 (2016): 1789-1803.

Shen, L. , Wu, Y. , Lou, Y. , Zeng, D. , Shuai, C. , Song, X. , "What Drives the Carbon Emission in the Chinese Cities? —A Case of Pilot Low Carbon City of Beijing", *Journal of Cleaner Production* 174 (2018a): 343-354.

Shen, L. , Wu, Y. , Shuai, C. , Lu, W. , Chau, K. W. , Chen, X. , "Analysis on the Evolution of Low Carbon City from Process Characteristic Perspective", *Journal of Cleaner Production* 187 (2018b): 348-360.

Shen, L. Y. , Ochoa, J. J. , Zhang, X. , Yi, P. , "Experience Mining for Decision Making on Implementing Sustainable Urbanization—An Innovative Approach", *Automation in Construction* 29 (2013).

Shen, L. , Yan, H. , Fan, H. , Wu, Y. , Zhang, Y. , "An Integrated System of Text Mining Technique and Case-based Reasoning

(TM - CBR) for Supporting Green Building Design ", *Building and Environment* 124 (2017a): 388-401.

Shen, L. , Yan, H. , Zhang, X. , Shuai, C. , "Experience Mining Based Innovative Method for Promoting Urban Sustainability", *Journal of Cleaner Production* 156 (2017b): 707-716.

Shuai, C. , Chen, X. , Wu, Y. , Zhang, Y. , Tan, Y. , "A Three-step Strategy for Decoupling Economic Growth from Carbon Emission: Empirical Evidences from 133 Countries", *Science of the Total Environment* 646 (2019): 524-543.

Shuai, C. , Shen, L. , Jiao, L. , Wu, Y. , Tan, Y. , "Identifying Key Impact Factors on Carbon Emission: Evidences from Panel and Time-series Data of 125 Countries from 1990 to 2011", *Applied Energy* 187 (2017): 310-325.

Singh, R. K. , Murty, H. R. , Gupta, S. K. , Dikshit, A. K. , "An Overview of Sustainability Assessment Methodologies ", *Ecological Indicators* 15 (1) (2009): 281-299.

Song, M. L. , Zhang, L. L. , Wei, L. , & Fisher, R. "Bootstrap-dea Analysis of BRICS' Energy Efficiency Based on Small Sample Data", *Applied Energy*, 112 (Dec.) (2013): 1049-1055.

Song, M. , Song, Y. , An, Q. , & Yu, H. , "Review of Environmental Efficiency and Its Influencing Factors in China: 1998 - 2009", *Renewable & Sustainable Energy Reviews* 20 (2013): 8-14.

Song, M. , Zheng, W. , Wang, Z. , "Environmental Efficiency and Energy Consumption of Highway Transportation Systems in China ", *International Journal of Production Economics* 181 (PT. B) (2016): 441-449.

Song, Q. , Qin, M. , Wang, R. , Qi, Y. , "How Does the Nested

Structure Affect Policy Innovation?: Empirical Research on China's Low Carbon Pilot Cities", *Energy Policy* 144 (2020): 111695.

Song, Y. , Sun, J. , Zhang, M. , Su, B. , "Using the Tapio - Z Decoupling Model to Evaluate the Decoupling Status of China's CO_2 Emissions at Provincial Level and Its Dynamic Trend", *Structural Change and Economic Dynamics* 52 (2020): 120-129.

Su, M. , Li, R. , Lu, W. , Chen, C. , Chen, B. , Yang, Z. , "Evaluation of a Low-carbon City: Method and Application", *Entropy* 15 (4) (2013): 1171-1185.

Sun, C. , Chen, L. , Zhang, F. , "Exploring the Trading Embodied CO_2 Effect and Low-carbon Globalization from the International Division Perspective", *Environmental Impact Assessment Review* 83 (2020): 106414.

Tan, S. , Yang, J. , Yan, J. , Lee, C. , Hashim, H. , Chen, B. , " A Holistic Low Carbon City Indicator Framework for Sustainable Development", *Applied Energy* 185 (2017): 1919-1930.

Tan, Y. , Xu, H. , Jiao, L. , Ochoa, J. J. , Shen, L. , "A Study of Best Practices in Promoting Sustainable Urbanization in China ", *Journal of Environmental Management* 193 (2017): 8-18.

Tao, X. , Wang, P. , Zhu, B. , "Provincial Green Economic Efficiency of China: A Non-separable Input-output SBM Approach ", *Applied Energy* 171 (Jun. 1) (2016): 58-66.

Tapio, P. , "Towards a Theory of Decoupling: Degrees of Decoupling in the EU and the Case of Road Traffic in Finland Between 1970 and 2001", *Transport Policy* 12 (2) (2005): 137-151.

Taylor, Frederick Winslow. , *The Principles of Scientific Management* (1911) .

Teng, X. , Liu, F. -p. , Chiu, Y. -h. , "The Change in Energy and

Carbon Emissions Efficiency After Afforestation in China by Applying a Modified Dynamic SBM Model", *Energy* 216（2021）.

The Development and Reform Commission of Tianjin, *Development Planning of Distributed Wind Power Access in Tianjin*（2018-2025）（2019）（http：//fzgg. tj. gov. cn/xxfb/tzggx/202012/t20201219_5068937. html）.

The Development and Reform Commission of Urumqi, *Implementation Plan of Urumqi Low-carbon City Pilot Work*（2014）（http：//www. urumqi. gov. cn/info/iList. jsp? cat_id = 15734.）.

Tokyo Metropolitan Government, *Tokyo Climate Change Strategy: Progress Report and Future Vision*（Japan, Tokyo：Tokyo Metropolitan Government, 2010）.

Tone, K., "A Slacks-based Measure of Super-efficiency in Data Envelopment Analysis", *European Journal of Operational Research* 143（1）（2002）：32-41.

Vedung, E., Doelen, F., *The Sermon: Information Programs in the Public Policy Process: Choice, Effects and Evaluation*（New Brunswick, New Jersey and London：transaction publishers, 1998）.

Vlontzos, G., Niavis, S., Manos, B., "A DEA Approach for Estimating the Agricultural Energy and Environmental Efficiency of EU Countries", *Renewable and Sustainable Energy Reviews* 40（2014）：91-96.

Wang, R., Wang, Q., & Yao, S., "Evaluation and Difference Analysis of Regional Energy Efficiency in China Under the Carbon Neutrality Targets: Insights from DEA and Theil Models", *Journal of Environmental Management* 293（2021）：112958.

Wang, E. C., Huang, W., "Relative Efficiency of R&D Activities: A Cross-country Study Accounting for Environmental Factors in the DEA

Approach", *Research Policy* 36 (2) (2007): 260-273.

Wang, G., Deng, X, Wang, J., Zhang, F., & Liang, S., "Carbon Emission Efficiency in China: a Spatial Panel Data Analysis", *China Economic Review*, 56 (2019): 101313.

Wang, J., Ren, Y., Shen, L., Liu, Z., Shi, F., "A Novel Evaluation Method for Urban Infrastructures Carrying Capacity", *Cities* 105 (2020a): 102846.

Wang, J., Shen, L., Ren, Y., Ochoa, J. J., Guo, Z., Yan, H., Wu, Z., "A Lessons Mining System for Searching References to Support Decision Making Towards Sustainable Urbanization", *Journal of Cleaner Production* 209 (2019): 451-460.

Wang, Y., Fang, X., Yin, S., Chen, W., "Low-carbon Development Quality of Cities in China: Evaluation and Obstacle Analysis", *Sustainable Cities and Society* 64 (2020b): 102553.

Wang, Y., Zhao, T., "Impacts of Energy-related CO_2 Emissions: Evidence from Under Developed, Developing and Highly Developed Regions in China", *Ecological Indicators* 50 (2015): 186-195.

Wei, L. A., Zhan, J., Zhao, F., Wei, X., & Zhang, F., "Exploring the Coupling Relationship Between Urbanization and Energy Eco-efficiency: A Case Study of 281 Prefecture-level Cities in China", *Sustainable Cities and Society* (2020): 64.

Wei, X., Shen, L., Liu, Z., Luo, L., Chen, Y., "Comparative Analysis on the Evolution of Ecological Carrying Capacity between Provinces During Urbanization Process in China", *Ecological Indicators* 112 (2020): 106179.

World Bank, *Five Years after Rio: Innovation in Environmental Policy* (Washington. DC.: World Bank Press, 1997).

Wu, L. , Ye, K. , Gong, P. , Xing, J. , "Perceptions of Governments Towards Mitigating the Environmental Impacts of Expressway Construction Projects: A Case of China", *Journal of Cleaner Production* 236 (2019): 117704.

Wu, Y. , Chau, K. W. , Lu, W. , Shen, L. , Shuai, C. , Chen, J. , "Decoupling Relationship Between Economic Output and Carbon Emission in the Chinese Construction Industry", *Environmental Impact Assessment Review* 71 (2018a): 60-69.

Wu, Y. , Shen, L. , Zhang, Y. , Shuai, C. , Yan, H. , Lou, Y. , Ye, G. , "A New Panel for Analyzing the Impact Factors on Carbon Emission: A Regional Perspective in China", *Ecological Indicators* 97 (2019b): 260-268.

Wu, Y. , Tam, V. W. , Shuai, C. , Shen, L. , Zhang, Y. , Liao, S. , "Decoupling China's Economic Growth from Carbon Emissions: Empirical Studies from 30 Chinese Provinces (2001-2015)", *Science of the Total Environment* 656 (2019b): 576-588.

Wu, Y. , Zhu, Q. , Zhu, B. , "Comparisons of Decoupling Trends of Global Economic Growth and Energy Consumption Between Developed and Developing Countries", *Energy Policy* 116 (2018b): 30-38.

Wu, Y. , Shuai, C. , Wu, L. , Shen, L. , Yan, J. , Jiao, L. , Liao, S. , "A New Experience Mining Approach for Improving Low Carbon City Development", *Sustainable Development* 28 (4) (2020): 922-934.

Xia, C. Y. , Li, Y. , Xu, T. B. , Chen, Q. X. , Ye, Y. M. , Shi, Z. , Liu, J. M. , Ding, Q. L. , Li, X. S. , "Analyzing Spatial Patterns of Urban Carbon Metabolism and Its Response to Change of Urban Size: A Case of the Yangtze River Delta, China", *Ecological Indicators* 104 (2019): 615-625.

Xie, C. , Bai, M. , & Wang, X. , et al. , "Accessing Provincial Energy Efficiencies in China's Transport Sector", *Energy Policy* (2018): 525-532

Yan, Y. , Huang, J. , "The Role of Population Agglomeration Played in China's Carbon Intensity: A City-level Analysis", *Energy Economics* 114 (2022): 106276.

Yang, S. D. , Yang, X. , Gao, X. , Zhang, J. X. , "Spatial and Temporal Distribution Characteristics of Carbon Emissions and Their Drivers in Shrinking Cities in China: Empirical Evidence Based on the NPP/VIIRS Nighttime Lighting Index", *Journal of Environmental Management* 322 (2022): 116082.

Yang, T. , Chen, W. , Zhou, K. , & Ren, M. , "Regional Energy Efficiency Evaluation in China: A Super Efficiency Slack-based Measure Model with Undesirable Outputs", *Journal of Cleaner Production*, 198 (PT. 1-1652) (2018): 859-866.

You, X. J. , Chen, Z. Q. , "Interaction and Mediation Effects of Economic Growth and Innovation Performance on Carbon Emissions: Insights from 282 Chinese Cities", *Science of the Total Environment* 831 (2022): 154910.

Yu, Y. , Zhang, N. , "Low-carbon City Pilot and Carbon Emission Efficiency: Quasi-experimental Evidence from China", *Energy Economics* 96 (2021): 105125.

Zhang N. , Wei X. , "Dynamic Total Factor Carbon Emissions Performance Changes in the Chinese Transportation Industry", *Applied Energy* 146 (May 15) (2015): 409-420.

Zhang, C. , Yan, L. , "Panel Estimation for Urbanization, Energy Consumption and CO_2 Emissions: A Regional Analysis in China", *Energy*

Policy 49（2012）：488-498.

Zhang, F. , Deng, X. Z. , Phillips, F. , Fang, C. L. , Wang, C. , "Impacts of Industrial Structure and Technical Progress on Carbon Emission Intensity: Evidence from 281 Cities in China", *Technological Forecasting and Social Change* 154（2020a）：119949.

Zhang, Y. , Jiang, L. , & Shi, W. , "Exploring the Growth-adjusted Energy-emission Efficiency of Transportation Industry in China", *Energy Economics*, 90（2020b）：104873.

Zhang, Y. , Shen, L. , Shuai, C. , Bian, J. , Zhu, M. , Tan, Y. , "How Is the Environmental Efficiency in the Process of Dramatic Economic Development in the Chinese Cities?", *Ecological Indicators* 98（Mar. ）（2019）：349-362.

Zhao, N. , Samson, E. L, , Currit, N. A. , "Nighttime－Lights－Derived Fossil Fuel Carbon Dioxide Emission Maps and Their Limitations", *Photogrammetric Engineering and Remote Sensing* 81（12）（2015）：935-943.

Zhou, G. , Singh, J. , Wu, J. , Sinha, R. , Laurenti, R. , Frostell, B. , "Evaluating Low-carbon City Initiatives from the DPSIR Framework Perspective", *Habitat International* 50（2015a）：289-299.

Zhou, J. , Shen, L. , Song, X. , Zhang, X. , "Selection and Modeling Sustainable Urbanization Indicators: A Responsibility-based Method", *Ecological Indicators* 56（2015b）：87-95.

Zhou, Z. , Cao, L. , Zhao, K. , Li, D. , Ding, C. , "Spatio－Temporal Effects of Multi－Dimensional Urbanization on Carbon Emission Efficiency: Analysis Based on Panel Data of 283 Cities in China", *International Journal of Environmental Research and Public Health* 18（23）（2021）：12712.

Zhu, M. , Shen, L. , Tam, V. , Liu, Z. , Luo, W. , "A Load-carrier Perspective Examination on the Change of Ecological Environment Carrying Capacity During Urbanization Process in China", *Science of the Total Environment* 714 (2020): 136843.

后　记

　　本书是笔者从 2015 年开始的对城市低碳建设系列研究成果的归纳和总结，从选题、撰写、校稿至最终出版经历了 9 年时间。笔者自2015 年进入国家社科基金重点项目"低碳城市建设水平评价研究"后，持续围绕低碳城市相关话题开展研究，远超 1 万小时的积累使笔者对该领域产生了浓厚兴趣并形成了一定见解。2015~2021 年 6 年在重庆大学管理科学与房地产学院的求学时光，是笔者学术能力的启蒙和塑形阶段，得遇恩师挚友，使得个人能力飞速提升；2022 年进入工作岗位后是笔者学术能力的巩固和提升阶段，郑州大学管理学院浓厚的学术氛围和对青年教师的系统培养，让笔者可以全身心开展学术研究，并有幸获批了城市低碳建设相关的国家博士后资助项目与国家自然科学基金青年项目各 1 项。在未来学术生涯中，笔者希望自己可以秉持科研初心，克己慎独、明善诚身，为社会和国家贡献自己的绵薄之力。

　　本书的主体研究内容为笔者的博士学位论文，出版前对各个章节进行了优化和整理，并增加了第六章有关我国城市低碳建设效率的时空演化规律研究的内容。部分章节撰写依托于笔者以第一作者发表的期刊论文，第三章为发表在 *Sustainable Cities and Society* 期刊的论文"Night Time Light Data Based Decoupling Relationship Analysis between Economic Growth and Carbon Emission in 289 Chinese Cities"，第五章为发表在 *Environmental Impact Assessment Review* 期刊的论文"A Dimensional

Perspective-based Analysis on the Practice of Low Carbon City in China"，第六章则依托于发表在 *Energy* 期刊的论文 "An Improved Approach for Measuring the Efficiency of Low Carbon City Practice in China"。

首先，诚挚感谢恩师申立银教授，6 年的朝夕相伴，恩师教会的不仅是写论文、申课题、做演讲、办会议、带团队的能力，更言传身教了很多为人处世的学问，在最艰难的日子里，恩师给予了笔者无穷的力量。他身上有太多让人敬佩和学习的地方：谦逊、低调、绅士、博学、包容、体贴、帅气、阳光……笔者想用尽世间美好的词语来形容这位神仙导师。对待生活，他积极向上、劳逸结合，以身作则；对待学术，他一丝不苟、坚持不懈、格物致知；对待学生，他因材施教、尽心尽力、亦师亦友。他的爽朗笑声可以帮人化解烦恼，他的笔下可以流淌出一篇篇反复打磨的高水平论文。

其次，感谢团队成员的指导与帮助，从重庆大学到郑州大学，笔者所在团队都是最好的团队，是笔者感到骄傲的团队。重庆大学团队的师兄、师姐、师弟、师妹互相鼓励，共同进步；郑州大学团队的同学踏实奋进，认真刻苦。感谢重庆大学团队成员对笔者的大力支持，在写作阶段对本书框架和章节进行安排，在收尾阶段帮助笔者字斟句酌地进行修改。感谢郑州大学管理学院团队成员麻辰洋、李智杰和程可同学在本书校稿阶段对文字的修改与打磨。

最后，衷心感谢在本书调研和发表过程中，给予笔者帮助和指导的各位专家学者。特别感谢在写作、预答辩和答辩各个环节指导笔者博士学位论文的各位专家，在期刊论文发表中提出宝贵意见的匿名审稿人，各位专家的指导使论文质量得以提升。限于笔者研究能力，本书难免有疏漏之处，恳请各位读者批评指正。

杜小云

2024 年 5 月于郑州大学管理学院

图书在版编目（CIP）数据

我国城市低碳建设水平时空演化规律及提升策略研究 /
杜小云著 . --北京：社会科学文献出版社，2024.9.
ISBN 978-7-5228-3790-1

Ⅰ . X321.2

中国国家版本馆 CIP 数据核字第 2024W6T078 号

我国城市低碳建设水平时空演化规律及提升策略研究

著　　者 / 杜小云

出 版 人 / 冀祥德
组稿编辑 / 任文武
责任编辑 / 郭　峰
责任印制 / 王京美

出　　版 / 社会科学文献出版社·生态文明分社（010）59367143
　　　　　　地址：北京市北三环中路甲 29 号院华龙大厦　邮编：100029
　　　　　　网址：www.ssap.com.cn
发　　行 / 社会科学文献出版社（010）59367028
印　　装 / 三河市龙林印务有限公司

规　　格 / 开　本：787mm×1092mm　1/16
　　　　　　印　张：22.75　字　数：304 千字
版　　次 / 2024 年 9 月第 1 版　2024 年 9 月第 1 次印刷
书　　号 / ISBN 978-7-5228-3790-1
定　　价 / 98.00 元

读者服务电话：4008918866